高等学校“新形态”规划教材

Python 程序设计与数据科学

Python Programming and Data Science

主　编　冯向萍

副主编　白　涛　孟小艳

参　编　蔡朝朝　程　曦　董　峦

郭　斌　杨树媛　张婧婧

本书资源使用说明

北京邮电大学出版社

·北京·

内容简介

本书全面介绍了使用 Python 进行数据分析所需的相关知识。全书共 10 章，包括绪论、Python 编程基础、NumPy 数值计算、Pandas 数据分析、Matplotlib 绘图与可视化、Seaborn 绘图与可视化、SciPy 科学计算、时间序列数据、OpenCV 图像处理和机器学习概述。本书每章都有完整的案例（以二维码形式呈现）供读者操作实践。

本书内容详尽、图文丰富，适合作为数据分析人员的学习用书，也可作为想拓展数据分析技能的职场人士和 Python 开发人员的参考书。

图书在版编目(CIP)数据

Python 程序设计与数据科学 / 冯向萍主编. -- 北京 : 北京邮电大学出版社, 2024. (2025 重印). -- ISBN 978-7-5635-7264-9

Ⅰ. TP312.8

中国国家版本馆 CIP 数据核字第 2024ZR5266 号

策划编辑：马　飞　**责任编辑**：马　飞　**封面设计**：广信达雅

出版发行：北京邮电大学出版社
社　　址：北京市海淀区西土城路 10 号(100876)
电话传真：010-82333010　62282185(发行部)　010-82333009　62283578(传真)
网　　址：www.buptpress3.com
电子信箱：buptpress3@163.com
经　　销：各地新华书店
印　　刷：三河市骏杰印刷有限公司
开　　本：787 mm×1 092 mm　1/16
印　　张：18
字　　数：458 千字
版　　次：2024 年 9 月第 1 版
印　　次：2025 年 8 月第 4 次印刷

ISBN 978-7-5635-7264-9　　定价：56.00 元

前　言

Python 已经成为当今最流行的程序设计语言之一，它也是大数据时代非常受欢迎的数据分析编程语言。尤其是随着机器学习、云计算、人工智能等技术的不断发展，Python 已经成为数据分析和数据科学的标准语言之一。

本书由五部分组成。

第一部分为本书的基础部分，由第 1 章和第 2 章组成，主要介绍数据分析的相关概念、数据分析工具以及 Python 的基础语法知识，包括 Python 程序基本结构、面向对象的定义、Python 中类和对象的操作方法等内容。

第二部分为 Python 数据分析中各种库的应用，由第 3 章～第 7 章组成，主要介绍 NumPy、Pandas、Matplotlib、Seaborn、SciPy 库的使用方法及应用案例。

第三部分为时间序列的相关知识，由第 8 章组成，主要介绍 Python 中常用的时间序列分析工具，并着重讲述了利用 Pandas 对时间序列数据进行处理的方法，同时对典型的时间序列分析模型 ARIMA 进行了介绍。

第四部分为 OpenCV 图像处理的相关知识，由第 9 章组成，主要介绍图像处理的相关知识、Python 的图像处理库以及基于 OpenCV 的图像操作。

第五部分为 Python 机器学习的相关知识，由第 10 章组成，主要介绍有监督和无监督机器学习的原理，包括有监督学习的线性回归、逻辑回归、朴素贝叶斯分类器、生成向量机、k-近邻分类器和决策树等常用算法，以及无监督学习的 k 均值聚类算法。

本书由新疆农业大学计算机与信息工程学院的具有丰富的 Python 数据分析实践经验和多年教学经验的老师编写，第 1 章由董峦老师编写；第 2 章由冯向萍老师编写；第 3 章由郭斌老师编写；第 4 章由张婧婧老师编写；第 5 章由蔡朝朝老师编写；第 6 章由白涛老师编写；第 7 章由杨树媛老师编写；第 8 章和第 9 章由孟小艳老师编写；第 10 章由程曦老师编写。本书由冯向萍老师负责统稿。

由于编者水平有限，书中难免有疏漏之处，敬请读者批评指正。对本书存在的不足之处，请通过邮箱 fxp@xjau.edu.cn 与编者联系。

编者

2023 年 11 月

目　录

第 1 章　绪论

1.1 数据

当今正处于数字化时代，人们无时无刻不在产生数据。设想这样一种情景：一个人携带智能手机沿某条路线健走，在此期间，健身 APP 在手机后台运行，运动结束后健身 APP 生成如图 1-1 所示的运动报告。这份运动报告是依据什么产生的呢？答案是数据。

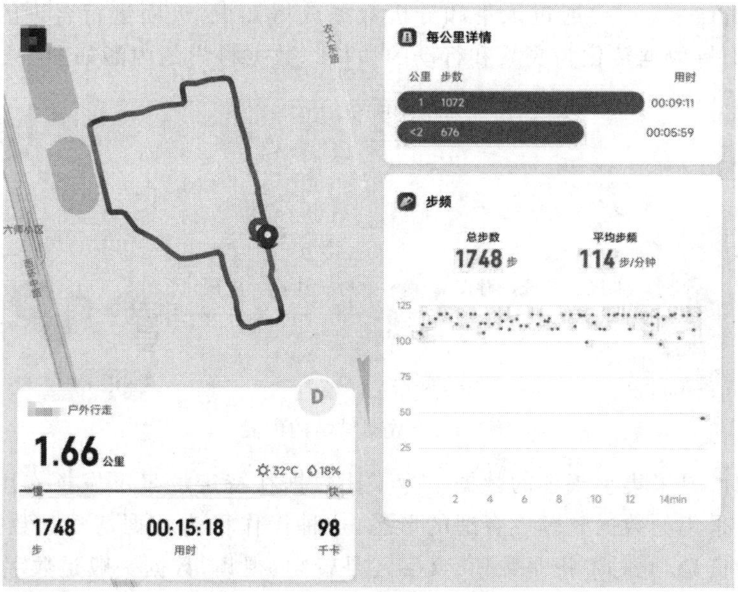

图 1-1　健身 APP 生成的运动报告

根据《中国大百科全书》的定义，数据(data)是可由人工或自动化手段加以处理的那些事实、概念和指示的表示形式，包括字符、符号、表格和图形等。简要地说，数据是对客观世界的测量和记录。在图 1-1 所示的健走情境中，健身 APP 在实时记录位置、步数和时间等数据，进而根据这些数据计算出健走的公里数和步频，再结合用户的身高、体重推算其消耗的能量，最终得到生动的运动报告。

廉价传感器、高速通信网络和云计算中心让数据的产生、传输、存储和处理变得异常便捷。以精准农业中的播种为例，传感器感知土壤的水分和营养情况，物联网设备将数据发送到云端，云端结合未来几天的天气情况给出分析结果，即计算出不同地理位置的播种要求，例如安装有卫星导航系统的机械设备在行进中依据该分析结果以不同深度、不同间距甚至不同品种进行播种，仅此一项改变即可给玉米带来每公顷 300～600 kg 的增产。数据是分析与执行的先决条件，没有精准数据的农业就是无源之水、无本之木。

如今数据驱动(data driven)的研究、数据驱动的决策、数据驱动的组织等说法不断出现，在名词前面增加“数据驱动”的修饰绝不是故弄玄虚，它说明数据正在成为一种新的要素。掌握了数据便具备了化腐朽为神奇的基础。

Techjury 网站关于数据增长的报道中有两个统计数字值得关注，一是在 2020 年人们每秒钟产生了 1.7 MB 的数据；二是到 2022 年全球 GDP(国内生产总值)的 70%将经历数字化。前者反映了个人生活的数字化，后者反映了经济的数字化转型。如今是一个仅仅说“数据”还不够，必须在“数据”前加一个“大”字才行的大数据时代。

1.2 数据科学

数据科学(data science)通过采集和分析数据获得知识，进而进行合理的、有针对性的预测和建议，是一门将数据转化为决策和行动的学科。数据科学的内涵如图 1-2 所示。

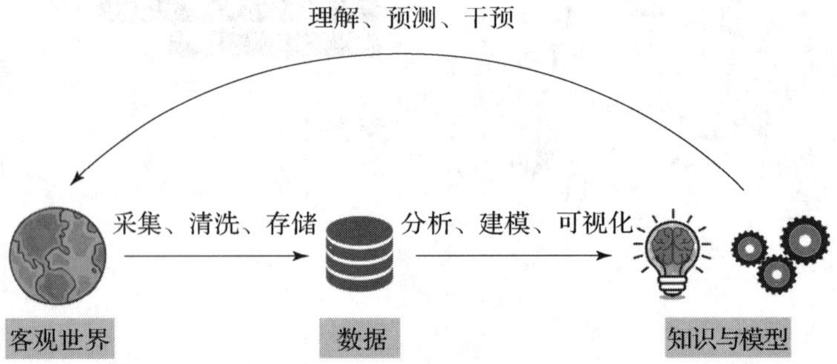

图 1-2 数据科学的内涵

人们从客观世界采集感兴趣的数据。为了让数据在特定场景下发挥作用，经常需要把不同时期由不同人采集的数据整理成合适的形态，这种操作称为数据清洗。数据经过存储成为可被反复利用的资源，此时不论是数值、文字还是音频、视频，数据一般是数字化的并被保存在数据库中。

通过对数据进行分析、建模和可视化，人们从数据中获得了一些知识和见解，特别是构建了某种模型来模拟客观世界产生数据的机制。利用知识与模型，人们以某种简化的方式理解客观世界(这种方式是否触及事物本质则仁者见仁，智者见智)，做出客观事物走向的预测，甚至是提前干预，以避免事物发展成人们不希望的模样。

客观世界、数据及知识与模型形成了如图 1-2 所示的闭环，数据科学讨论的是这个闭环中涉及的学问。人们努力采集和分析数据，为的是加深对世界的理解，获得尚不具备的洞察力，进而增加个人或组织的利益与福祉。该闭环中最困难也是最体现创造性的环节是数据分析。本书介绍数据分析方面的工具与技巧，可在数据分析工作中助读者一臂之力。

1.3 数据分析

1.3.1 数据分析步骤

数据分析的第一步是提出问题或陈述问题(problem statement)。有言道,正确定义问题是解决问题的第一步。设想你是一位视频博主,希望变得受人欢迎。模糊的问题描述,例如"我怎样才能变红"或者"为什么他比我红"对解决问题没有多少帮助。反之,问题描述得越清晰、具体,越有利于解决问题,例如"这条视频为什么播放量高""那条视频为什么看的人少""他的这条视频为什么播放量高",这样的问题更有助于弄清楚视频受人欢迎的原因,进而改进作品,最终达到成为网络红人的目标。

第二步是采集数据。可以同时采集正面和反面数据,即播放量高与低的视频背后的数据,从而全面解释"这条视频为什么播放量高""那条视频为什么看的人少"。从用户的行为表现上采集数据,大概包括视频播放进度、视频在哪里快进了、哪部分视频被反复观看等。本例中个人是难以从视频托管平台得到上述数据的,但对于掌握着数据产生环境的组织和机构来说,采集特定数据是可以实现的。

第三步是数据清洗。不加清洗的数据常常造成"进去的是垃圾,出来的仍是垃圾"(rubbish in,rubbish out)的现象。数据清洗包括:去除错误值、重复值和离群值;去除无关信息;填补缺失值;用某种形式组织数据等。这一阶段的成果通常是生成某种格式的文件或者数据库。本书后续章节处理的数据通常是结构化数据。所谓结构化数据,简单理解就是数据被组织成二维表格形式,这类数据一般被保存在关系型数据库、电子表格或者文本文件(CSV格式居多)中。另一类像字典词条一样的"键-值"对形式的数据(以JSON格式较常见)叫作半结构化数据,也经常被采用。

第四步是分析数据。分析包括4种类型。

①描述性分析(descriptive analysis),回答"发生了什么"的问题。例如发布视频后播放量的情况,在什么时间达到播放高峰等,这种问题用时间线图即可表达清楚。描述性分析重在以合适的图表陈述事实。

②诊断性分析(diagnostic analysis),回答"为什么发生"的问题。例如在得到视频播放的行为数据后,了解视频哪里被跳过,哪里被反复观看,此时结合视频内容有可能获得如何剪辑、如何改进创作的指导信息。诊断性分析没有固定的模式,通常因问题而异,分析质量与分析师的直觉、经验和创造性有很大关系。

③预测性分析(predictive analysis),回答"将来发生什么"的问题。预测是从大量的历史数据出发推测事物将来的走向。数据中暗含规律,只有发现了这些规律才能掌握预测能力,进而趋利避害。描述数据规律的是统计模型,优化这些模型的参数需要使用大量的数据并借助机器学习(machine learning)技术。

④指导性分析(prescriptive analysis)用于提出行动建议。例如导航软件一般给出多个路线建议,有用时最短的建议,有路程最短的建议,甚至还有收过路费最少的建议,导航软件提出

这些建议前进行了一系列分析和预测，最后结合用户在时间、路程、费用上的价值追求给出指导性建议。指导性分析在各种可能性下帮助用户确定可采取的最佳行动方案。

第五步是展示和交流。完成了艰苦的分析工作后，你一定按捺不住兴奋想要与其他人分享新知识和新见解，用什么形式展示分析成果呢？一图胜千言，展示数据分析成果一般用图像或视频。数据可视化(data visualization)是一门独立的学科，也有人认为它是描述统计学的一个分支。数据可视化不仅在展示阶段使用，在探索性分析阶段也被用来理解数据性质，数据可视化技术的讲授将贯穿本书各个章节。

1.3.2 数据分析方法

不同领域有不同的数据分析方法，以下是具有一定普适性的数据分析方法。

①统计描述方法：用统计量描述数据，例如用均值、中位数、众数描述数据的集中趋势，用全距、四分位距、标准差描述数据的离散程度，用偏度、峰度描述数据的偏态和峰度，用相关系数度量数据的相关性，用比值、比例、百分比等度量数据的相对性。

②分组分析法：根据数据某方面特征将其划分为不同的部分进行研究。分组的关键在于选择分组特征和划分各组界限。选择分组特征是分组的核心问题，分组时采用的特征不同，分组结果及由此得出的结论也会不同。选定了分组特征后，还要确定相应的组距和组数。分组分析法要遵循穷尽原则和互斥原则，前者指每条数据都应有组可归，后者指一条数据只能归属于一个组，而不能同时归属于多个组。图 1-3① 中的 2020 年中国人口金字塔是分组分析法的一个生动例子，该图表按照性别和年龄对中国人口进行分组，以直方图的形式提供人力资源、人口老化程度、抚养比、生育年龄人口等多方面的信息。

③对比分析法：也称比较分析法，是将客观事物进行比较以达到认识事物本质和规律的目的。对比分析法通常将两个或两个以上相互联系的指标数据进行比较，分析它们的差异。对比分析法按比较对象内容范围不同分为单项比较和综合比较，按比较时间状况不同分为横向比较和纵向比较。在报道经济数据(如 GDP)时，媒体常常将地区之间或同一地区不同时期的数据进行对比，以此说明不同对象的发展水平和发展速度。图 1-3 将对男、女不同性别的数据并列展示，通过对比生动地说明人口结构的变化。

④回归分析法：是一种预测性分析方法，它研究因变量与自变量之间的关系。按照涉及变量的多少，回归分析法可分为一元回归分析法和多元回归分析法；按照因变量的多少，回归分析法可分为简单回归分析法和多重回归分析法；按照自变量和因变量之间的关系类型，回归分析法可分为线性回归分析法和非线性回归分析法。回归分析是一项非常重要的数据分析技术。

⑤机器学习方法：包括决策树方法、集成学习方法、主成分分析法、密度估计、异常检测和聚类降维等。这些方法可以自动从数据中发掘规律，极大地提高数据分析的效率。

上述前 4 种方法均属于常规的数学与统计技术，这里把回归分析法单独作为一种方法列出，它也可以被列入机器学习方法之中。

---

① 图片取自百度百科“人口金字塔”词条。

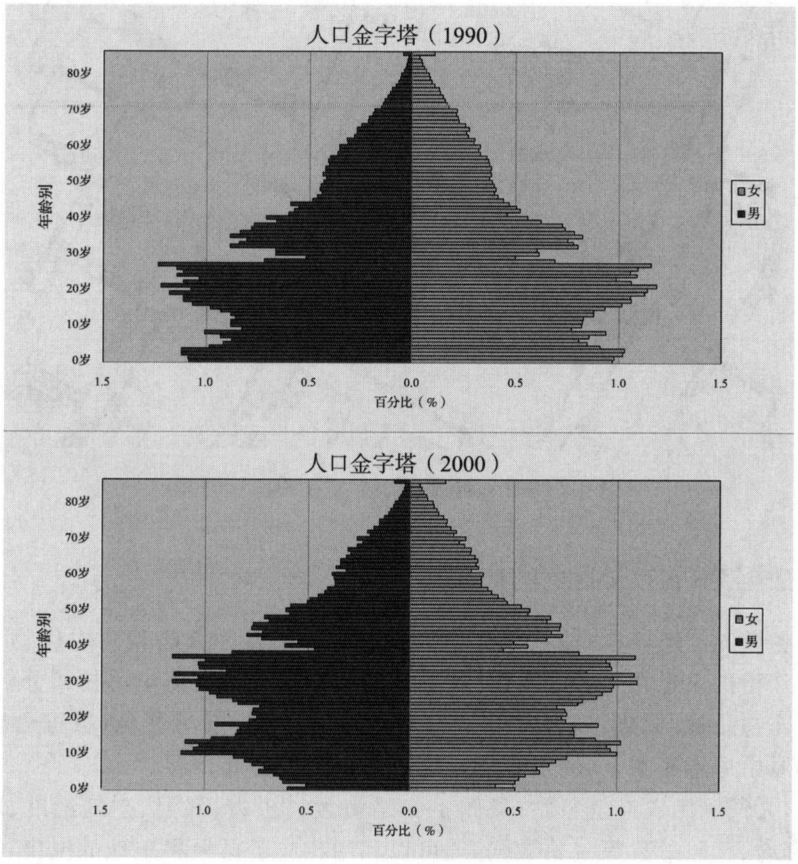

图 1-3　1990 年和 2020 年中国人口金字塔

1.3.3　数据可视化

数据可视化是一项致力于把抽象的数据或概念转化为适合人类理解和接受的视觉形式的信息技术。“霍乱地图”是数据可视化的知名案例之一。1854 年，英国内科医生约翰·斯诺(John Snow)为了研究霍乱的起因，使用散点在地图上标注了霍乱发病案例，如图 1-4 所示。这幅地图的中心是一口水井(标注为 PUMP)，霍乱病例用短实线标注。观察图像可以发现，在这口水井附近霍乱频发。经过走访疫区和深入调查，斯诺印证了霍乱通过受污染的饮用水传播的假设。他建议伦敦政府封闭这口公共水井，阻止居民继续饮用这口井的水。伦敦政府采纳了斯诺的意见，取下了水井上水泵的摇手把。第二天得病人数就迅速减少，该区域的疫情随即得到有效控制。

数据可视化涉及信息技术、自然科学、统计分析、地理信息、图形学、心理学等，是一个典型的交叉学科。数据可视化强调实践，虽然表现数据可以不拘一格，但通过学习具体案例中的可视化技术来了解最佳实践是极有必要的。

本书后面的章节在呈现数据时将解释使用哪种图表能更好地展示数据，并介绍生成这些图表的步骤与方法。

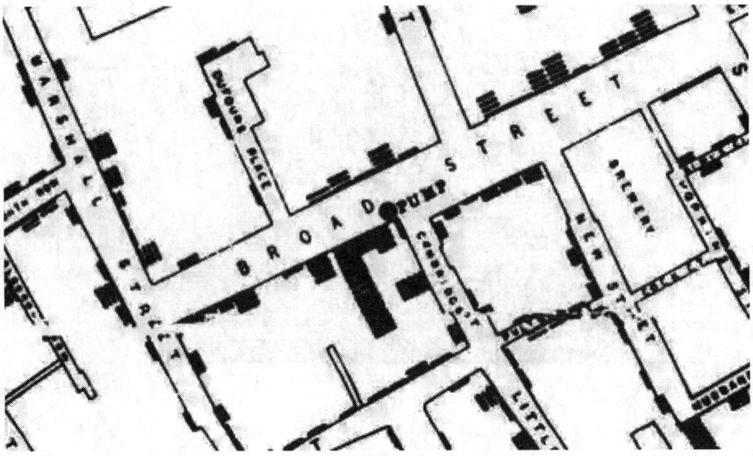

图 1-4　约翰·斯诺绘制的"霍乱地图"(局部)

1.3.4　数据分析在农业上的应用

随着各种各样的传感器在农业上的应用,人们可以用各种方法观测农作物。利用无人机或卫星上的特殊相机采集农田的光谱信号,再使用图像处理和机器学习技术分析光谱数据,人们可以获知农作物品种、长势、病虫害等信息。图 1-5 是农田遥感影像,数据分析结果中用不同颜色叠加到原始遥感底图上,便于人们掌握结果的空间分布情况。

在地面上,人们利用农业气象站(见图 1-6)采集大气压力、气温、空气湿度、风速、风向、紫外线辐射、总辐射、日照时数等气象数据,还可以利用相应工具采集土地的温度、湿度、养分、盐分、热流、水势、电导率等土壤信息。

图 1-5　农田遥感影像

图 1-6　农业气象站

气象数据在农田的不同位置差异不大,因此只要部署几个气象站就可以监测大范围农田。监测数据一般通过无线技术传送到云平台,在云平台上由专业人员编写的程序对农作物的生长环境数据进行分析,并提供生产建议。程序还可以及时发现或预测异常情况,向人们预警。

农田的观测粒度还可以细分到单一植株。世界各地已经建起了大大小小的表型(phenotype,又称表现型)监测平台,有温室型的,也有大田型的。图 1-7 显示了普渡大学的温室型表型监测平台一景。

图 1-7 普渡大学的温室型表型监测平台一景

在图 1-7 所示的温室里，传感器是固定的，每一株植物被种植在独立的盆中，传送带载着植物依次通过检测装置从而获取数据。表型监测平台可以不间断地自动采集数据，分析这些时间序列数据，可以发现植物的生长规律，比较、筛选出优良品种。

表型是生物体可被观察到的结构和功能方面的特征，是基因型与环境交互作用的产物。获取表型是一项劳动密集型工作，大范围连续观测常常是难以实施的。高通量表型监测（high-throughput phenotyping）是育种和精准农业发展的加速器。数据分析技术在表型监测平台上大有用武之地。

1.4 数据分析工具

1.4.1 开源分析工具

本书聚焦于用 Python 编程生态中的软件包做数据分析，人机界面不够友好，要求分析师有一定的编程能力。如果想在图形用户界面中体验高级的数据分析技术（数据挖掘、机器学习），本书推荐两款开源软件。

（1）Weka（www.cs.waikato.ac.nz/ml/weka/index.html）：是用于完成数据挖掘任务的机器学习算法的集合。它包含用于数据预处理、分类、回归、聚类、关联规则挖掘和可视化的工具，当前稳定版本是 Weka 3.8。

（2）Orange（orangedatamining.com）：是基于 Python 的机器学习与数据可视化工具箱，可以从电子表格、CSV 文件或数据库中导入数据，在数据可视化和机器学习方面集成了大量算法，操作简便、界面美观。

1.4.2 Python 开发环境搭建

本书使用 Python 编程生态中的软件包分析数据。搭建 Python 开发环境最简便的方法是安装 Python 发行版，本书使用侧重数据科学的发行版——Anaconda。Anaconda 的下载页面如图 1-8 所示，读者自行下载适合操作系统的安装包，根据提示安装即可。

安装完毕后，启动 Anaconda Navigator，其界面如图 1-9 所示。该界面有很多应用的快捷方式，例如左上角是运行 Windows 终端的快捷方式。第一行还有 JupyterLab 和 Notebook，这两个应用在后面的章节将会介绍。第二行的 Qt Console 是一个进阶版的 Python 交互式解释器，是学习 Python 的得力助手。第二行还有 Python 集成开发工具 Spyder，编写和调试大段 Python 代码时用它比较合适。在第三行可以找到 Orange，这是 1.4.1 节中提到的软件，需要另外安装。

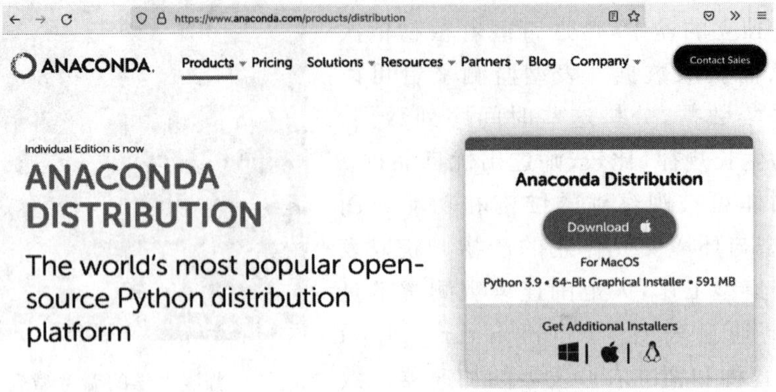

图 1-8　Anaconda 的下载页面

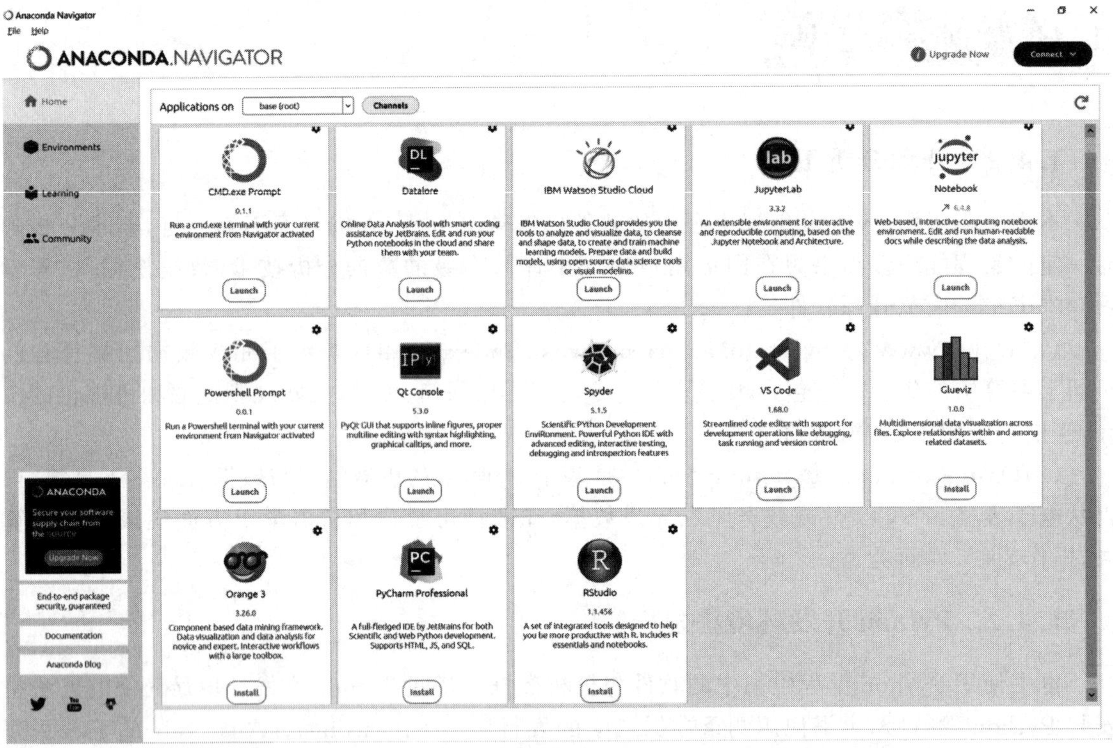

图 1-9　Anaconda Navigator 界面

Anaconda 是一个 Python 发行版，它打包了若干 Python 软件包，官方及时更新这些软件包并维护软件包的依赖关系。Anaconda 用命令行工具 conda 来管理软件包，下面简要介绍 conda 工具。

在图 1-9 所示界面中运行左上角的 CMD. exe Prompt 应用，启动已配置好的 Anaconda 环境（默认环境是 base）的 conda 命令行工具。输入命令 conda -h 后按 Enter 键，显示 conda 工具的帮助文档，运行结果如图 1-10 所示。

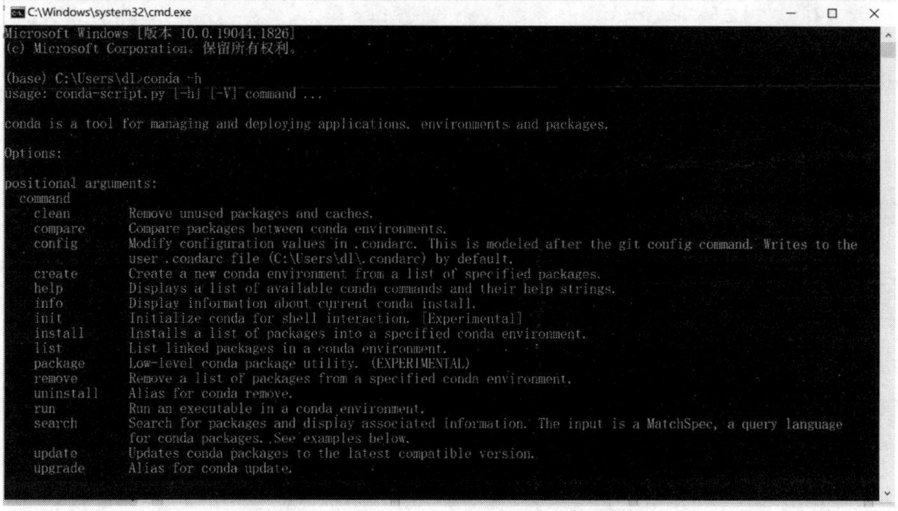

图 1-10　conda 命令行工具的运行结果

输入命令 conda list 后按 Enter 键，罗列当前安装的软件包。

安装新的软件包使用 install 指令，例如安装 OpenCV 软件包时在终端输入命令 conda install opencv-python。

删除软件包时将 install 指令换成 uninstall 指令即可，例如 conda uninstall opencv-python。

可以用某个关键词查找软件包，例如查找包含 database 关键词的软件包时输入命令 conda search database，如果想看到更详细的软件包信息，则要增加--info 参数，如 conda search database --info。

更新软件包用 update 指令，例如更新 NumPy 软件包时需要输入命令 conda update numpy。

整体更新需要输入命令 conda update conda。

1.4.3　编程环境介绍

在图 1-9 所示的 Anaconda Navigator 界面中单击相应图标，启动 JupyterLab（或 Notebook），也可在操作系统的终端中输入命令 jupyter lab（或 jupyter notebook）启动对应软件。JupyterLab 是一个运行在浏览器中的交互式开发环境，其界面如图 1-11 所示。

单击 Notebook 项下的 Python 3 图标，创建一个空白笔记本。在第一个输入单元格（cell）中输入 Python 代码，用来计算一组数据的指数。单击工具栏的“运行”按钮（或按快捷键 Ctrl＋Enter），查看运行结果。在第二个单元格中输入代码可视化两组数据的关系。在第三个单元格中输入 Markdown 文本（运行单元格可查看渲染效果），运行界面如图 1-12 所示。

当某个单元格处在编辑模式时，可以按 Esc 键进入命令模式（按 Enter 键返回编辑模式）。Notebook 命令模式下的常用快捷键及其功能如表 1-1 所示。

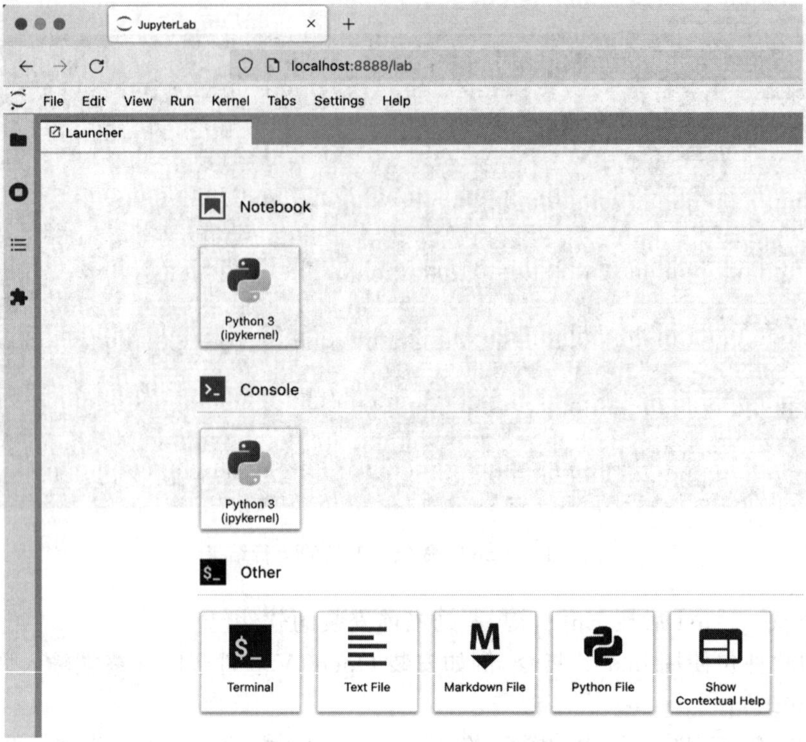

图 1-11　JupyterLab 界面

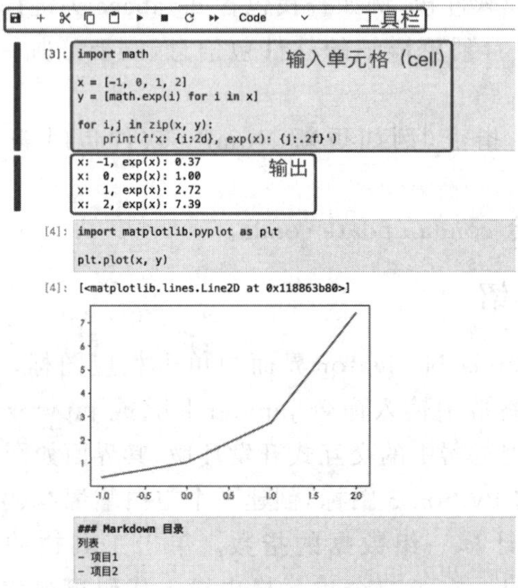

图 1-12　Notebook 运行界面

表 1-1　Notebook 命令模式下的常用快捷键及其功能

快捷键	功能	快捷键	功能
Y	将单元格内容解读成代码块	X	剪切当前单元格
M	将单元格内容解读成 Markdown 块	C	复制当前单元格
R	令单元格内容保持原始状态	V	在当前单元格下方粘贴单元格
A	在单元格上方插入空白代码块	Shift＋V	在当前单元格上方粘贴单元格
B	在单元格下方插入空白代码块	D,D	删除单元格(连续按两次 D 键)

如果不加额外说明,本书代码均在 JupyterLab 的 Notebook 中运行。关于 JupyterLab 的更多信息可查看“帮助”菜单中的 JupyterLab Reference。

第 2 章 Python 编程基础

Python 是一种解释型语言，其语法简洁而清晰，类库丰富而强大，具有内置的高级数据结构和简单、有效的面向对象编程机制。Python 非常适合进行快速原型开发，已经成为流行的程序设计语言之一。同时，Python 可以运行在多种系统平台下，只需要编写一次代码，就可以在多种系统平台下实现相同的功能。使用 Python 可以完成从文本处理到创建复杂的 3D 图形等各种工作。在数值计算与工程应用中，与传统的 C 语言相比，Python 更加灵活、简洁。本书以 Python 3 为例讲解 Python 基本语法，后面章节提到的 Python 都指 Python 3。

2.1 Python 基本语法

Python 利用缩进表示语句块的开始和结束（off - side 规则），而不使用花括号或者某种关键字。增加缩进表示语句块的开始，而减少缩进则表示语句块的结束。

例如有如下 if 语句：

```
age = int(input("请输入你的年龄："))
if age < 18:
    print("你不能买酒。")
    print("不过你能买口香糖。")
print("这句话在 if 语句块的外面。")
```

根据 PEP（Python enhancement proposals，Python 增强提案）的规定，使用 4 个空格表示每级缩进。使用 Tab 字符和其他数目的空格的 Python 代码虽然可以编译通过，但不符合编码规范。

2.1.1 基础数据类型

Python 有 6 种标准的数据类型：number（数字）、string（字符串）、list（列表）、tuple（元组）、set（集合）、dictionary（字典）。Python 的 6 种标准数据类型中，不可变数据类型有 number、string、tuple；可变数据类型有 list、dictionary、set。

Python 数字类型支持 int、float、bool、complex（复数）类型。在 Python 3 中，只有一种整数类型 int，表示长整型，没有大小限制。

2.1.2 变量和赋值

变量、表达式及语句是 Python 的重要组成部分。常量和变量可以通过操作符连接为表达式，表达式可以通过 Python 关键字及操作符连接为语句，语句的集合构成 Python 程序。

1. 变量

变量是一个存放数据的容器。在 Python 中，定义变量前不需要声明变量。首次为变量赋值的时候，系统会自动创建变量并为其指定类型。变量本身是没有类型的，只是对象。每个变量在使用前都必须赋值，变量赋值以后该变量才会被创建。在 Python 中，我们所说的"类型"是变量所指的内存中对象的类型。

2. 变量命名规则

Python 中变量可以使用短名称，如 x、y、z、a、b 等，也可以使用具有一定描述作用的名称，如 age、name、sex 等，以便其他人快速了解变量的含义。通常 Python 中的变量命名规则如下。

①变量名只能包含字母、数字和下画线(A～Z、a～z、0～9 和_)。

②变量名必须以字母或下画线开头，不能以数字开头。

③变量名区分字母的大小写(如 name、Name 和 NAME 是 3 个不同的变量)。

④变量名不能和 Python 中的关键字冲突(相同)，否则无效。

3. 变量赋值

1)常规赋值

Python 使用等号"="作为赋值运算符，具体格式如下。

```
name = value                                    # 将某个值赋值给变量
list1 = ["python","java"]                       # 将列表赋值给变量
list2 = [1,2,["python","html"],(1,4,7)]         # 嵌套列表
age = 28                                        # 将数值赋值给变量
information = "xiaoming is a boy"               # 将字符串赋值给变量
dic = {"name":"xiaoming","age":20,"sex":"fale"} # 将字典赋值给变量
```

2)多变量赋值

同时给 3 个变量赋值的方式如下。

```
m, n, o = 22, "xiaoming","男"                   # 同时给 3 个变量赋值
```

上述语句表示将 22 赋值给变量 m，将字符串对象"xiaoming"赋值给变量 n，将"男"赋值给变量 o。

3)链式赋值

```
x1 = y1 = 33
```

上述语句通过链式赋值将 33 同时赋值给变量 x1 和 y1。

2.1.3　运算符和表达式

运算符用于常量或变量的运算。Python 支持的运算符有算术运算符、比较(关系)运算符、赋值运算符、逻辑运算符、位运算符、成员运算符、身份运算符 7 种类型。

1. 算术运算符

算术运算符的使用示例如表 2-1 所示，假设变量 a 的值为 10，变量 b 的值为 21。

表 2-1　算术运算符的使用示例

算术运算符	描述	实例
+	加,返回加法运算的和	a + b,结果为 31
−	得到相反数或是一个数减去另一个数的结果	a − b,结果为−11
*	返回两个数相乘的结果或是返回一个被重复若干次的字符串	a * b,结果为 210
/	除,返回除法运算的商	b / a,结果为 2.1
%	取模,返回除法运算的余数	b % a,结果为 1
**	幂,返回 a 的 b 次幂	a ** b,结果为 10 的 21 次方
//	取整除,向下取接近商的整数	9//2,结果为 4 −9//2,结果为−5

2. 比较运算符

比较运算符的使用示例如表 2-2 所示,假设变量 a 的值为 10,变量 b 的值为 20。

表 2-2　比较运算符的使用示例

比较运算符	描述	实例
==	等于,返回判断对象是否相等的结果	a == b,返回 False
!=	不等于,返回判断两个对象是否不相等的结果	a != b,返回 True
>	大于,返回判断 a 是否大于 b 的结果	a > b,返回 False
<	小于,返回判断 a 是否小于 b 的结果	a < b,返回 True
>=	大于或等于,返回判断 a 是否大于或等于 b 的结果	a >= b,返回 False
<=	小于或等于,返回判断 a 是否小于或等于 b 的结果	a <= b,返回 True

3. 逻辑运算符

Python 中有 3 种逻辑运算符:and、or 和 not,这 3 种运算符的含义与它们在英文中的含义类似。

①and 相当于“并且”:当两个条件都成立时,and 的运算结果才为 True。

②or 相当于“或者”:当两个条件中有任何一个条件成立时,or 的运算结果就为 True。

③not 相当于“不”:当条件成立时,not 的运算结果为 False。

Python 利用逻辑运算符将布尔表达式连接起来,并对其求值。逻辑运算符的使用示例如表 2-3 所示。

表 2-3　逻辑运算符的使用示例

逻辑运算符	示例	结果
and	a and b	若 a 和 b 都为 True,则结果为 True;反之,结果为 False
or	a or b	若 a 和 b 中任何一个为 True,则结果为 True;反之,结果为 False
not	not a	若 a 为 False,则结果为 True;反之,结果为 False

2.1.4 字符串

1. 字符串的定义

字符串是 Python 中常用的数据类型之一，是引号之间的字符集合。Python 中定义字符串可使用单引号(')、双引号(")和三引号(''')，引号必须成对使用，三引号允许一个字符串跨多行。Python 字符串中可以包含换行符、制表符及其他特殊字符。

2. 转义字符

转义字符是指用一些普通字符的组合来代替一些特殊字符，由于其组合改变了原来字符表示的含义，因此称为“转义”。例如，Python 中用“\n”表示换行，“\r”表示回车，“\t”表示制表符等，它们本身只是一个反斜杠“\”和一个字母，但是却被赋予了特殊的意义。转义字符以反斜杠开头，后跟一个或几个字符。转义字符在书写形式上由多个字符组成，但 Python 将它们看作一个整体，表示一个字符。Python 常用转义字符如表 2-4 所示。

表 2-4 Python 常用转义字符

转义字符	说明
\n	换行符，将光标移到下一行开头位置
\r	回车符，将光标移到本行开头位置
\t	水平制表符，即按 Tab 键，一般相当于 4 个空格
\\	反斜杠
\'	单引号
\"	双引号
\	在字符串行尾的续行符，即一行未完，转到下一行继续写

3. 字符串运算符

字符串运算符的使用示例如表 2-5 所示，假设变量 a 的值为"Hello"，b 的值为"Python"。

表 2-5 字符串运算符的使用示例

字符串运算符	描述	实例
+	字符串连接	a + b，结果为 HelloPython
*	重复输出字符串	a * 2，结果为 HelloHello
[]	通过索引获取字符串中的字符	a[1]，结果为 e
[:]	截取字符串中的一部分，遵循左闭右开原则	a[1:4]，结果为 ell
in	成员运算符，如果字符串中包含给定的字符，则返回 True	'H' in a，结果为 True
not in	成员运算符，如果字符串中不包含给定的字符，则返回 True	'M' not in a，结果为 True
r/R	原始字符串，所有的字符串都是直接按照字面意思使用	print(r'\n') print(R'\n') 输出\n

4. 字符串常用操作

①str. capitalize():返回字符串的副本,副本中首字母大写,其余字母小写。

②str. count(sub[,start[,end]]) :返回[start,end]内子串 sub 的非重叠出现次数,参数 start 和 end 可选。

③str. endswith(sub[,start[,end]]):返回布尔值,表示字符串是否以指定的子串 sub 结束。类似方法为 str. startswith()。

④str. find(sub[,start[,end]]):返回字符串中首次出现子串 sub 的索引位置,参数 start 和 end 可选,若未找到子串 sub,则返回－1。类似方法为 str. index()。

⑤str. split(sep = None):使用 sep 作为分隔符拆分字符串,返回字符串中单词的列表。

⑥str. strip([chars]) :删除字符串前端和尾部 chars 指定的字符集,如果 chars 省略或其为 None,则删除空白字符。

⑦str. upper()、str. lower():分别将字符串中所有字母转换为大写、小写。

例 2-1 输出文本文件中前 10 个高频词语及其出现次数。

```
#读取文本
txt = open("/Users/fengxiangping/english.txt","r",encoding = 'utf - 16').read()
#字母变小写
txt = txt.lower()
for ch in '!"#$&()*+,-./:;<=>?@[\\]^_{|}·~':
    #替换标点
    txt = txt.replace(ch," ")
#根据空格、空字符、换行符、制表符进行分词
words = txt.split()
#记录词频
counts = {}
for word in words:
    counts[word] = counts.get(word,0) + 1
items = list(counts.items())
items.sort(key = lambda x:x[1],reverse = True)
for i in range(10):
    word,count = items[i]
    #word左对齐,占据10个单位,用空格补全;count右对齐,占据5个单位,用空格补全
    print("{0:<10}{1:>5}".format(word,count))
```

运行结果:

```
me          3
of          3
on          3
and         3
skating     2
i           2
it          2
only        2
stronger    2
know        2
```

range(10)中，range()是一个函数，range(10)返回[0,10)之间的所有整数，即 0,1,2,3,4,5,6,7,8,9。

2.2 流程控制语句

Python 的流程控制结构有 3 种，分别是顺序结构、选择(分支)结构和循环结构。其中顺序结构是最简单的结构，按照代码的先后顺序，从上到下依次执行；选择结构是根据条件的判断结果，选择执行不同的代码块；循环结构重复执行一段代码，直到满足某个条件时停止。本节重点介绍选择结构的条件语句和循环结构的循环语句。

2.2.1 条件语句

条件语句用来判断给定的条件是否满足(表达式值是不是 0)，并根据判断结果(真或假)决定是否执行相应的语句。选择结构就是用条件语句来实现的。在 Python 中，条件语句使用关键字 if、elif、else 表示。Python 中 if 语句的一般形式如下：

```
if 条件 1:
    if 语句块
[elif 条件 2:
    elif 语句块
else:
    else 语句块]
```

注意：每个条件后面要使用半角冒号(:)，表示满足条件后要执行的语句块。使用缩进划分语句块，相同缩进的语句组成一个语句块。方括号([])内为可选项。

例 2-2 从键盘输入一个数，判断该数是几位数并从后向前输出每位数字。

```
x = int(input("请输入一个数:\n"))
a = x // 10000
b = x % 10000 // 1000
c = x % 1000 // 100
d = x % 100 // 10
e = x % 10
if a != 0:
    print("5 位数:",e,d,c,b,a)
elif b != 0:
    print("4 位数:",e,d,c,b)
elif c != 0:
    print("3 位数:",e,d,c)
elif d != 0:
    print("2 位数:",e,d)
else:
    print("1 位数:",e)
```

运行结果：

请输入一个数：
87654
5 位数：4 5 6 7 8

例 2-3 猜对错。

```
import random #调用随机数模块
#1.从控制台输入要出的拳——石头 1,剪刀 2,布 3
player = int(input("请输入您要出的拳:石头 1/剪刀 2/布 3:"))
#2.计算机随机出拳
computer = random.randint(1,3)
print(computer)
#3.比较胜负
if ((player == 1 and computer == 2)
   or (player == 2 and computer == 3)
   or (player == 3 and computer == 1)):
   print('玩家胜利~')
elif player == computer:
   print('平局')
else:
   print('玩家失败~')
```

运行结果：
请输入您要出的拳:石头 1/剪刀 2/布 3：1
1
平局

注意:一个 if 语句最多只能和一个 else 语句配对,且 else 语句只能是整个语句块的最后一个语句,else 后面没有条件。

2.2.2 循环语句

在程序设计中,循环是指满足一定条件的情况下,反复执行某些代码的一种计算机处理过程。Python 中的循环语句有 while 语句和 for 语句。

1. while 语句

while 语句的语法格式如下：

```
while 判断条件:
    执行语句
```

例 2-4 求 1+2+3+…+100 的值。

```
n = 100
sum = 0
counter = 1
while counter <= n:
     sum = sum + counter
     counter += 1
print("1 到 %d 之和为: %d" % (n,sum))
```

运行结果：
1 到 100 之和为：5050

例 2-5 输出 0～10 之间的奇数。

```
n = 0
while n < 10:
    n = n + 1
    if n % 2 == 0: # 如果 n 是偶数,执行 continue 语句
        #continue 语句会使程序的执行直接进入下一轮循环,后续的 print()语句不会执行
        continue
    print(n,end = " ")
```

运行结果:

1 3 5 7 9

continue 语句用来告诉编译器跳过当前循环的剩余语句,然后进入下一轮循环。continue 语句用在 while 循环和 for 循环中,continue 语句有删除的效果,可以用于删除满足循环条件下的某些不需要的成分。

2. for 语句

for 循环可以遍历任何可迭代对象,如一个列表或者一个字符串。

for 语句的语法格式如下:

```
for <变量> in <序列>:
    <语句 1>
[else:
    <语句 2>]
```

例 2-6 输出 10～19 之间的质数和合数。

```
for num in range(10,20):   # 迭代 10～20 之间的数字
    for i in range(2,num): # 根据因子迭代
      if num % i == 0:     # 确定第一个因子
        j = num/i          # 计算第二个因子
        print('%d 等于 %d * %d' % (num,i,j))
        break              # 跳出当前循环
    else:                  # 循环的 else 部分
      print ('%d 是一个质数' % num)
```

运行结果:

10 等于 2 * 5
11 是一个质数
12 等于 2 * 6
13 是一个质数
14 等于 2 * 7
15 等于 3 * 5
16 等于 2 * 8
17 是一个质数
18 等于 2 * 9
19 是一个质数

break 语句用于退出当前所在的循环。当程序执行到 break 语句时,它会立即跳出当前循环,继续执行循环之后的代码。

例 2-7 输出乘法口诀表。

```
for i in range(1,10):
    print()
    for j in range(1,i + 1):
        print ("%d * %d = %d" % (i, j, i * j), end = " ")
```

运行结果：

```
1*1=1
2*1=2 2*2=4
3*1=3 3*2=6 3*3=9
4*1=4 4*2=8 4*3=12 4*4=16
5*1=5 5*2=10 5*3=15 5*4=20 5*5=25
6*1=6 6*2=12 6*3=18 6*4=24 6*5=30 6*6=36
7*1=7 7*2=14 7*3=21 7*4=28 7*5=35 7*6=42 7*7=49
8*1=8 8*2=16 8*3=24 8*4=32 8*5=40 8*6=48 8*7=56 8*8=64
9*1=9 9*2=18 9*3=27 9*4=36 9*5=45 9*6=54 9*7=63 9*8=72 9*9=81
```

2.3 内置数据类型

数据类型是一种值以及定义在这种值上的一组操作的集合。在 Python 中，最基本的数据类型是序列。序列中的成员有序排列，可以通过下标偏移量访问它的一个或几个成员。除了前面已经介绍过的字符串，常见的序列还有列表和元组。

2.3.1 列表

列表是 Python 中最具灵活性的有序集合对象类型。和字符串不同的是，列表具有可变长度、异构以及任意嵌套列表的特点。列表是可变对象，支持在原处修改。不包含任何元素的列表称为空列表。

1. 列表的定义

①在 Python 中，可以使用方括号来创建一个空列表，列表中的多个元素用英文逗号分隔。例如：

[1, 3, 5, 8]

['红苹果', '黄香蕉', '绿青蛙']

第一个列表包含 4 个整数，第二个列表包含 3 个字符串。列表中的元素可以是不同类型的，例如下面这个列表的元素有字符串、浮点数、整数和列表：

['苹果', 3.1, 6, [12, 30]]

列表中包含列表称作嵌套列表。

②通过 Python 内置的 list()函数将其他序列转换成列表。

```
items1 = list(range(1, 10))
print(items1)    # [1, 2, 3, 4, 5, 6, 7, 8, 9]
items2 = list('hello')
print(items2)    # ['h', 'e', 'l', 'l', 'o']
```

③访问列表中的值。

与字符串的索引一样，列表中元素的索引从 0 开始，第二个元素的索引是 1，以此类推。

通过索引，可以对列表进行截取、组合等操作。索引也可以从尾部开始，最后一个元素的索引为－1，倒数第二个元素的索引为－2，以此类推。

2. 列表的常用方法

列表是一种可变数据类型，也就是说，可以对列表进行添加元素、删除元素、更新元素的操作，这和字符串有着鲜明的差别。字符串是一种不可变数据类型，也就是说，对字符串进行拼接、重复、转换字母大小写、修剪空格等操作时会产生新的字符串，原来的字符串并没有发生任何改变。

列表的常用方法和函数如下。

①list.append(obj)：把元素 obj 添加到列表 list 的末尾。

②list.insert(index, obj)：将元素 obj 插入列表 list 的索引 index 处。

③list.remove(obj)：移除列表 list 中第一个值为 obj 的元素。

④list.count(obj) ：统计列表 list 中值为 obj 的元素在列表中出现的次数。

⑤list.extend(seq)：在列表 list 的末尾一次性追加另一个序列中的多个值(用新列表扩展原来的列表)。

⑥list.index(obj)：从列表中找出第一个值为 obj 的元素的索引位置。

⑦list.pop(index)：移除列表 list 中的索引 index 的元素(默认最后一个元素)，并且返回该元素的值。

⑧list.reverse()：将列表 list 中的元素逆序。

⑨list.sort(key=None, reverse=False)：对原列表 list 进行排序，reverse 参数指定排序规则，reverse = True 为降序，reverse = False 为升序(默认)。

⑩list.clear()：清空列表 list。

⑪list.copy()：复制列表 list。

3. 列表推导式

列表推导式(又称列表解析式)提供了一种简明扼要的方法来创建列表。

列表推导式的语法格式如下：

```
list = [表达式 for 变量 in 列表]
```

或者

```
[表达式 for 变量 in 列表 if 条件]
```

一个新的列表将在这个以 if 和 for 语句为上下文的表达式运行完成之后产生。

```
# 创建一个由1~9的数字构成的列表
items1 = [x for x in range(1, 10)]
print(items1)    # [1, 2, 3, 4, 5, 6, 7, 8, 9]
# 创建一个由'hello world'中除空格和元音字母外的字符构成的列表
items2 = [x for x in 'hello world' if x not in 'aeiou']
print(items2)    # ['h', 'l', 'l', 'w', 'r', 'l', 'd']
# 创建一个由两个字符串中字符的笛卡儿积构成的列表
items3 = [x + y for x in 'ABC' for y in '12']
print(items3)    # ['A1', 'A2', 'B1', 'B2', 'C1', 'C2']
```

2.3.2 元组

元组是由任意类型的值组成的不可变的序列，每个值在序列中的位置用整数表示。元组与列表类似，两者最重要的区别是：元组的元素不能修改，列表的元素可以修改；元组使用圆括号(())表示，列表使用方括号([])表示。

1. 元组的定义

(1)常量元组。

元组是由逗号运算符构造的，可以带或不带圆括号。一个空的元组必须有圆括号。单个元素的元组必须有一个尾随逗号。

(2)可迭代对象转换为元组。

tuple()函数可以将任何可迭代对象转换成一个元组。如果参数已经是一个元组，它返回一个元组副本，即一个具有相同元素的新元组。

元组与字符串类似，索引从 0 开始，可以对其进行截取、组合等操作。

2. 元组的常用方法和函数

①len(tuple)：计算元组中的元素个数。

②max(tuple)：返回元组中元素的最大值。

③min(tuple)：返回元组中元素的最小值。

④tuple(iterable)：将可迭代对象转换为元组。

例 2-8 元组的创建。

```
tup = tuple(bar)                          #创建元组
print('输出元组 tup:',tup)                 #输出元组
nested_tup = (4,5,6),(7,8)
print('输出元组 tup:',nested_tup)          #元组的元素是元组
print('元组的连接',tup+tuple('wwy'))
a,b,c = tup                               #元组的拆分
print(a,b,c)
print(tup.count(a))                        #统计某个数值在元组中出现的次数
```

运行结果：

```
输出元组 tup: ('b', 'a', 'r')
输出元组 tup: ((4, 5, 6),(7, 8))
元组的连接 ('b', 'a', 'r', 'w', 'w', 'y')
b a r
1
```

3. 元组推导式

利用元组推导式可以通过 range()函数、元组、列表、字典和集合等数据类型，快速生成一个满足指定需求的元组。

元组推导式的语法格式如下：

```
tuple = (表达式 for 变量 in 序列)
```

或者

```
(表达式 for 变量 in 序列 if 条件)
```

元组推导式和列表推导式的用法完全相同，只是元组推导式是用圆括号将各部分括起来，而列表推导式用的是方括号。另外，元组推导式返回的结果是一个生成器对象。生成器是一种特殊的迭代器，可以通过 for-in 语句来遍历，也可以通过 tuple()或 list()函数分别将其转换为元组或列表。

例 2-9 生成一个包含 10 个随机数的元组。

```
import random
tuple1 = (random.randint(10,100) for i in range(10))
print(tuple1)
print('输出元组 tuple1 的值：',tuple(tuple1))
```

运行结果：

<generator object <genexpr> at 0x10d48bbc0>

输出元组 tuple1 的值：(88, 11, 94, 62, 61, 97, 65, 18, 63, 89)

从上面的结果可以看出，使用元组推导式生成的结果不是一个元组或者列表，而是一个生成器对象，这一点和列表推导式是不同的。

2.3.3 字典

1. 字典的定义

字典是一个由“键-值”对组成的顺序可变的集合体。“键-值”对中的键和值用冒号分隔，每个“键-值”对之间用逗号分隔，字典的所有元素都包含在花括号中。

字典的定义格式如下：

```
dict = {key1 : value1, key2 : value2 }
```

字典中的键必须是唯一的，是不可变对象，如字符串、数字或元组等。值不需要唯一，值可以取任意数据类型，如果“键-值”对重复，则最后一个“键-值”对会替换前面的。

2. 字典的常用方法

①dict.get(key, default=None)：返回指定键的值，如果键不在字典中，则返回 default 设置的默认值。

②dict.items()：以列表返回可遍历的(键，值)元组数组。

③dict.keys()：以列表返回字典中的所有键。

④dict.values()：以列表返回字典中的所有值。

例 2-10 字典的应用。

```
scientists = {'Newton': 1642,'Darwin': 1809,'Turing': 1912}
print('keys:', scientists.keys())                  #返回字典中的所有键
print('values:', scientists.values())              #返回字典中的所有值
print('items:', scientists.items())                #返回字典中的所有“键-值”对，形式为(键，值)
print('get:', scientists.get('Curie', 1867))       #get 方法
temp = {'Curie': 1867,'Hopper': 1906,'Franklin': 1920}
scientists.update(temp)                            #用字典 temp 更新字典 scientists
print('after update:', scientists)
scientists.clear()                                 #清空字典
print('after clear:', scientists)
```

运行结果：

keys：dict_keys(['Newton', 'Darwin', 'Turing'])
values：dict_values([1642, 1809, 1912])
items：dict_items([('Newton', 1642), ('Darwin', 1809), ('Turing', 1912)])
get：1867
after update：{'Newton': 1642, 'Darwin': 1809, 'Turing': 1912, 'Curie': 1867, 'Hopper':1906, 'Franklin':1920}
after clear：{}

3. 字典推导式

字典推导式的使用方法和列表推导式、元组推导式类似，也是将循环和条件判断表达式配合使用，不同的是字典推导式的返回值是一个字典，所以整个表达式需要写在花括号({})内部。

字典推导式的语法格式如下：

```
{key_exp：value_exp for value in dict.items()}
```

或者

```
{key_exp：value_exp for value in dict.items() if condition}
```

参数说明：

①key_exp:在 for 循环中，如果条件表达式 condition 成立，返回对应的 key，value 并作 key_exp，value_exp 处理。

②value_exp:在 for 循环中，如果条件表达式 condition 成立，返回对应的 key，value 并作 key_exp，value_exp 处理。

③key:字典中的键。

④value:字典中的值。

⑤dict.items():序列。

⑥condition:条件表达式。

例 2-11 获取字典中键是小写字母的“键-值”对。

```
dict1 = {"a":10,"B":20,"C":True,"D":"hello world","e":"python 教程"}
dict2 = {key:value for key,value in dict1.items() if key.islower()}
print(dict2)
```

运行结果：

{'a': 10,'e': 'python 教程'}

例 2-12 将字典中的所有键设置为小写字母。

```
dict1 = {"a":10,"B":20,"C":True,"D":"hello world","e":"python 教程"}
dict3 = {key.lower():value for key,value in dict1.items()}
print(dict3)
```

运行结果：

{'a': 10, 'b': 20,'c': True,'d': 'hello world', 'e': 'python 教程'}

例 2-13 将字典中所有键是小写字母的值统一赋值为'error'。

```
dict1 = {"a":10,"B":20,"C":True,"D":"hello world","e":"python 教程"}
dict4 = {key:value if key.isupper() else "error" for key,value in dict1.items()}
print(dict4)
```

运行结果：

{'a': 'error', 'B': 20, 'C': True, 'D': 'hello world', 'e': 'error'}

2.3.4　集合

集合(set)是一个无序的元重复元素的序列,即集合中的元素是无序的并且其中每一个元素都是唯一的。Python 中集合的基本功能包括关系测试和消除重复元素。除此之外,它还支持并(union)、交(intersection)、差(difference)和对称差集(sysmmetric difference)等数学运算。集合分为可变集合(set)和不可变集合(frozenset)。对可变集合可以进行添加、删除元素的操作,是不可哈希的,因此,它不能作为字典的键,也不能作为其他集合的元素,然而,不可变集合却能完成这类工作。

1. 集合的定义

使用花括号或者 set()函数创建集合。

注意:创建一个空集合必须用 set()函数,而不是花括号,因为花括号用来创建一个空字典。

创建集合的语法格式如下：

```
parame = {value1,value2,…}
```

或者

```
set(value)
```

2. 集合的常用方法和函数

①s. add(x):将元素 x 添加到集合 s 中,如果元素已存在,则不进行任何操作。

②s. update(x):将元素 x 添加到集合 s 中,x 可以有多个,用逗号分隔。参数可以是列表、元组、字典等。

③s. remove(x):将元素 x 从集合 s 中移除,如果元素不存在,则发生错误。

④s. discard(x):将元素 x 从集合 s 中移除,如果元素不存在,不会发生错误。

⑤s. pop():从集合 s 中随机移除元素。

⑥s. clear():移除集合 s 中的所有元素。

⑦s. copy():复制一个集合。

⑧s. difference(s):返回多个集合的差集。

⑨s. difference_update(s):移除两个集合中重复的元素。

⑩s. intersection(s1[, s2,…,sn]):返回多个集合的交集,生成新的集合。

⑪s. intersection_update(s1[, s2,…,sn]):返回多个集合的交集,不生成新的集合。

⑫s. isdisjoint(s1):判断集合 s 和 s1 是否包含相同的元素,如果不包含,则返回 True,否则返回 False。

⑬s. issubset(s1):判断集合 s 的所有元素是否都包含在集合 s1 中,如果是,则返回 True,否则返回 False。

⑭s. issuperset(s1):判断集合 s1 的所有元素是否都包含在集合 s 中,如果是,则返回 True,否则返回 False。

⑮s. symmetric_difference(s1):返回集合 s 和 s1 中不重复元素的集合。

⑯s. symmetric_difference_update(s1):移除集合 s 中与集合 s1 的元素相同的元素,并将集合 s1 中的不同元素插入集合 s 中。

⑰s. union(s1[, s2 … sn]):返回多个集合的并集。

例 2-14 集合用法示例。

```
set1 = set([0,1,2,3,4])
set2 = set([1,3,5,7,9])
print(set1.issubset(set2))
print(set1.union(set2))
print(set2.difference(set1))
print(set1.issuperset(set2))
```

运行结果:

False
{0, 1, 2, 3, 4, 5, 7, 9}
{9, 5, 7}
False

3. 集合推导式

集合推导式类似于列表推导式,使用集合推导式可以借助列表、元组、字典、集合以及 range()函数,快速生成符合需求的集合。

集合推导式的语法格式如下:

```
{表达式 for 迭代变量 in 可迭代对象 [if 条件表达式]}
```

其中,用方括号括起来的部分是可选项。集合推导式和字典推导式的格式完全相同,但字典推导式的格式是以“键-值”对(key:value)的形式给出的。

例 2-15 计算数字 1、2、3 的平方。

```
setnew = {i**2 for i in (1,2,3)}
print(setnew)
```

运行结果:

{1, 4, 9}

例 2-16 判断字符串中不是 a、b、c 的字符并将其输出。

```
a = {x for x in 'abracadabra' if x not in 'abc'}
print(a)
```

运行结果:

{'r', 'd'}

例 2-17 计算集合中偶数的平方。

```
tupledemo = (1,1,4,3,2,5,6)
setnew ={x ** 2 for x in tupledemo if x % 2 == 0}
print(setnew)
```

运行结果:

{16, 4, 36}

2.4 函数

在程序设计中，函数是可被程序调用的相对独立的一个程序模块。通常函数用于实现程序的部分功能或某个特定功能，可以接收调用方传递的参数，并作为函数值返回调用结果。定义函数需要指定函数名并编写函数体中的语句序列。

函数能提高程序的模块性和代码的重复利用率。从用户角度来看，函数有两种类型：系统内建函数和用户自定义函数。

2.4.1 函数的定义和调用

1. 函数的定义

```
def 函数名(形式参数列表):
    函数体
```

注意：

• 函数代码块以 def 关键字开头，后接函数名和圆括号。

• 函数名的命名规则：包含字母、数字和有效的标点符号，但首字符不能是数字，不能使用关键字作为函数名，并且要避免变量名与函数名相同。

• 形式参数（简称形参）列表中可以有零个或多个参数，任何传入参数必须放在圆括号内。

• 函数定义语句的第一行后必须有一个冒号（:），函数体缩进表示。

• 函数体内部可以用 return[表达式]结束函数，选择性地返回一个值给调用方，不带表达式的 return 语句相当于返回 None。

2. 函数的调用

定义一个函数的目的是使用它，用户自定义函数必须先定义，后调用。定义函数时，函数体内的语句不会被立即执行，这些语句直到函数被调用时才会被执行。

函数调用的一般形式如下：

```
函数名(实际参数列表)
```

如果函数为无参函数，则无实际参数列表，但圆括号不能省略。实际参数列表中的参数称为实际参数（简称实参），实参可以是常量、变量、表达式、函数等，无论实参是何种类型的量，在进行函数调用时，它们都必须有确定的值，以便把这些值传递给形参。因此应预先用赋值、输入等方法使实参获得确定的值。

一个函数可以调用另一个函数，而且允许多层嵌套调用函数。Python 可以很好地追溯这个过程，每执行完一个函数，程序会回到之前调用该函数的位置。当程序中出现函数调用时，会跳到函数体中执行其中的语句，执行完毕后再返回之前离开的位置。

```
def repeat_lyrics():
    print_lyrics()
    print_lyrics()
```

```
def print_lyrics():
    print("我像只鱼儿在你的荷塘")
    print("只为和你守候那皎白月光")
    print("游过了四季荷花依然香")
    print("等你宛在水中央")
repeat_lyrics()
```

这个程序中包含两个函数的定义：repeat_lyrics()函数和 print_lyrics()函数。函数的定义与其他语句的执行相同，但最终结果是创建了函数对象。

例 2-18 定义并调用计算面积函数。

```
# 计算面积函数
def area(width, height):
    return width * height
def print_welcome(name):
    print("Welcome", name)
print_welcome("Runoob")
w = 4
h = 5
print("width =", w, " height =", h, " area =", area(w, h))
```

运行结果：

Welcome Runoob
width = 4 height = 5 area = 20

例 2-19 “石头、剪刀、布”游戏。

```
"""
"石头、剪刀、布"游戏
该程序的关键点是把"石头"、"剪刀"和"布"映射为以下数字：
石头 - 0
剪刀 - 1
布 - 2
"""
import random
# 包含 random.randrange(start, stop)函数的模块
# 定义辅助函数
def name_to_number(name):
    # 用 if/elif/else 语句将 name 转换为对应的数字代码，-1 表示 name 无效
    if name == "石头":
        return 0
    elif name == "剪刀":
        return 1
    elif name == "布":
        return 2
    else:
        return -1 # 无效的 name,则返回 -1
def number_to_name(number):
    # 用 if/elif/else 语句将数字代码 number 转换为对应的字符名称
```

```
    if number == 0:
        return "石头"
    elif number == 1:
        return "剪刀"
    elif number == 2:
        return "布"

# 程序从此执行
while True:
    print("“石头、剪刀、布”游戏开始!")
    print("输入“石头”、“剪刀”或“布”,若输入“结束”,则游戏结束。")
    cmd = input("请出拳:")
    if cmd == '结束':
        print("游戏结束。")
        break

    player_number = name_to_number(cmd)
    if player_number == -1:
        print("出拳无效,游戏重新开始。")
        print("--------------------------------------------\n")
        continue

    print("你出的拳是:" + cmd)
    computer_number = random.randrange(0, 3) # 计算机随机出拳
    print("计算机出的拳是:" + number_to_name(computer_number))

    # 计算 player_number 和 computer_number 之差对 3 的模
    diff_mod_three = (player_number - computer_number) % 3

    # 用 if/elif/else 语句判定输赢,并输出结果信息
    if diff_mod_three == 0:
        print("你和计算机平手!")
        print("--------------------------------------------\n")
    elif diff_mod_three == 1:
        print("计算机获胜!")
        print("--------------------------------------------\n")
    else:
        print("你获胜!")
        print("--------------------------------------------\n")
```

运行结果:

“石头、剪刀、布”游戏开始!
输入“石头”、“剪刀”或“布”,若输入“结束”,则游戏结束。
请出拳:石头
你出的拳是:石头
计算机出的拳是:石头
你和计算机平手!

“石头、剪刀、布”游戏开始!
输入“石头”、“剪刀”或“布”,若输入“结束”,则游戏结束。
请出拳:

2.4.2 匿名函数

1. 匿名函数的定义

匿名函数是指无须定义标识符(函数名)的一类函数或子程序。Python 使用 lambda 关键字来创建匿名函数。lambda 只是一个表达式,其形式比用 def 定义函数的形式简单很多。匿名函数的主体是一个表达式,而不是代码块,在 lambda 表达式中仅仅能封装有限的逻辑。匿名函数拥有自己的命名空间,且不能访问自己参数列表之外或全局空间中的参数。相比函数,lambda 表达式具有以下优势。

①对于单行函数,使用 lambda 表达式可以省去定义函数的过程,让代码更加简洁。

②对于不需要多次使用的函数,lambda 表达式可以在使用完毕后立即释放,以提高程序的执行性能。

定义匿名函数的语法格式为:

```
lambda [ arg1 [,arg2,…,argn]]:expression
```

其中:

①lambda 是 Python 预留的关键字。

②[arg…]是参数列表,它的结构与 Python 中函数的参数列表是一样的。

③expression 是一个参数表达式,表达式中出现的参数需要在[arg…]中有定义,并且表达式只能是单行的,一行只能有一个表达式。

2. 匿名函数的常见用法

将匿名函数赋值给一个变量,通过这个变量间接调用该匿名函数。例如:

```
add = lambda x, y: x + y
```

相当于定义了加法函数(lambda x, y: x+y),并将其赋值给变量 add,这样变量 add 就指向了具有加法功能的匿名函数。

这时如果执行 add(1, 2),其结果为 3。

2.5 文件

文件是操作系统提供给应用程序用来操作硬盘的虚拟概念,用户或应用程序通过操作文件,可以将自己的数据永久保存下来。有了文件的概念,用户无须考虑操作硬盘的细节。Python 提供了对文件进行操作的函数和方法。文件的处理过程为:打开文件,读取或写入文件,处理读取的数据和关闭文件。

注意:用户在运行与文件相关的代码时,可将对应的文件放到当前路径下或使用文件的绝对路径。本文作者使用的是 Mac 计算机,读者在运行相关程序时需要根据使用的操作系统修改相应的文件路径。

1. 打开文件

对文件进行操作之前需要用 open( )函数打开文件,打开文件之后将返回一个文件对象

(File 对象)。open()函数的完整语法格式如下:

```
file_object = open(file_name, access_mode = 'r',buffering = - 1, encoding = None, errors = None,
newline = None, closefd = True, opener = None)
```

其中,file_object 为要打开的文件对象;file_name 是包含要打开文件的路径(绝对路径或相对路径)的字符串,包含文件路径及文件扩展名;可选参数 access_mode 是文件的打开模式,默认值为"r",通常有"r""w""a"几种模式,分别表示只读、只写和追加模式;另一个可选参数 buffering 表示待打开文件的缓冲模式。

2. 文件读取

(1)文本文件读取。

①file. read([size]):从文件中读取指定的字节数。如果未给定值或值为负,则读取文件的所有字节。

②file. readline([size]):读取整行,包括\n。

③file. readlines([size]):读取所有行并返回列表,size 表示读取内容的总长度。

例 2-20 读取 TXT 文件,其中"假如生活欺骗了你. txt"文件内容如图 2-1 所示。

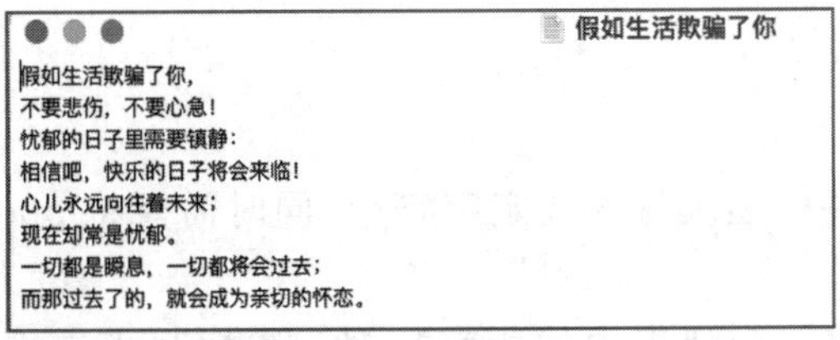

图 2-1 "假如生活欺骗了你 . txt"文件内容

```
#打开文件
file = open("/Users/fengxiangping/假如生活欺骗了你.txt", mode = 'r')
print ("文件名为: ", file.name)
content = file.readlines()
print (content)
#关闭文件
file.close()
```

运行结果为:

文件名为: /Users/fengxiangping/假如生活欺骗了你. txt
['假如生活欺骗了你, \n','不要悲伤, 不要心急! \n', '忧郁的日子里需要镇静: \n', '相信吧, 快乐的日子将会来临! \n', '心儿永远向往着未来; \n', '现在却常是忧郁。 \n', '一切都是瞬息, 一切都将会过去;\n', '而那过去了的,就会成为亲切的怀恋。']

(2)CSV 文件读取。

CSV(comma separated values,字符分隔值)文件是一种常用的文件格式,用以存储表格数据,包括数字和字符。

CSV 文件的特点如下。

①纯文本,使用某个字符集,如 ASCII、Unicode 或 GB2312。

②以行为单位读取数据,每行表示一条记录。

③每条记录被分隔符分隔为字段(典型分隔符有逗号、分号或制表符;有时分隔符可以包括可选的空格)。

④每条记录都有同样的字段序列。

Python 内置了 csv 模块,使用 import csv 语句引入 csv 模块后,就可以读取 CSV 文件了。

正常操作文件读写的时候,读写操作完成后都需要调用 close()函数关闭文件,但是重复调用 close()函数增加了工作量,而且有时候可能会忘记调用该函数,可以使用 with 方法解决这个问题。

例 2-21 读取"账号.csv"文件的内容。

```
import csv
with open("/Users/fengxiangping/账号.csv", 'r') as f:
    read = csv.reader(f)
    for row in read:
        print(row)
```

运行结果:

['12001', 'Tom']
['12002', 'Mary']
['12003', 'flower']

3. 文件写入

①file. write():向文件中逐次写入指定字符串,同时需要将 open()函数中的文件打开模式设置为 mode='w'。

②file. writelines():将一个列表中的所有数据一次性写入文件。如果有换行需要,则需要在每条数据后增加换行符,同时用"字符串. join()"方法将每个变量数据联合成一个字符串,并增加分隔符"\t"。此外,对于写入 CSV 文件的 writer()方法,可以调用 writerow()函数将列表中的每个元素逐行写入文件。

例 2-22 向"账号 1. csv"文件中写入账号信息。

```
import csv
content = [['1997011','Alice'],['1997012', 'Angela'],['1997013', 'Aurora']]
#如果不加 newline = "",就会出现空行
f = open("/Users/fengxiangping/账号 1.csv","w",newline = '')
#生成 writer 对象存储器
content_out = csv.writer(f)
for con in content:
    content_out.writerow(con)
    print(con)
f.close()
```

运行结果:

['1997011', 'Alice ']
['1997012', 'Angela']
['1997013', 'Aurora']

4. 文件关闭

文件使用完毕后,必须要使用 close()函数关闭文件,以便释放资源供其他程序使用。

2.6 面向对象基础

面向对象就是把对象作为程序的基本单元。那么对象到底是什么呢？现实世界中的任何事物都可以称为对象。对象就是对事物的一种抽象描述。人们发现，现实世界中的任何事物都可以用“数据”和“能力”来描述。例如要描述一个人，“数据”就是他的年龄、性别、身高、体重等，“能力”就是他能做什么工作，能承担什么样的责任等。要描述一台电视，“数据”就是它的屏幕尺寸、亮度等，“能力”包括播放《新闻联播》节目等。

2.6.1 面向对象的基础概念

1. 类

类是用来描述具有相同的属性和方法的对象的集合，它定义了该集合中每个对象的共有属性和方法。通俗地说，类就是一个模板，它描述了一类对象的属性和方法。例如“动物”是一个类，它的属性有门、纲、目、科、属、种；方法有走、叫、吃等。

2. 类的实例化与对象

对象就是类的实例。例如“动物”是一个类，“浣熊”是“动物”类的一个实例。对象包括数据成员（类变量和实例变量）和方法。

实例化就是创建一个类的实例，即类的具体对象。例如在“动物”类中创建一个对象“浣熊”，就是类的实例化。

3. 类的属性

类的属性分为变量属性（一般为名词，如 Person 类中的 name、weight 属性）和方法属性（子函数，一般为动词，例如狗的方法属性有 run、eat、show）。

4. 类与类之间的关系

子类直接拥有父类的属性和方法称为继承（inheritance），例如 People 类具有 name（姓名）、weight（体重）等变量属性，学生类、教师类等子类直接继承 name 和 weight 属性。

子类可以自定义父类的属性，称为延伸（extend），例如学生类定义了学号、专业等变量属性，教师类定义了学校、学院等变量属性。

子类可以覆盖父类的属性，称为重写（override），例如学生类有自己用于学习的地方，可以覆盖 People 类的方法属性学习，教师类的工作方式是上课，可以覆盖 People 类的方法属性工作方式等。

2.6.2 用户自定义类

1. 创建用户自定义类

创建用户自定义类的语法格式如下：

```
class ClassName:
    <statement-1>
        …
    <statement-N>
```

例 2-23 定义一个 Person 类。

```
'''
定义一个 Person 类
有属性 name、weight
有方法 run(),调用一次方法 run(),体重少 0.5 kg
有方法 eat(),调用一次方法 eat(),体重多 1 kg
有方法 show(),作用是自我介绍,也就是显示姓名和体重的值
'''
class Person:
  def __init__(self, name, weight):
      """定义 Person 类的变量属性 name 和 weight"""
      self.name = name
      self.weight = weight
      """定义 Person 类的方法属性,即子函数"""
  def run(self):
      self.weight -= 0.5
  def eat(self):
      self.weight += 1
  def show(self):
      print("我的名字叫{self.name},我的体重为{self.weight}")
```

注意:

- Python 中,首字母大写的名称通常指的是类,例如 Person 类。
- 类有一个名为 __init__() 的特殊方法(构造方法),该方法在类实例化时会被自动调用。__init__()方法中的形参 self 必不可少,且必须位于其他形参的前面;在实例化时自动将实例本身传给__init__()方法的第一个参数 self。
- Python 调用__init__()方法创建 Person 类的实例时,self 即为该实例。
- 以 self 为前缀的变量(self. name、self. weight)称为 Person 类的变量属性(名词),可供 Person 类中的所有方法及实例访问。

2. 创建类的实例

创建类的实例的语法格式如下:

```
类名(参数)
```

例 2-24 创建 Person 类的 my_friend 实例。

```
my_friend = Person("小明", 70) # 实例化小明对象,他的体重是 70 kg
```

- 相当于执行 Person. __init__("小明", 70)方法。
- 方法__init__():创建一个 name 为小明、weight 为 70 kg 的 my_friend 实例。
- 执行完__init__()方法后返回(方法__init__()并未显式地包含 return 语句)一个类似字典的对象,存储属于 my_friend 实例的属性和方法。

例如:

```
my_friend.__dict__
```

运行结果：

{'name'：'小明'，'weight'：70}

3. 调用类的变量属性

调用类的变量属性的语法格式如下：

```
实例对象名.变量属性名
```

例如：

```
print("My friend 's name is " + my_friend.name.title() + ".") # my_friend.name
print("My friend is " + str(my_friend.weight) + " KG.")
```

运行结果：

My friend 's name is 小明.
My friend is 70 KG.

4. 调用类的方法属性

调用类的方法属性的语法格式如下：

```
实例对象名.方法名()
```

例如：

```
my_friend.show()
my_friend.run()
```

5. 类的查看操作

①dir(类名)：返回类的属性和方法列表。

②类名.dict：返回存储类的变量属性的字典，key 为属性名，value 为属性值。

③类名.name：查看类的名字(字符串)。

④类名.doc：查看类的说明文档。

⑤类名.base：查看类的第一个父类。

⑥类名.bases：查看由类的所有父类构成的元组。

⑦类名.module：查看类的定义所在的模块。

⑧类名.class：查看实例对应的类(仅新式类中)。

6. 使用类和实例

编写好类后的工作是在创建的类的实例上修改实例的属性(直接修改实例的属性或者编写方法修改属性)。

例 2-25　创建 Car 类。

```
class Car():
    """模拟汽车"""
    def __init__(self, make, model, year):
        """初始化汽车属性"""
        self.make = make
        self.model = model
        self.year = year
    def get_descriptive_name(self):
        """返回完整的描述信息"""
```

```
        #在方法属性中访问变量属性的值 self.make 等
        long_name = " ".join((str(self.year),self.make,self.model))
        return long_name.title()
#创建 Car 类的一个实例
my_car = Car("Audi","A4","2020")
#调用方法 get_descriptive_name()
print(my_car.get_descriptive_name())
```

运行结果：

2020 Audi A4

7. 给属性指定默认值

类中的每个属性都必须有初始值，如果在__init__()方法中设定了某个属性的初始值，则不必在__init__()方法的括号内指定该属性的形参。

例 2-26 给属性指定默认值。

```
class Car():
    """模拟汽车"""
    def __init__(self, make, model, year):
        #括号中不必设置 odometer_reading 的形参
        """初始化汽车属性"""
        self.make = make
        self.model = model
        self.year = year
        self.odometer_reading = 0
        #创建默认属性 odometer_reading,设置其默认值为 0
    def get_descriptive_name(self):
        """返回完整的描述信息"""
        #在这个方法中使用 self.make、self.model 和 self.year 访问属性的值
        long_name = " ".join((str(self.year),self.make,self.model))
        return long_name.title()
    def read_odometer(self):
        """输出汽车里程数"""
        print("This car has " + str(self.odometer_reading) + " miles on it.")
my_new_car = Car('Audi', 'A4', 2016)
print(my_new_car.get_descriptive_name())
my_new_car.read_odometer()
```

运行结果：

2016 Audi A4

This car has 0 miles on it.

8. 修改属性值

(1)直接通过实例进行修改。要修改属性值，最简单的方式是通过实例直接访问它。

```
#在实例 my_new_car 中修改属性 odometer_reading 的值为 23
my_new_car.odometer_reading = 23
```

(2)通过方法进行设置。

```
#定义 update_odometer()方法,以修改属性的默认值
def update_odometer(self, mileage):
    """将里程表读数设置为指定的值"""
    self.odometer_reading = mileage
#调用 update_odometer()方法,并向它提供实参 23
update_odometer(23)
```

2.6.3 继承

继承主要是为了避免重写代码,子类能从父类获得全部属性,子类不需要从头开始编写代码。

一个类(子类或者派生类)继承另一个类或者多个类(基类、父类或者超类)时,子类获得父类所有的属性和方法,同时子类还可以定义自己的属性和方法。

1. 创建子类

通过继承创建子类的语法格式如下:

```
class 父类:
    pass
```

或者

```
class 子类(父类):
    pass
```

例 2-27 通过继承创建子类。

```
#创建子类 ElectricCar
#定义子类时,必须在括号内指定父类的名称。子类继承多个父类时,多个父类之间用逗号分隔
class ElectricCar(Car):
    """子类 ElectricCar 继承父类 Car"""
    def __init__(self, make, model, year):
        """初始化父类的属性"""
        super().__init__(make, model, year)
        #super(源自 superclass)方法让子类继承父类的方法
        #super()方法将父类和子类关联起来,即 ElectricCar 子类可以调用父类 Car 的__init__()方法

my_tesla = ElectricCar('Tesla', 'Model S', 2016)
print(my_tesla.get_descriptive_name())
```

运行结果:

2016 Tesla Model S

2. 给子类定义新的属性和方法

在例 2-27 的基础上,给电动汽车添加电瓶这个特有的变量属性及描述该属性的方法。电瓶属性用来存储电瓶容量,编写一个输出电瓶信息的方法。

例 2-28 给子类定义新的属性和方法。

```
class ElectricCar(Car):
    """模拟电动汽车"""
```

```
    def __init__(self, make, model, year):
        """
        电动汽车的独特之处
        继承父类的属性,定义电动汽车特有的属性
        """
        super().__init__(make, model, year)#继承父类属性
        self.battery_size = 70 #子类定义 battery_size 新属性并赋值 70
    def describe_battery(self):#子类定义 describe_battery()新方法
        """输出一条描述电瓶容量的消息"""
        print("This car has a " + str(self.battery_size) + " - kWh battery.")
my_tesla = ElectricCar('Tesla', 'Model S', 2016)
print(my_tesla.get_descriptive_name())
my_tesla.describe_battery()
```

运行结果:
2016 Tesla Model S
This car has a 70—kWh battery.

3. 在子类中重写父类的方法

对于父类的方法,在子类中都可对其进行重写以使其符合子类的需求。当子类中的方法名称和父类中被重写的方法名称相同时,子类中只会使用被重写后的方法。

2.6.4 导入类

可以将类存储在模块(以“.py”为扩展名的文件)中,然后在主程序中导入所需的模块即可使用该类。

1. 导入单个类

(1)构建 car.py 模块。创建 car.py 文件,输入 Car 类的如下代码。

```
#car.py 模块
"""一个可用于表示汽车的类"""
#模块说明文档
class Car():
    """一次模拟汽车的简单尝试"""
    def __init__(self, make, model, year):
        """初始化描述汽车的属性"""
        self.make = make
        self.model = model
        self.year = year
        self.odometer_reading = 0
    def get_descriptive_name(self):
        """返回整洁的描述性名称"""
        long_name = str(self.year) + ''+ self.make + '' + self.model
        return long_name.title()
    def read_odometer(self):
        """输出一条消息,显示汽车的行驶里程"""
        print("This car has " + str(self.odometer_reading) + " miles on it.")
```

```
    def update_odometer(self, mileage):
        """
        将里程表读数设置为指定值
        拒绝将里程表往回拨
        """
        if mileage >= self.odometer_reading:
            self.odometer_reading = mileage
        else:
            print("You can't roll back an odometer!")
    def increment_odometer(self, miles):
        """将里程表读数增加指定值"""
        self.odometer_reading += miles
```

(2)构建主程序,在主程序中导入 Car 类,该方法可以使主程序变得整洁。

```
from car import Car # 打开模块 car.py,并导入其中的 Car 类
my_new_car = Car('Audi', 'A4', 2016)
print(my_new_car.get_descriptive_name())
my_new_car.odometer_reading = 23
my_new_car.read_odometer()
```

2. 从一个模块中导入多个类

语法格式如下:

```
from 模块名 import 类名 1,类名 2,…,类名 n
```

例如:

```
from car import Car, ElectricCar
```

运行结果为:

2016 Audi A4

This car has 23 miles on it.

2016 Audi A4

This car has 23 miles on it.

3. 导入整个模块

语法格式如下:

```
import 模块名
```

例如:

```
import car
```

4. 导入模块中的所有类

语法格式如下:

```
from 模块名 import *
```

例如：

```
from car import *
```

2.7 本章实训

本章实训

2.8 本章小结

本章主要介绍了 Python 的基础知识，主要包括 Python 基本语法、典型数据类型（如字符串、列表、集合、字典和元组等）、函数和文件的基本操作等。通过学习本章，读者可以使用 Python 编写简单的程序，并为后面的学习打下基础。

2.9 本章习题

1. 计算 $1!+2!+\cdots+n!$（n 由键盘输入）。

2. 回文就是正读和倒读都相同的字符串。如奇数个数字组成的“98789”，这个数正读是“98789”，倒读也是“98789”，这个数是回文。偶数个数字组成的“3223”也是回文。字母组成的“abcba”也是回文。编写程序，判断一个字符串是不是回文，如果是，则输出 True，否则输出 False。

3. 统计字符串"Hello，welcome to my world."中字母 w 出现的次数，以及单词 my 出现的次数。

4. 如果一个 3 位数等于其各位数字的立方和，则称这个数为水仙花数。例如 $153=1^3+5^3+3^3$，因此 153 为水仙花数。编写程序，输出 100～999 的所有水仙花数。

5. 输入一个包含若干数据的列表，先将列表中的数由小到大排序，然后将值为负数的元素进行平方运算后更新列表并输出。

6. 输入一个字符串，输出对其进行首尾交换翻转后的字符串，如输入"abcd"，则输出"dcba"。要求使用系统内置函数实现。

第3章 NumPy数值计算

NumPy是Python中进行科学计算的基础包。NumPy这个词来源于两个单词:Numerical和Python。NumPy提供了大量的库函数和操作,可以帮助用户轻松地进行数值计算。NumPy是一个Python库,提供多维数组对象、各种派生对象(如矩阵),以及用于数组快速操作的各种应用程序接口(API),包括数学、逻辑、形状操作、排序、选择、输入和输出、基本线性代数、基本统计运算和随机模拟等。其优势如下。

①NumPy是一个开源的Python科学计算库,用于快速处理任意维度的数组。

②通常NumPy数组中所有元素的类型都是相同的,而Python列表中的元素类型是任意的,所以在通用性方面NumPy数组不及Python列表,但在科学计算中,使用NumPy数组可以减少循环语句,其代码比使用Python列表的代码简单得多。

③NumPy专门针对数组的操作和运算进行了设计,所以NumPy数组的存储效率和输入、输出性能远优于Python中的嵌套列表,数组越大,NumPy的优势越明显。

3.1 NumPy基础知识

3.1.1 NumPy的安装与导入

1. 安装NumPy库

一般来说,安装NumPy库用pip或conda管理工具,其安装命令如下:

```
pip install numpy
```

或者

```
conda install numpy
```

2. 导入NumPy库

命令如下:

```
import numpy as np
```

3.1.2 NumPy的数据类型

NumPy支持比Python更多种类的数据类型。NumPy的数据类型主要包括整数、浮点数、复数、布尔值、字符串等,NumPy常用数据类型如表3-1所示。

表 3-1 NumPy 常用数据类型

类型	类型表示符
布尔型	bool
有符号整数型	int8/int16/int32/int64
无符号整数型	uint8/uint16/uint32/uint64
浮点型	float16/float32/float64
复数型	complex64/complex128
字符型	str,每个字符用 32 位 Unicode 编码表示

3.2 多维数组

数组是存储同一种数据类型的多个元素的集合,也可以将其看成一个容器。按数组维数,可以将数组分为一维数组、二维数组和多维数组。一维数组只有 1 个维度,一般可以表示为向量;二维数组具有 2 个维度,一般可以表示为矩阵;多维数组具有 2 个以上的维度。一般来说,一维数组、二维数组都属于多维数组的一种形式。

一维数组、二维数组、三维数组的数据结构如图 3-1 所示。

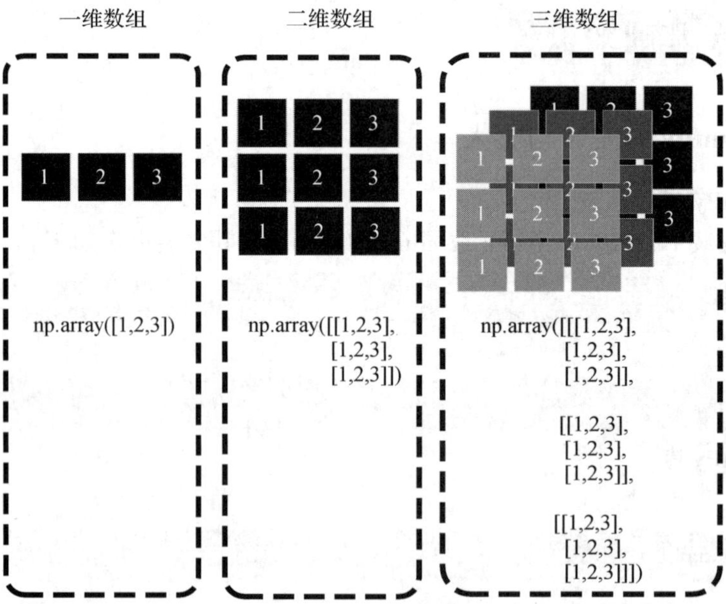

图 3-1 一维数组、二维数组、三维数组的数据结构

3.2.1 数组的创建方法

从创建形式上来说，数组的创建方法有 3 种：从已知数据创建数组、创建特殊数组和从数值范围创建数组。

1. 从已知数据创建数组

(1)指定初始化数组元素值。

当需要使用一个固定值的数组时，就需要用已知数据创建数组，这种方法一般用于固定某个参数值或测试程序输出结果。NumPy 中创建数组主要用到 ndarray 对象，ndarray 对象用于存放同类型元素的多维数组，其中的每个元素在内存中都占有数量相等的存储空间，它是一系列同类型数据的集合，它以下标 0 开始对数组中的元素进行索引。创建一个 ndarray 对象只需调用 NumPy 的 array()函数。

例 3-1 创建一个元素值分别为 1、2、3 的数组。

```
import numpy as np
my_array = np.array([1,2,3])
print(my_array)
```

运行结果：

[1 2 3]

(2)将列表或元组转换为数组。

想利用已创建的列表或元组进行计算时，一般会将其转换为数组。利用数组可以轻松地进行数值计算。

例 3-2 将列表[1,2,3]转换为数组。

```
import numpy as np
x = [1,2,3]
my_array = np.array(x)
print(my_array)
```

运行结果：

[1 2 3]

例 3-3 将元组(1,2,3)转换为数组。

```
import numpy as np
x = (1,2,3)
my_array = np.array(x)
print(my_array)
```

运行结果：

[1 2 3]

2. 创建特殊数组

创建特殊数组包括创建元素全为 0 的数组、元素全为 1 的数组、与其他数组相同维度的全 0 数组、与其他数组相同维度的全 1 数组、对角线元素全为 1 的矩阵等。常用的创建特殊数组的函数如表 3-2 所示。

表 3-2 常用的创建特殊数组的函数

函数	描述
zeros((3,4))	创建 3×4 的元素全为 0 的数组，不用 dtype 指定元素的数据类型时，默认为浮点型
ones((3,4),dtype=int)	创建 3×4 的元素全为 1 的数组，元素类型全为整型
zeros_like(my_array)	创建一个与 my_array 数组的维度相同的全 0 数组
ones_like(my_array)	创建一个与 my_array 数组的维度相同的全 1 数组
eye(7)	创建一个 7×7 的矩阵，其对角线元素全为 1，其余元素全为 0
full((3,4),22)	创建一个 3×4 的元素全为 22 的数组，其中 22 为指定值

例 3-4 创建大小为 3×4、数据类型为浮点型的数组，数组元素以 0 填充。

```
import numpy as np
my_array = np.zeros((3,4))
print(my_array)
```

运行结果：

```
[[0.  0.  0.  0.]
 [0.  0.  0.  0.]
 [0.  0.  0.  0.]]
```

例 3-5 创建大小为 3×4、数据类型为整型的数组，数组元素以 0 填充。

```
import numpy as np
my_array = np.zeros((3,4),dtype = int)
print(my_array)
```

运行结果：

```
[[0  0  0  0]
 [0  0  0  0]
 [0  0  0  0]]
```

例 3-6 创建 1×5 的浮点型数组，数组元素以 1 填充。

```
import numpy as np
x = np.ones(5)
print(x)
```

运行结果：

```
[1.  1.  1.  1.  1.]
```

例 3-7 创建 2×2 的整型数组，数组元素以 1 填充。

```
import numpy as np
x = np.ones([2,2],dtype = int)
print(x)
```

运行结果：

```
[[1  1]
 [1  1]]
```

例 3-8 输出 3 阶整型对角矩阵。

```
import numpy as np
my_array = np.eye(3,dtype = int)
print(my_array)
```

运行结果：

```
[[1  0  0]
 [0  1  0]
 [0  0  1]]
```

例 3-9 创建一个与 my_array 数组的维度相同的全 1 整型数组。

```
import numpy as np
my_array = np.zeros((3,4),dtype = int)
my_array_new = np.ones_like(my_array)
print("原数组:\n",my_array)
print("新数组:\n",my_array_new)
```

运行结果：

```
原数组：
[[0  0  0  0]
 [0  0  0  0]
 [0  0  0  0]]
新数组：
[[1  1  1  1]
 [1  1  1  1]
 [1  1  1  1]]
```

3. 从数值范围创建数组

从数值范围创建数组时，可以自动创建一系列有规律的元素数据的数组。可以根据用户设置的条件进行数组的创建。相关函数有 arange()、linspace()等。

(1)arange()函数。

函数格式：

```
arange(start,stop,step,dtype)
```

函数功能：根据 start 与 stop 指定的范围以及 step 设定的步长，生成一个数组。

参数说明：

①start：起始值，默认为 0。

②stop：终止值(不包含)。

③step：步长，默认为 1。

④dtype：返回 ndarray 的数据类型，如果省略该参数，则会使用输入数据的类型。

start 是生成数组数据的起始值，如果不指定，则默认为 0。终止值 stop 是生成数组数据的终止值，其值不被包含在生成的数组元素中，即到终止值的前一个值就会停止生成数组。step 是步长，也就是生成数组数据序列的间隔值。dtype 是要生成数组数据的类型，如果不指定数值，则默认为使用输入数据的类型。

例 3-10　生成元素值为 0～5 的整型数组。

```
import numpy as np
my_array = np.arange(5)
print (my_array)
```

运行结果：

[0　1　2　3　4]

因为 arange()函数的参数只有 5，则默认其起始值为 0，终止值为 5，步长为 1。

例 3-11　生成起始值为 10、终止值为 20、步长为 2 的整型数组。

```
import numpy as np
my_array = np.arange(10,20,2)
print (my_array)
```

运行结果：

[10　12　14　16　18]

(2)linspace()函数。

函数格式：

```
linspace(start,stop,num = 50,endpoint = True,retstep = False,dtype = None)
```

函数功能：用于创建一个一维数组，其数组元素是由一个等差数列构成的。

参数说明：

①start：数列的起始值。

②stop：数列的终止值。

③num：要生成的等步长的样本数量，默认为 50。

④endpoint：该值为 True 时，数列中包含 stop 值，反之不包含，其默认值为 True。

⑤retstep：该值为 True 时，生成的数组中会显示间距，反之不显示。

⑥dtype：ndarray 的数据类型。

start 是数列的起始值，stop 是数列的终止值，stop 的作用和 arange()函数中终止值的作用相同，但是与 arange()函数不同的是，linspace()函数中的终止值是否被包含在数组中受 endpoint 参数的影响。

例 3-12　生成长度为 10、元素全部是 1 的实型数组。

```
import numpy as np
my_array = np.linspace(1,1,10)
print(my_array)
```

运行结果：

[1. 1. 1. 1. 1. 1. 1. 1. 1. 1.]

例 3-13　生成元素起始值为 1、终止值为 10、元素个数为 10 的实型等差数列。

```
import numpy as np
my_array = np.linspace(1,10,10)
print(my_array)
```

运行结果：

[1. 2. 3. 4. 5. 6. 7. 8. 9. 10.]

3.2.2　ndarray 数组属性与数据转换

1. ndarray 数组属性

NumPy 数组的维数称为秩(rank)，一维数组的秩为 1，二维数组的秩为 2，以此类推。NumPy 数组中比较重要的 ndarray 对象属性如表 3-3 所示。

表 3-3　ndarray 对象属性

属性	说明
ndarray.ndim	秩，即数组的维度
ndarray.shape	数组每个维度的长度
ndarray.size	数组元素的总个数，相当于 ndarray.shape 中各维度的长度的乘积
ndarray.dtype	ndarray 对象的元素类型
ndarray.real	ndarray 对象的元素的实部
ndarray.imag	ndarray 对象的元素的虚部

例 3-14　返回数组的维度。

```
import numpy as np
my_array = np.array([[1,2,3],[4,5,6]])
print("数组的 shape 是:",my_array.shape)
print("数组的 size 是:",my_array.size)
```

运行结果：

数组的 shape 是:(2, 3)

数组的 size 是:6

例 3-15　查看数组属性。

```
import numpy as np
my_array = np.array([1,2,3,4,5],dtype = np.int32)
my_arr = my_array.dtype
print(my_arr)
```

运行结果：

int32

2. 数组结构变换

使用 Python 进行数据处理时，由于不同模型所接收的数据输入格式不一样，往往需要先对数据进行一系列的变形和运算，从而将数据处理成符合模型要求的格式。在矩阵或数组的运算中，经常会遇到需要把多个向量或矩阵按某个轴的方向合并或展平的情形。常用的几种数据变形方法如表 3-4 所示。

表 3-4　常用的几种数据变形方法

函数	描述
my_array. reshape()	改变数组 my_array 的维度，不改变数组本身
my_array. resize()	改变数组 my_array 的维度，改变数组本身
my_array. T	对数组 my_array 进行转置
my_array. revel()	对数组 my_array 进行展平，即将多维数组变成一维数组，不产生原数组的副本
my_array. flatten()	对数组 my_array 进行展平，即将多维数组变成一维数组，返回原数组的副本
my_array. squeeze()	只能对维度为 1 的数组降维。对维度不为 1 的数组使用该函数时不会报错，但是不会产生任何影响
my_array. transpose()	对高维矩阵进行轴对换

例 3-16　使用 reshape()函数调整数组大小。

```
import numpy as np
my_array = np. array([[1,2,3],[4,5,6]])
my_result = my_array. reshape(3,2)
print (my_result)
```

运行结果：

```
[[1  2]
 [3  4]
 [5  6]]
```

例 3-17　对数组进行转置。

```
import numpy as np
my_array = np. array([[1,2,3],[4,5,6]])
print("原数组为:\n",my_array)
my_array_new = my_array. T
print("转置后的数组为:\n",my_array_new)
```

运行结果：

原数组为：

```
[[1  2  3]
 [4  5  6]]
```

转置后的数组为：

```
[[1  4]
 [2  5]
 [3  6]]
```

例 3-18 对数组进行展平。

```
import numpy as np
my_array = np.array([[1,2,3],[4,5,6]])
print("原数组为:\n",my_array)
my_array_new = my_array.flatten()
print("展平后的数组为:\n",my_array_new)
```

运行结果：

```
原数组为:
[[1  2  3]
 [4  5  6]]
展平后的数组为:
[1  2  3  4  5  6]
```

例 3-19 将矩阵中维度为 1 的部分删掉。

```
import numpy as np
my_array = np.arange(8).reshape(2,4,1)
print("原数组为:\n",my_array)
print("原数组维度为:\n",my_array.shape)
my_array_new = my_array.squeeze()
print("去维度后的数组为:\n",my_array_new)
print("去维度后的数组的维度为:\n",my_array_new.shape)
```

运行结果：

```
原数组为:
[[[0]
  [1]
  [2]
  [3]]

 [[4]
  [5]
  [6]
  [7]]]
原数组维度为:
(2,4,1)
去维度后的数组为:
[[0 1 2 3]
 [4 5 6 7]]
```

去维度后的数组的维度为：
(2,4)

3.数组的拼接与分割

在使用数组的过程中，有时会对数组进行拼接与分割，即将两个数组合并到一起和将一个数组拆分成多个。但需要注意的是，要进行多个数组的合并时，要求数组必须具有相同的形状。数组合并与分割的常用方法如表 3-5 所示。

表 3-5　数组合并与分割的常用方法

方法	描述
concatenate()	进行数组合并(沿水平或垂直方向)
hstack()	在原数组的每一行中加入新元素，即数组的列数增多
vstack()	在原数组中以增加新行的形式加入新元素，即数组的行数增多
split()	将原数组按指定轴进行分割，生成多个子数组的列表并返回列表
hsplit()	将数组分割成水平的多个子数组的列表并返回
vsplit()	将数组分割成垂直的多个子数组的列表并返回

例 3-20　在原数组中以每一行中加入新元素的形式合并两个已知数组。

```
import numpy as np
my_array_a = np.array([[1,2],[3,4]])
my_array_b = np.array([[5,6],[7,8]])
my_array_new = np.concatenate((my_array_a,my_array_b),axis = 1)
print(my_array_new)
```

运行结果：

```
[[1 2 5 6]
 [3 4 7 8]]
```

这种方式产生的结果与使用 np.hstack((my_array_a,my_array_b))方法的结果一样。

例 3-21　在原数组中以增加新行的形式合并两个已知数组。

```
import numpy as np
my_array_a = np.array([[1,2],[3,4]])
my_array_b = np.array([[5,6],[7,8]])
my_array_new = np.concatenate((my_array_a,my_array_b),axis = 0)
print(my_array_new)
```

运行结果：

```
[[1 2]
 [3 4]
 [5 6]
 [7 8]]
```

这种方式产生的结果与使用 np. vstack((my_array_a,my_array_b))方法的结果相同。

例 3-22　将原数组垂直分割为两个数组。

```
import numpy as np
my_array = np. array([[1,2],[3,4]])
my_array_new = np. split(my_array,2,axis = 1)
print(my_array_new)
```

运行结果：

[array([[1],[3]]),array([[2],[4]])]

这种方式产生的结果与使用 np. hsplit(my_array,2)方法的结果相同。

例 3-23　将原数组水平分割为两个数组。

```
import numpy as np
my_array = np. array([[1,2],[3,4]])
my_array_new = np. split(my_array,2,axis = 0)
print(my_array_new)
```

运行结果：

[array([[1,2]]),array([[3,4]])]

这种方式产生的结果与使用 np. vsplit(my_array,2)方法的结果相同。

4. 数据类型转换

在 Python 中，经常会涉及数据类型的查看与转换，查看数据类型可以使用 .dtype；在 NumPy 中，可以使用 .astype 进行数据类型的转换。

例 3-24　将 float 型数组[1.1,2.2,3.3,4.4,5.3221]转换成 int32 型。

```
import numpy as np
my_array = np. array([1.1,2.2,3.3,4.4,5.3221])
my_arr = my_array. dtype
print(my_arr)
my_array = my_array. astype(np. int32)
my_arr = my_array. dtype
print(my_arr)
```

运行结果：

float64

int32

例 3-25　将字符串数组['1.2','2.3','3.2141']转换为数值型。

```
import numpy as np
my_strings = np. array(['1.2','2.3','3.2141'],dtype = np. string_)
my_arr = my_strings. dtype
print(my_arr)
my_array = my_strings. astype(float)
my_array_type = my_array. dtype
print(my_array_type)
```

运行结果：

|S6

float64

注：|S6 表示字符串，其中最长的字符串的长度为 6。

3.3 随机数组

编写程序的过程中，经常需要产生一些随机数。随机数在程序中分为两种。

①真随机数：完全没有规则，无法预测接下来要产生的数是什么。

②伪随机数：通过一些预先设定好的规则产生的不能被简单预测的数。

随机数在程序中有着独特的作用。例如，要编写一个点名程序，就可以使用随机数；要测试一个程序的鲁棒性，也可以使用随机数；不确定程序某个参数的初值设为多少合适时，也可以使用随机数进行设置；等等。常用的随机数函数如表 3-6 所示。

表 3-6 常用的随机数函数

函数	描述
random. random(n)	生成 0～1 之间的随机浮点数，其中参数 n 表示生成随机浮点数的个数
random. rand(d0,d1,…,dn)	生成均匀分布的随机数，其中参数 d0,d1,…,dn 是生成随机数的维度
random. randn(d1,d2,…,dn)	生成标准正态分布的随机数，其中参数 d1,d2,…,dn 是生成随机数的维度
random. randint (low, high, size, dtype)	生成随机整数，随机整数的范围为[low,high)。参数：low 为随机数的最小值，high 为随机数的最大值，size 为数组维度，dtype 为数据类型，默认的数据类型是 np. int。没有给出 high 时，默认生成随机数的范围是[0,low)
random. normal (loc,scale,size)	生成正态分布的随机数，参数 loc 为分布的均值（中心），scale 为分布的标准差（宽度），size 为输出值的维度
random. shuffle(my_array)	将原数组 my_array 随机打乱顺序
random. seed(x)	设置随机数种子
random_sample(size)	生成随机浮点数，size 为生成浮点数数组的维度

例 3-26 生成两个在 0～1 之间均匀分布的随机浮点数。

```
import numpy as np
my_array = np.random.rand(2)
print(my_array)
```

运行结果：

[0.36453048 0.83726497]

np.random.rand(2)中的 2 表示生成 0～1 之间随机浮点数的个数。

例 3-27　生成一个整型数组，其元素为[6,10)之间的随机数，其维度为[2,3,4]。

```
import numpy as np
my_array = np.random.randint(low = 6,high = 10,size = (2,3,4),dtype = 'int')
print("生成数组为：\n",my_array)
print("生成数组的维度为：\n",my_array.shape)
```

运行结果：

```
生成数组为：
[[[7  6  9  8]
  [8  7  8  8]
  [9  6  7  6]]

 [[8  9  6  7]
  [9  6  6  8]
  [6  9  8  6]]]
生成数组的维度为：
(2,3,4)
```

例 3-28　将数组随机打乱顺序并输出。

```
import numpy as np
my_array = np.arange(10)
print("原数组为：\n",my_array)
np.random.shuffle(my_array)
print("打乱后数组为：\n",my_array)
```

运行结果：

```
原数组为：
[0 1 2 3 4 5 6 7 8 9]
打乱后数组为：
[2 1 0 4 3 5 6 7 8 9]
```

例 3-29　设置随机数种子。

当设置相同的随机数种子时，每次生成的随机数相同。如果不设置随机数种子，则每次会生成不同的随机数。

```
import numpy as np
my_array_test = np.random.random()
print("未设种子的随机数第 1 次：",my_array_test)
my_array_test = np.random.random()
print("未设种子的随机数第 2 次：",my_array_test)
```

```
np.random.seed(1)
my_array_one = np.random.random()
print("第 1 个随机数第 1 次:",my_array_one)
np.random.seed(1)
my_array_one = np.random.random()
print("第 1 个随机数第 2 次:",my_array_one)
np.random.seed(2)
my_array_two = np.random.random()
print("第 2 个随机数第 1 次:",my_array_two)
np.random.seed(2)
my_array_two = np.random.random()
print("第 2 个随机数第 2 次:",my_array_two)
```

运行结果：

```
未设种子的随机数第 1 次:0.6673949141074039
未设种子的随机数第 2 次:0.017738736970361324
第 1 个随机数第 1 次:0.417022004702574
第 1 个随机数第 2 次:0.417022004702574
第 2 个随机数第 1 次:0.43599490214200376
第 2 个随机数第 2 次:0.43599490214200376
```

从例 3-29 可以看出，设置随机数种子之前，每次输出的随机数都是不一样的。设置随机数种子后，只要种子是一样的，无论输出几次随机数，其结果都是一样的，其操作对于不同程序结果的对比测试来说有着重要的意义。

3.4 数组运算

3.4.1 数组的索引与切片

ndarray 对象的内容可以通过索引或切片来访问和修改。与 Python 中列表的切片操作一样，可以通过 ndarray 对象的切片操作取出数组中的部分内容。

1. 冒号的应用

冒号用于提取部分元素，一般有 3 种方式。

①[start:]用于从起始下标 start 处开始取元素，取到该数组的最后一个元素为止。

②[start:end]用于从起始下标 start 处开始取元素，取到下标为 end−1 的元素为止。

③[:end]用于从下标为 0 的元素开始取元素，取到下标为 end−1 的元素为止。

例 3-30 从数组[2 3 4 5 6 7 8 9]中提取[4 5 6 7 8 9]。

分析：该数组中数值为 4 的元素的下标为 2，所以提取应从下标为 2 的元素开始(数组起始下标为 0)，因为要取到最后一个元素，所以冒号后可以什么也不写，代表取到最后一个元素。取值过程如图 3-2 所示。

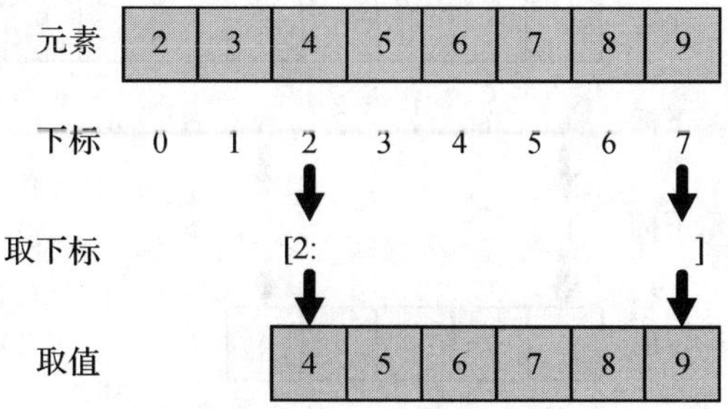

图 3-2　例 3-30 的取值过程

代码如下：

```
import numpy as np
my_array = np.array([2,3,4,5,6,7,8,9])
print(my_array[2:])
```

运行结果：

[4 5 6 7 8 9]

例 3-31　在数组[2 3 4 5 6 7 8 9]中，取索引为 2～5(不包括停止索引)之间的数组元素。

分析：要求取索引为 2～5(不包括停止索引)之间的数组元素，即要求从下标为 2 的元素开始取值，直到取得下标为 4 的元素。需要注意的是，这里一定要区分元素值与索引值。例如，值为 6 的元素的索引值或下标值为 4。取值过程如图 3-3 所示。

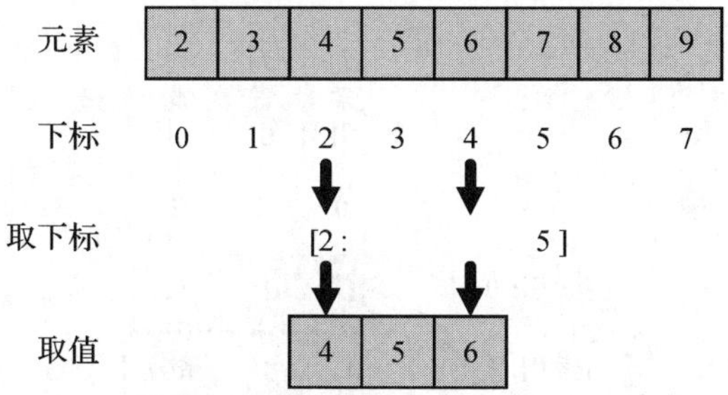

图 3-3　例 3-31 的取值过程

代码如下：

```
import numpy as np
my_array = np.array([2,3,4,5,6,7,8,9])
print(my_array[2:5])
```

运行结果：

[4　5　6]

例 3-32　从数组中的第 1 个元素开始提取元素，提取元素的索引的 end 值为 5。

分析：数组中第 1 个元素的下标为 0，从第 1 个元素开始提取，为了简化，可以不写起始索引值，也就是说，在冒号前面什么也不加。取值过程如图 3-4 所示。

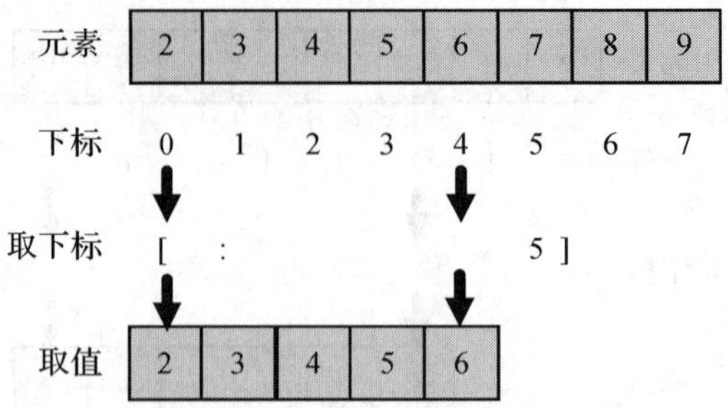

图 3-4　例 3-32 的取值过程

代码如下：

```
import numpy as np
my_array = np.array([2,3,4,5,6,7,8,9])
print(my_array[:5])
```

运行结果：

[2　3　4　5　6]

例 3-33　将多维数组从数组索引 my_array[1:] 处开始切割。

分析：my_array[1:]的写法是简写，补全应该是 my_array[1:,:]，这里分成了两部分，逗号前面代表从 my_array 数组的行索引 1 开始取值，一直取到最后一个行索引，逗号后边代表列，列索引里只有一个冒号，代表从开始列索引一直取到最后一个列索引。取值示意图如图 3-5 所示。

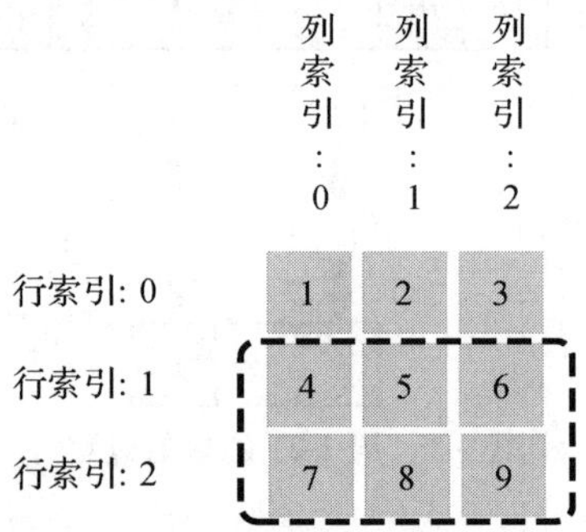

图 3-5　例 3-33 的取值示意图

代码如下：

```
import numpy as np
my_array = np.array([[1,2,3],[4,5,6],[7,8,9]])
print("原数组为:\n",my_array)
print("从数组索引 a[1:] 处开始切割:\n",my_array[1:])
```

运行结果：

原数组为：

[[1　2　3]
 [4　5　6]

 [7　8　9]]
从数组索引 a[1:]处开始切割：
[[4　5　6]
 [7　8　9]]

3.4.2　高级索引

例 3-34　取数组中(0,0)、(1,1)和(2,0)位置的元素。
取值示意图如图 3-6 所示。

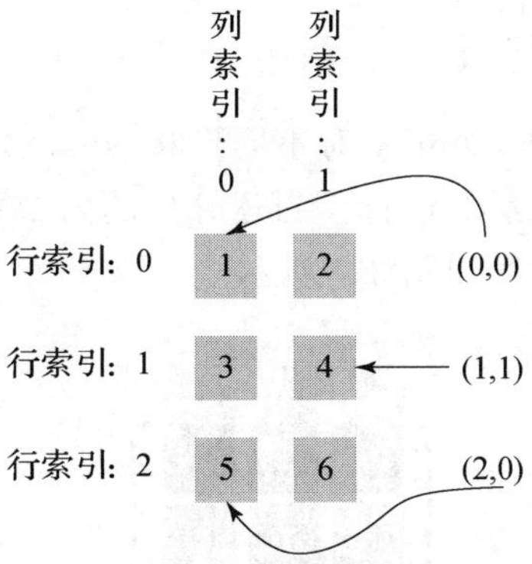

图 3-6　例 3-34 的取值示意图

代码如下：

```
import numpy as np
my_array = np.array([[1,2],[3,4],[5,6]])
my_array_new = my_array[[0,1,2],[0,1,0]]
print(my_array_new)
```

运行结果：
[1　4　5]

例 3-35　获取数组中值大于 5 的元素。

```
import numpy as np
my_array = np.array([[0,1,2],[3,4,5],[6,7,8],[9,10,11]])
print("数组是:\n",my_array)
print("大于 5 的元素是:\n",my_array[my_array > 5])
```

运行结果：
数组是：
[[0　1　2]
 [3　4　5]
 [6　7　8]
 [9 10 11]]
大于 5 的元素是：
[6　7　8　9　10　11]

例 3-36 过滤数组中值为 NaN 的元素。

```
import numpy as np
my_array = np.array([np.nan,1,2,np.nan,3,4,5])
print(my_array[~np.isnan(my_array)])
```

运行结果：

[1. 2. 3. 4. 5.]

其中，isnan()函数用来判断数组中是否含有值为 NaN 的元素，“～”代表取反，即加上这个运算符后输出的就是 my_array 数组中除了 NaN 之外的数组元素。

3.4.3 数组的运算

例 3-37 广播(Broadcast)是 NumPy 对不同形状(shape)的数组进行数值计算的方式，对数组的算术运算通常在相应的元素上进行。当运算中的两个数组的行维度不同时，NumPy 将自动触发广播机制。广播运算过程如图 3-7 所示。

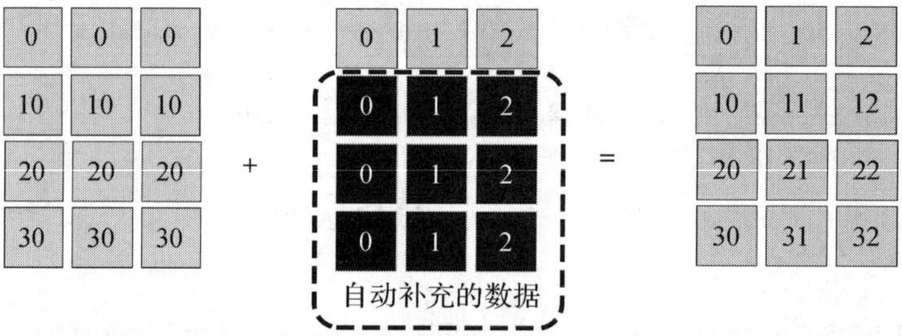

图 3-7 广播运算过程

```
import numpy as np
a = np.array([[ 0, 0, 0],
              [10,10,10],
              [20,20,20],
              [30,30,30]])
b = np.array([0,1,2])
print(a + b)
```

运行结果：

```
[[ 0   1   2]
 [10  11  12]
 [20  21  22]
 [30  31  32]]
```

例 3-38 NumPy 算术函数包含简单的加、减、乘、除运算函数：add()、subtract()、multiply()、divide()。

需要注意的是，进行上述运算时，要求数组必须具有相同的形状或符合广播规则。

```
import numpy as np
my_array_one = np.array([[0.,1.,2.],[3.,4.,5.],[6.,7.,8.]])
print("第一个数组:\n",my_array_one)
```

```
my_array_two = np.array([10,10,10])
print("第二个数组:\n",my_array_two)
print("两个数组相加:\n",np.add(my_array_one,my_array_two))
print("两个数组相减:\n",np.subtract(my_array_one,my_array_two))
print("两个数组相乘:\n",np.multiply(my_array_one,my_array_two))
print("两个数组相除:\n",np.divide(my_array_one,my_array_two))
```

运行结果：

```
第一个数组：
[[0. 1. 2.]
 [3. 4. 5.]
 [6. 7. 8.]]
第二个数组：
[10  10  10]
两个数组相加：
[[10. 11. 12.]
 [13. 14. 15.]
 [16. 17. 18.]]
两个数组相减：
[[-10. -9. -8.]
 [ -7. -6. -5.]
 [ -4. -3. -2.]]
两个数组相乘：
[[ 0. 10. 20.]
 [30. 40. 50.]
 [60. 70. 80.]]
两个数组相除：
[[ 0. 0.1 0.2]
 [0.3 0.4 0.5]
 [0.6 0.7 0.8]]
```

例 3-39　标准三角函数 sin()、cos()、tan()的应用。

```
import numpy as np
a = np.array([0,30,45,60,90])
print("数组中角度的正弦值:\n",np.sin(a * np.pi / 180))
print("数组中角度的余弦值:\n",np.cos(a * np.pi / 180))
print("数组中角度的正切值:\n",np.tan(a * np.pi / 180))
```

运行结果：

```
数组中角度的正弦值：
[0.  0.5  0.70710678  0.8660254  1.]
数组中角度的余弦值：
```

[1.00000000e+00 8.66025404e-01 7.07106781e-01 5.00000000e-01
 6.12323400e-17]

数组中角度的正切值：

[0.00000000e+00 5.77350269e-01 1.00000000e+00 1.73205081e+00
 1.63312394e+16]

例 3-40 返回数组四舍五入后的值。

```
import numpy as np
my_array = np.array([1.0,5.55,123,0.567,25.532])
print("原数组:\n",my_array)
print("舍入后:\n",np.around(my_array))
```

运行结果：

原数组：

[1.   5.55   123.   0.567   25.532]

舍入后：

[1.   6.   123.   1.   26.]

例 3-41 返回小于或等于指定表达式的最大整数，即向下取整。

```
import numpy as np
my_array = np.array([-1.7,1.5,-0.2,0.6,10])
print("提供的数组:\n",my_array)
print("修改后的数组:\n",np.floor(my_array))
```

运行结果：

提供的数组：

[-1.7 1.5 -0.2 0.6 10.]

修改后的数组：

[-2. 1. -1. 0. 10.]

例 3-42 返回大于或等于指定表达式的最小整数，即向上取整。

```
import numpy as np
my_array = np.array([-1.7,1.5,-0.2,0.6,10])
print("提供的数组:\n",my_array)
print("修改后的数组:\n",np.ceil(my_array))
```

运行结果：

提供的数组：

[-1.7 1.5 -0.2 0.6 10.]

修改后的数组：

[-1. 2. -0. 1. 10.]

例 3-43 返回数组中逐元素的倒数，如 1/4 的倒数为 4/1。

```
import numpy as np
my_array = np.array([0.25,1.33,1,100])
```

```
print("提供的数组是:\n",my_array)
print("调用 reciprocal 函数:\n",np.reciprocal(my_array))
```

运行结果：
提供的数组是：
[0.25　1.33　1.　100.]
调用 reciprocal 函数：
[4.　0.7518797　1.　0.01]

例 3-44　返回两个数组中对应元素相除后的余数。

```
import numpy as np
my_array_one = np.array([10,20,30])
my_array_two = np.array([3,5,7])
print("第一个数组:\n",my_array_one)
print("第二个数组:\n",my_array_two)
print("调用 mod()函数:\n",np.mod(my_array_one,my_array_two))
```

运行结果：
第一个数组：
[10　20　30]
第二个数组：
[3　5　7]
调用 mod()函数：
[1　0　2]

3.5 数组的读写

3.5.1 文本文件的读写

1. 文本文件的存储

savetxt()函数可以将数组写入以某种分隔符隔开的文本文件中，语法格式如下：

```
np.savetxt(filename,my_array,fmt = '%d',delimiter = ',')
```

其中，参数 filename 是文件名，参数 my_ array 是数组数据，参数 fmt 表示数据类型，这里%d 表示存储为整数，参数 delimiter 表示数据分隔符，这里设为逗号。

例 3-45　随机生成一个数组，各元素之间用逗号分隔，并将数组保存到 D 盘的 arr.txt 文件中。

```
import numpy as np
arr = np.array([[ 0. ,0. ,1. ,1. ,2. ,2. ],
                [ 3. ,3. ,4. ,4. ,5. ,5. ],
                [ 6. ,6. ,7. ,7. ,8. ,8. ],
                [ 9. ,9. ,10. ,10. ,11. ,11. ]])
```

```
print('创建的数组为:\n',arr)
np.savetxt("d:/arr.txt",arr,fmt="%d",delimiter=",")
```

运行结果:

创建的数组为:

```
[[ 0.   0.   1.   1.   2.   2.]
 [ 3.   3.   4.   4.   5.   5.]
 [ 6.   6.   7.   7.   8.   8.]
 [ 9.   9.  10.  10.  11.  11.]]
```

2. 文本文件的读取

loadtxt()函数执行的是与 savetxt()函数执行的相反的操作,即把文件加载到一个二维数组中。

loadtxt()函数的格式如下:

```
numpy.loadtxt(filename,dtype=int,delimiter=',')
```

其中,参数 filename 是文件名,参数 dtype 表示数组的元素类型,若设成 int,则读取的元素类型为整型,参数 delimiter 表示数据分隔符,这里设为逗号。

例 3-46 读取例 3-45 生成的文本文件。

```
import numpy as np
loaded_data=np.loadtxt("d:/arr.txt",delimiter=",")
print('读取的数组为:\n',loaded_data)
```

运行结果:

读取的数组为:

```
[[ 0.   0.   1.   1.   2.   2.]
 [ 3.   3.   4.   4.   5.   5.]
 [ 6.   6.   7.   7.   8.   8.]
 [ 9.   9.  10.  10.  11.  11.]]
```

3.5.2 CSV 文件的读写

例 3-47 将指定数组保存到 CSV 文件中。

```
import numpy as np
arr=np.array([[ 0.,0.,1.,1.,2.,2.],
              [ 3.,3.,4.,4.,5.,5.],
              [ 6.,6.,7.,7.,8.,8.],
              [ 9.,9.,10.,10.,11.,11.]])
print('创建的数组为:\n',arr)
np.savetxt("d:/arr.csv",arr,fmt="%d",delimiter=",")
```

运行结果:

创建的数组为:

```
[[ 0.   0.   1.   1.   2.   2.]
 [ 3.   3.   4.   4.   5.   5.]
```

```
 [ 6.   6.   7.   7.   8.   8.]
 [ 9.   9.  10.  10.  11.  11.]]
```

运行程序后，在 D 盘根目录下会自动生成一个 CSV 文件。

例 3-48　读取例 3-47 生成的 CSV 文件。

```
import numpy as np
loaded_data = np.loadtxt("d:/arr.csv",delimiter = ",")
print('读取的数组为:\n',loaded_data)
```

运行结果：

```
读取的数组为:
[[ 0.   0.   1.   1.   2.   2.]
 [ 3.   3.   4.   4.   5.   5.]
 [ 6.   6.   7.   7.   8.   8.]
 [ 9.   9.  10.  10.  11.  11.]]
```

3.6 NumPy 统计分析方法

3.6.1　数组元素排序

要对数组元素进行排序，可以使用 sort()函数。

sort()函数的格式如下：

```
numpy.sort(my_array,axis,kind,order)
```

参数说明：

①my_array：要排序的数组。

②axis：数组排序的轴，若 axis=0，则按列排序；若 axis=1，则按行排序（默认值）。

③kind：排序方法，默认为 quicksort（快速排序）。

④order：如果数组包含字段，则它表示要排序的字段。

例 3-49　分别对数组按行、按列从小到大排序。

```
import numpy as np
my_array = np.array([[3,7],[9,1]])
print("原数组是:\n",my_array)
print("调用 sort()函数:\n",np.sort(my_array))
print("按列排序:\n",np.sort(my_array,axis = 0))
```

运行结果：

```
原数组是:
[[3  7]
 [9  1]]
调用 sort()函数:
```

[[3 7]
 [1 9]]
按列排序：
[[3 1]
 [9 7]]

3.6.2 在数组中找到符合条件的数值

例 3-50 返回输入数组中满足给定条件的元素的索引。

```
import numpy as np
my_array = np.array([[0.,1.,2.],
                     [3.,4.,5.],
                     [6.,7.,8.]])
print("原数组是:\n",my_array)
print("大于 3 的元素的索引:\n",np.where(my_array > 3))
print("使用索引获取满足条件的元素:\n",my_array[np.where(my_array> 3)])
```

运行结果：
原数组是：
[[0. 1. 2.]
 [3. 4. 5.]
 [6. 7. 8.]]
大于 3 的元素的索引：

```
(array([1,1,2,2,2],dtype = int64),
array([1,2,0,1,2],dtype = int64))
```

使用索引获取满足条件的元素：
[4. 5. 6. 7. 8.]

说明：np.where()返回的是条件为真的数的坐标，其中第一个 array[]表示横坐标，第二个 array[]表示纵坐标。

例 3-51 根据某个条件从数组中抽取元素，返回满足条件的元素。

```
import numpy as np
my_array = np.array([[0.,1.,2.],
                     [3.,4.,5.],
                     [6.,7.,8.]])
print("原数组是:\n",my_array)
condition = (np.mod(my_array,2) = = 0)
print("选择是偶数的条件值:\n",condition)
print("使用条件提取元素:\n",np.extract(condition,my_array))
```

运行结果：
原数组是：
[[0. 1. 2.]
 [3. 4. 5.]

```
 [6. 7. 8.]]
选择是偶数的条件值：
[[True  False  True]
 [False  True  False]
 [True  False  True]]
使用条件提取元素：
[0. 2. 4. 6. 8.]
```

3.6.3 常用的统计函数

NumPy 提供了很多统计函数，例如对数组求和，从数组中查找最小元素或最大元素，计算百分比分位数、标准差和方差等。常用的统计函数如表 3-7 所示。

表 3-7　常用的统计函数

函数	说明
sum()	对数组中的全部或沿着轴向的元素求和
mean()、median()	分别求数组的算术平均值、中位数
std()、var()	分别求数组的标准差、方差
min()、max()	分别求数组的最小值、最大值
argmin()、argmax()	分别求数组的最小元素、最大元素的索引
cumsum()	求数组中所有元素的累积和
cumprod()	求数组中所有元素的累积积
percentile()	求数组的百分比分位数

对于二维数组，最外层的轴（垂直方向）记为 axis＝0，内层的轴（水平方向）记为 axis＝1。在调用统计函数时，可以通过指定 axis 来明确统计方向。

例 3-52　分别对给出的数组求和、求平均值、求中位数、求方差、求标准差、求最小值和求最大值。

```
import numpy as np
my_array = np.array([[0,1,2,3 ],
                     [4,5,6,7 ],
                     [8,9,10,11 ],
                     [12,13,14,15]])
print("数组求和结果为：",np.sum(my_array))
print("数组求平均值结果为：",np.mean(my_array))
print("数组求中位数结果为：",np.median(my_array))
print("数组求方差结果为：",np.var(my_array))
print("数组求标准差结果为：",np.std(my_array))
print("数组求最小值结果为：",np.min(my_array))
print("数组求最大值结果为：",np.max(my_array))
```

运行结果：

数组求和结果为：120

数组求平均值结果为:7.5

数组求中位数结果为:7.5

数组求方差结果为:21.25

数组求标准差结果为:4.6097722286464435

数组求最小值结果为:0

数组求最大值结果为:15

例 3-53 对 my_array 进行水平方向的统计。

```
import numpy as np
my_array = np.array([[0,1,2,3],
                     [4,5,6,7],
                     [8,9,10,11],
                     [12,13,14,15]])
print("数组水平方向求和结果为:",np.sum(my_array,axis = 1))
print("数组水平方向求平均值结果为:",np.mean(my_array,axis = 1))
print("数组水平方向求中位数结果为:",np.median(my_array,axis = 1))
print("数组水平方向求方差结果为:",np.var(my_array,axis = 1))
print("数组水平方向求标准差结果为:",np.std(my_array,axis = 1))
print("数组水平方向求最小值结果为:",np.min(my_array,axis = 1))
print("数组水平方向求最大值结果为:",np.max(my_array,axis = 1))
```

运行结果:

数组水平方向求和结果为:[6 22 38 54]

数组水平方向求平均值结果为:[1.5 5.5 9.5 13.5]

数组水平方向求中位数结果为:[1.5 5.5 9.5 13.5]

数组水平方向求方差结果为:[1.25 1.25 1.25 1.25]

数组水平方向求标准差结果为:[1.11803399 1.11803399 1.11803399 1.11803399]

数组水平方向求最小值结果为:[0 4 8 12]

数组水平方向求最大值结果为:[3 7 11 15]

例 3-54 计算 my_array 的累积和、水平方向的累积和以及垂直方向的累积积。

```
import numpy as np
my_array = np.array([[0,1,2,3],
                     [4,5,6,7],
                     [8,9,10,11],
                     [12,13,14,15]])
print("my_array 的累积和:\n",np.cumsum( my_array))
print("计算水平方向的累积和:\n",np.cumsum(my_array ,axis = 1))
print("计算垂直方向的累积积:\n",np.cumprod(my_array ,axis = 0))
```

运行结果:

my_array 的累积和:

[0 1 3 6 10 15 21 28 36 45 55 66 78 91 105 120]

计算水平方向的累积和:

[[0 1 3 6]

```
[ 4   9  15  22]
[ 8  17  27  38]
[12  25  39  54]]
```

计算垂直方向的累积积：

```
[[0     1      2       3]
 [0     5     12      21]
 [0    45    120     231]
 [0   585  1 680   3 465]]
```

3.7 本章实训

本章实训

3.8 本章小结

本章介绍了多维数组的创建方法、ndarray 对象的属性与数据转换、随机数组的生成和数组结构变换。数组运算部分主要介绍了数组的索引、切片及运算。数组的输入/输出主要依赖于数组的读写，NumPy 作为统计分析方法，其操作主要包括排序、去重、求和、求平均值、求方差、求标准差、求最值等。

3.9 本章习题

1. 用指定初始化数组元素值的方法创建一个 4 维数组，元素值全为整型。

2. 创建一个 4 维数组，要求数组元素值为浮点型随机数。

3. 生成一个 4×4 的上三角矩阵。

4. 生成一个 4×4 的对称矩阵。

5. 获取 4×3 数组中 4 个角的元素(行索引为[0,0]和[3,3]，列索引为[0,2]和[0,2])。

6. 生成一个 3×2 的矩阵，将矩阵的维度变为 2×3，并输出转换前后矩阵的维度。

7. 输出矩阵[[1,2,3],[3,4,5],[4,5,6]]的对角线元素。

8. 将矩阵[[1,2,3],[3,4,5],[4,5,6]]中的第 1 列与第 3 行取出，并进行合并。

9. 将字符型列表['1.2','2.3','3.2141']转换为数值型数组。

10. 求二维数组[[0.,1.,2.],[3.,4.,5.],[6.,7.,8.]]中奇数的和、平均值、中位数、方差和标准差，并将结果保存到文本文件中。

11. 生成一个随机的 5×5 矩阵，找出它的最大值和最小值，然后把最大值和最小值分别用 1 和 0 表示，其他值介于 0 和 1 之间。

第4章 Pandas数据分析

Pandas是一种基于NumPy的工具，该工具为解决数据分析任务而创建。Pandas包含大量库和一些标准的数据模型，提供了高效操作大型数据集所需的工具。本章使用的版本是padas 1.2.4。

4.1 Pandas数据结构

4.1.1 Series、DataFrame数据结构简介

Series(序列)和DataFrame(数据框)是Pandas的两种基础数据类型。

Series的本质是一维数组，由索引和值两个部分组成。Series数据结构类似于定长的有序字典，其中值的类型可以不同，根据实际情况进行选择，在创建时没有明确指定Series的索引时，会自动使用从0开始的非负整数作为索引。

DataFrame由索引(index)、值(values)和列名(column_ names)3个部分组成，DataFrame的结构类似于一个二维表格，既包含行索引，也包含列索引，可以将其看作由多个Series组成的大字典。

4.1.2 索引操作

1.索引类型

在进行索引操作之前，首先需要分清不同场景下的Pandas索引名称，通常包含如下4种索引类型。

①索引(index)：在一维的Series数据结构中，索引只能是行的索引，它可以唯一标识一行。在二维的DataFrame数据结构中，索引指的是行和列的标签，唯一标识二维数据坐标的行索引和列索引，列索引又称为字段名、表头等。默认情况下，index一般指每一行的索引。

②标签(label)：行索引和列索引，如果是Series数据类型，那么它只能表示行索引。

③轴(axis)：此索引名称仅仅用在DataFrame数据类型中，代表数据框的方向，例如，用0代表列(默认)，即对行方向数据进行处理；用1代表行，即对列方向数据进行处理。

④自然索引、数字索引：$0 \sim n$(n表示行方向或者列方向的数据长度-1)，行和列是以阿拉伯数字形式表示的索引。

2. 创建索引的操作

(1)导入所需的第三方库。

```
import numpy as np
import pandas as pd
df = pd.read_csv('文件名')                    #df1,df2,df3 与 df 定义相同
```

(2)创建 Pandas 的索引。

①Index()方法。Index()方法是创建最简单、最常用的自然索引或数字索引的方法,指定索引数据的类型和名称,按照具体类别可将其划分为:RangeIndex,单调整数范围的不可变索引;Int64Index,64 位整型索引;UInt64Index,无符号整型索引;Float64Index,64 位浮点型索引。

输入如下代码:

```
print(pd.Index(np.arange(1,11),dtype = "float",name = "Bob"))
```

运行结果:

Index([1.0,2.0,3.0,4.0,5.0,6.0,7.0,8.0,9.0,10.0],dtype='float64',name='Bob')

②IntervalIndex()方法。IntervalIndex()方法通常与 interval_range()函数配合使用,表示将数值或者数值区间用作索引,主要应用于分箱类型的数据。输入如下代码:

```
print(pd.interval_range(start = 1,end = 10))
```

运行结果:

IntervalIndex([(1,2],(2,3],(3,4],(4,5],(5,6],(6,7],(7,8],(8,9],(9,10]],dtype='interval[int64,right]')

③CategoricalIndex()方法。CategoricalIndex()方法用于创建类别索引,类别只能包含有限数量的可能值,将待排序的数据按照指定的分类顺序进行排序后的结果作为索引,这种索引在大体量的数据集中的优势尤为明显。输入如下代码:

```
print(pd.CategoricalIndex(['1','2','3','1','2','3']))
```

运行结果:

CategoricalIndex(['1','2','3','1','2','3'],categories=['1','2','3'],ordered=False,dtype='category')

④DatetimeIndex()方法。DatetimeIndex()方法通常与 date_range()函数和 period_range()函数结合使用,将日期时间用作索引。输入如下代码:

```
# 起始日期连续到终止日期
print(pd.date_range(start = '8/1/2022',end = '8/3/2022'))
```

运行结果:

DatetimeIndex(['2022-08-01','2022-08-02','2022-08-03'],dtype='datetime64[ns]',freq='D')

输入如下代码:

```
# 指定起始日期和时间周期
print(pd.date_range(start = '8/1/2022',periods = 7))
```

运行结果：

DatetimeIndex(['2022－08－01','2022－08－02','2022－08－03','2022－08－04','2022－08－05','2022－08－06','2022－08－07'],dtype='datetime64[ns]',freq='D')

输入如下代码：

```
# 指定起始时间并且以月为周期
print(pd.period_range(start = '8/1/2022',end = '9/1/2022',freq = 'M'))
```

运行结果：

PeriodIndex(['2022－08','2022－09'],dtype='period[M]')

⑤PeriodIndex()方法。PeriodIndex()方法通常用于创建周期性数据的索引，数据往往按照一定的频度展示。输入如下代码：

```
time = pd.period_range('2022 - 8 - 1 10:00:01',periods = 12,freq = 'h')
print(pd.PeriodIndex(time,freq = 's'))
```

运行结果：

```
PeriodIndex(['2022－08－01 10:59:59','2022－08－01 11:59:59',
             '2022－08－01 12:59:59','2022－08－01 13:59:59',
             '2022－08－01 14:59:59','2022－08－01 15:59:59',
             '2022－08－01 16:59:59','2022－08－01 17:59:59',
             '2022－08－01 18:59:59','2022－08－01 19:59:59',
             '2022－08－01 20:59:59','2022－08－01 21:59:59'],
          dtype='period[s]')
```

⑥TimedeltaIndex()方法。TimedeltaIndex()方法表示创建一定时间范围的数据索引。输入如下代码：

```
import datetime
print(pd.TimedeltaIndex(['5 days','3 days 00:00:10',np.timedelta64(2,'D'),
                         datetime.timedelta(days = 1,seconds = 1)]))
```

运行结果：

TimedeltaIndex(['5 days 00:00:00','3 days 00:00:10','2 days 00:00:00','1 days 00:00:01'],dtype='timedelta64[ns]',freq=None)

3. index 的相关属性

index 的相关属性列表见表 4-1。

表 4-1　index 的相关属性列表

序号	属性	属性说明
1	df. index. name	查看索引的名称
2	df. index. values	将索引的值以数组的形式返回
3	df. index. array	将索引以 array 数组的形式返回

续表

序号	属性	属性说明
4	df. index. is_all_dates	判断索引是否全为日期时间
5	df. index. shape	查看索引的形状
6	df. index. size	查看索引的数量
7	df. index. empty	判断索引是不是空
8	df. index. dtype	查看索引的数据类型
9	df. index. is_unique	判断索引是否不重复
10	df. index. names	返回索引的名称列表
11	df. index. has_duplicates	判断索引是否有重复值

4. 索引的函数

索引为学习者提供了大量的函数,具体示例如下。

```
# 创建 shape(10,2)的二维数组,用 DataFrame 对象表示
import numpy as np
import pandas as pd

df = pd.DataFrame(data = np.random.randint(80,100,size = (10,2)),
                  index = None,                      # 行索引默认
                  columns = ["Python","Java"],)      # 列索引
```

(1)df. index. astype('int64'):转换索引的数据类型。

(2)df. index. isin():判断指定的数据在索引中是否存在。

```
df.index.astype("int64")
print(df.index.isin([3]))
```

运行结果:

[False False False True False False False False False False]

(3)df. index. rename('XXX'):修改索引的名称。

```
df.index.rename("学号",inplace = True)
print(df.index.name)
```

运行结果:

学号

(4)df. index. nunique():统计索引中不重复值的数量。

```
print(df.index.nunique())
```

运行结果:

10

(5)df. index. sort_values(ascending＝True):对可排列的索引进行值排序，ascending 为 False 时，进行倒序排列，否则进行正序排列。

```
index_sort_values = df. index. sort_values(ascending = False)
print(index_sort_values)
```

运行结果：

Int64Index([9,8,7,6,5,4,3,2,1,0],dtype='int64',name='学号')

(6)df. index. map(lambda index:index＋'_'):对索引按指定函数进行统一处理，函数可以是匿名函数也可以是非匿名函数。

```
df. index = df. index. map(lambda index:str(index) + " - - good")
print(df)
```

运行结果：

学号

Python Java

0——good 90 89

1——good 85 88

2——good 84 81

3——good 81 88

4——good 99 97

5——good 95 98

6——good 96 90

7——good 86 89

8——good 90 90

9——good 91 80

(7)df. index. str. split('_'):将索引值转换成 str 并进行分隔。

```
print(df. index. str. split(" - - "))
```

运行结果：

Index([['0','good'],['1','good'],['2','good'],['3','good'],['4','good'],['5','good'],['6','good'],['7','good'],['8','good'],['9','good']],

dtype='object',name='学号')

(8)df. index. str. replace('——',''):将索引值转换成 str 并进行替换。

```
df. index = df. index. str. replace(" - - good","")
print(df)
```

运行结果：

学号

Python Java

0 85 88

1　84　97
2　81　80
3　85　88
4　92　82
5　85　91
6　87　97
7　80　88
8　95　95
9　92　89

(9)df. index. to_list():将索引值转换为列表。

```
print(df.index.to_list())
```

运行结果：

['0','1','2','3','4','5','6','7','8','9']

(10)df. index. to_frame(index=False,name='a'):将索引转换成 DataFrame 类型。

```
print(df.index.to_frame(index = False,name = "学号"))
```

运行结果：

学号
0　0
1　1
2　2
3　3
4　4
5　5
6　6
7　7
8　8
9　9

(11)df. index. to_series():将索引转换为 Series 类型。

```
print(df.index.to_series(name = "学号"))
```

运行结果：

0　0
1　1
2　2
3　3
4　4
5　5

6　6
7　7
8　8
9　9
Name:学号,dtype:object

(12)df. index. to_numpy():将索引转换为 NumPy 类型。

```
print(df.index.to_numpy())
```

运行结果:

[0　1　2　3　4　5　6　7　8　9]

(13)df. index. unique():返回去重后的索引。

```
print(df.index.unique())
```

运行结果:

Index(['0','1','2','3','4','5','6','7','8','9'],dtype='object',name='学号')

(14)df. index. value_counts():将索引去重并进行计数统计。

```
print(df.index.value_counts())
```

运行结果:

9　1
5　1
0　1
8　1
1　1
3　1
6　1
2　1
7　1
4　1
Name:count,dtype:int64

(15)df. index. where(df. index=='a'):对索引进行筛选。

```
df.index = df.index.astype("float64")
print(df.index.where(df.index == 3.0))
```

运行结果:

Float64Index([nan,nan,nan,3.0,nan,nan,nan,nan,nan,nan],
　　　　　　dtype='float64',name='学号')

(16)df. index. max():返回索引的最大值。

```
print(df.index.max())
```

运行结果：

9.0

(17)df.index.argmax()：返回最大值对应的索引。

```
print(df.index.argmax())
```

运行结果：

9

5.行索引和列索引的函数操作

Pandas 中创建索引的函数包括 set_index()、reset_index()、set_axis()、rename()。

(1)set_index()函数。set_index()函数通常用于设置单层索引或多层索引，具体代码如下：

```
df.set_index("City")
```

上述代码的作用是将 City 列设置为单层索引。

```
df.set_index(["Name","City"])
```

上述代码的作用是将 Name 和 City 两列设置为多层索引。

(2)reset_index()函数。reset_index()函数用于将索引进行重置，具体代码如下：

```
df.reset_index()
```

上述代码的作用是将之前对索引进行的操作重置。

(3)set_axis()函数。set_axis()函数可以将所需的索引分配给轴，通过分配类似列表或索引的方式来更改列标签或行标签的索引，其中 axis=0 代表行方向，axis=1 代表列方向，有两种不同的写法，可以任选其一：axis=0 等价于 axis="index"，axis=1 等价于 axis="columns"，具体代码如下：

```
df.set_axis(['a','b','c','d'],axis='index')
df.set_axis(['a','b','c','d'],axis=0)
df.set_axis(['a','b','c','d'],axis=0,inplace=True)
```

上述 3 行代码的作用都是将行索引设置为'a','b','c','d'。inplace 的默认值为 False，即保留原数据，使用新的数据备份；将 inplace 的值设置为 True 时，表示在原始数据上修改。

```
df.set_axis(['a','b','c','d'],axis='columns')
df.set_axis(['a','b','c','d'],axis=1)
df.set_axis(['a','b','c','d'],axis=1,inplace=True)
```

上述 3 行代码的作用是将列索引设置为'a','b','c','d'。

(4)rename()函数。rename()函数用于重命名行索引或者列索引，又包含两种方式：通过字典或者函数进行重命名。

①通过使用一个或者多个属性的字典形式进行修改，对单个列索引(非原地修改)重命名。具体代码如下：

```
df.rename(columns={'Name':'name'})
df.rename(columns={'Name':'name','City':'city'})
```

②通过使用 rename()函数进行重命名。具体代码如下：

```
df.rename(str.upper,axis = "columns")
```

4.1.3 DataFrame 数据查询与编辑

DataFrame 的数据查询分为单层索引的数据查询和多层索引的数据查询,不同场景下的查询方法也不尽相同。

1.简单查询与编辑

在真实的应用场景下,数据集的规模一般较大,因此需要查看部分样本数据集,从而了解数据集相应字段的数据类型。Pandas 提供了 3 种常用的查看方法。

①df.head():头部数据查询方法,默认查询 5 条数据,也可传入参数进行指定条数数据的查询。

②df.tail():尾部数据查询方法,默认查询 5 条数据,也可传入参数进行指定条数数据的查询。

③df.sample():随机数据查询方法,默认查询 1 条数据,也可传入参数进行指定条数数据的查询。

具体代码如下：

```
df.head()       # 返回头部的前 5 条数据
df.head(10)     # 返回头部的前 10 条数据
df.tail()       # 返回尾部的后 5 条数据
df.tail(10)     # 返回尾部的后 10 条数据
df.sample()     # 随机返回 1 条数据
```

上述操作常用于查看 DataFrame 样本数据,由于上述方法单一,不能满足学习者的需求,还需要一些按照特定条件对数据进行筛选查询的方法。

(1)列选择。

对列进行选择时得到的数据类型是 Series,这里有两种方法可以使用,具体代码如下：

```
df['city']
df.city
```

上述两种方法得到的结果相同,df.city 这种点后直接跟列标签名称的方法不常用,由于使用条件相对苛刻,只有在列标签名称是一个合法的 Python 变量名称时才能够使用这种方法。

值得注意的是,在传入一个由列标签名称组成的列表的同时,也可以筛选出相应的列,但是返回值的类型不同,具体代码如下：

```
df[['city','name']]        # 返回查询的列
df['city']                 # 返回 Series 类型
df[['city']]               # 返回 DataFrame 类型
```

(2)行切片选择([])。

行切片能够对行数据进行选择,类似于列表切片的操作。在读取一行数据时,需要注意不能仅填入一个数字下标,而是需要填入一个区间值,否则将会报错。具体代码如下：

```
df[66]                              # 报错
df[:5]                              # 返回前 5 行数据
df[5:10]                            # 返回第 6 行到第 10 行数据
df[::3]                             # 按照步长为 3 进行数据选择
df[::-1]                            # 倒序读取数据
```

进行切片选择时的逻辑是区间左闭右开，即包含左边界不包含右边界。

(3)行索引选择(loc)。

按轴的标签使用 loc()方法进行数据筛选，格式如下：

df.loc[<行表达式>,<列表达式>]

如果行表达式部分不传入任何数据，则返回所有行，因此这里可以只传入一个数据进行选择。Series 只存在行索引，仅支持用行表达式进行索引，在使用时需要注意。当返回多条数据时，返回的数据类型为 DataFrame，当返回一条数据时，类型为 Series。具体代码如下：

```
# 选择索引为 2 的行
df.loc[2]
# 这里的区间包含开始值和结束值
df.loc[4:8]
# 选择索引为 city 的行
df.loc['city']
# 返回索引为 1,3,5 的行
df.loc[[1,3,5]]
# 传入布尔值进行查询
df.loc[[True,False]]
# 返回索引为 1,3,5 的行且列标签名称为 name 和 city 的列
df.loc[[1,3,5],['name','city']]
# 返回所有行中列标签名称为 name 和 city 的列
df.loc[:,['name','city']]
```

loc()方法的查询机制是必须有行筛选操作，仅输入一个条件时，会自动判别为行筛选条件，当需要列筛选条件而不需要行筛选条件时，需要使用":"填充行筛选条件。

(4)行数字索引选择(iloc)。

对行进行数字索引，与上述的 loc()方法有着异曲同工之效，loc()方法使用索引和列标签名称，iloc()方法则使用数字索引筛选数据，格式如下：

df.iloc[<行表达式>,<列表达式>]

这里的数字索引指的是行和列的数量(从 0 开始)，iloc()方法仅支持用数字索引进行筛选。具体代码如下：

```
df.iloc[:5]                         # 筛选前 5 行数据
df.iloc[1:10:2]                     # 步长为 2,筛选第 1 行到第 10 行数据
df.iloc[:5,[3,5]]                   # 筛选前 5 行的第 3、5 列数据
```

(5)具体值选择(at/iat)。

在某些应用场景下，如果仅需要其中某一个确定位置的值，就可以使用 at()方法。at()方法的格式如下：

df. at[<行表达式>,<列表达式>]

在 Series 类型的数据中,可以仅使用行表达式获取该索引的值。具体代码如下:

```
df.at[6,'city']                    # 普通查询
df.loc[0].at['city']               # 用 Series 类型获取确定值
df.iat[6,6]                        # iat()和 iloc()类似,仅支持数字索引
```

(6)获取数据(get)。

get()方法类似于字典的 get 操作,如果获取不到值,则返回默认值, get()方法的格式如下:

```
df.get(key,default = None)
```

如果是 Series 类型的数据,key 只传入索引,返回一个确定的值;如果是 DataFrame 类型的数据,key 需要传入列标签名称,返回的是传入列的 Series 类型的数据。

(7)截取数据(truncate)。

truncate()方法主要用于数据的截取,将索引作为参数值。truncate()方法的格式如下:

```
df.truncate(before,after)
```

仅返回指定区域的数据。

(8)索引选择器(IndexSlice)。

IndexSlice()方法是一个专门的索引选择器,它的使用方法类似 df. loc()方法,常应用于多层索引以及需要指定应用范围(subset 参数)的函数中,尤其是用于链式方法中。

上述查询方式用于一些简单的数据查询,在真实的场景中还要面临更加复杂的查询,如需要按照一定的条件甚至复杂的组合条件进行查询。

2. 复杂查询与编辑

(1)逻辑查询。

逻辑查询与 Python 的逻辑运算极其相似,任意选择 DataFrame 数据类型中的一列进行逻辑运算,根据设定的逻辑表达式,最终会产生一个对应的由布尔值组成的 Series 数据,由对应位置上的数据是否符合所定义的逻辑表达式确定其真假值。具体代码如下:

```
df['age'] > 21
```

一个针对索引的逻辑表达式会产生一个 array 类型的数组,该数组由布尔值组成。根据逻辑表达式,只有满足逻辑表达式的值为 True,其余的则全为 False。

DataFrame 类型的逻辑运算与 Series 类型的用法不同,需要指定行表达式和列表达式,其他基本一致。具体代码如下:

```
columns_to_compare = ['Python','Java','C']
comparison_result = df.loc[:,columns_to_compare] > 70
```

满足表达式的值显示为 True,否则显示为 False。

(2)函数查询。

对行表达式处和列表达式处使用 lambda 函数,其操作的对象是默认变量,即操作对象是 DataFrame 对象,变量就是 DataFrame 类型;操作对象是 Series 对象,变量就是 Series 类型。

```
# 返回所有列名中带有 A 的列
df.loc[:,lambda df:[i for i in df.columns if 'A' in i]]
# 若 Q1 为 8,则显示 Q1 至 Q6
df.loc[lambda df:df.Q1 == 8,'Q1':'Q6']
# 查询最小索引的值
Series:df.Q1[lambda obj:min(obj.index)]
```

(3)逻辑索引查询。

切片、loc()方法和 iloc()方法与逻辑查询结合使用,能够进行更加复杂的操作。通过逻辑表达式进行复杂条件的数据筛选时需要注意,表达式输出的结果必须是一个布尔序列或者符合其格式要求的数据形式,具体代码如下。

①切片与逻辑查询结合。

```
df[df['Age'] == 22]              # Age 等于 22
df[~(df['Age'] == 22)]           # Age 不等于 22
df[df.name == 'Bob']             # 名字为 Bob
df[df.Q1 > df.Q2]                # 比较对象时,返回第一列大于第二列的对应位置
```

②loc()/iloc()方法与逻辑查询结合。

```
df.loc[df['name'] == 'Bob']                   # 名字是 Bob
df.loc[df.name == 'Bob']                      # 名字是 Bob
df.loc[(df.Q1 > 10)&(df.Q2 < 15)]             # and 关系
df.loc[(df.Q1 > 70)|(df.Q2 < 90)]             # or 关系
df.loc[df['Q1'] > 90,'Q1']                    # 若 Q1 大于 90,则只显示 Q1
df.loc[df['Q1'] > 90,'Q1':]                   # 若 Q1 大于 90,则显示 Q1 及其后的所有列
```

iloc()方法与逻辑查询结合用得较少,其用法与 loc()类似。需要注意的是或(|)、与(&)、非(~)运算的用法,各个独立逻辑表达式需要用括号括起来。any 表示或运算,即序列中只要有一个值为 True,any 就返回 True。all 表示与运算,即序列中所有值都为 True 时,all 才返回 True。进行与运算及或运算时,先进行逻辑运算,得到布尔序列,再进行判断。还可以在上述查询过程中传入 axis 参数的值,用于指定判断方向,与 Pandas 的 axis 参数整体约定一样,默认为 0,表示列方向,传入 1 表示行方向。具体代码如下:

```
# 查询 Python、Java 成绩全超过 90 分的,1 表示按行方向进行判断
df[(df.loc[:,['Python','Java']] > 90).all(1)]
# 查询 Python、Java 成绩至少有一个超过 80 分的,1 表示按行方向进行判断
df[(df.loc[:,['Python','Java']] > 80).any(1)]
```

(4)比较函数查询。

Pandas 提供了一些比较函数供学习者使用,这些函数可以传入定值、列表、布尔序列、Series 类型或 DataFrame 类型,以便与原数据比较。具体代码和使用方法如下:

```
df.ge()             # 大于或等于(>=)
df.gt()             # 大于(>)
df.eq()             # 等于(=)
```

```
df.ne()                  # 不等于(!=)
df.le()                  # 小于或等于(<=)
df.lt()                  # 小于(<)
df.isin()                # 判断数据是否包含在指定结构内
```

isin()函数的用法比较复杂,可以传入一个列表,此时原数据只要有一个在列表中即返回True,也可以传入一个字典,键为列名,值为需要匹配的值,以实现按列个性化匹配存在值的功能。

```
# 判断 Q1 是否等于 100
df[df.Q1.eq(100)]
# 利用 and 运算,判断是否满足 Python>90 且 Java<90
df.loc[df['Python'].gt(90)& df['Java'].lt(90)]
# 查询 df 中"name"列值为"A"或"B"的数据
df[df.name.isin(['A','B'])]
# 复杂查询
df[df.isin({'Age':[18,20],'subject':['Python','Java']})]
```

(5)filter 查询。

filter()函数可以对行表达式和列表达式进行筛选,支持模糊匹配、正则表达式等,具体代码如下:

```
df.filter(items=['name','age'])                # 选择 name 和 age 两列
df.filter(regex='B',axis=1)                    # 筛选列名包含 B 的列
df.filter(regex='^A',axis=1)                   # 筛选以 A 开头的列
df.filter(regex='C$',axis=0)                   # 正则表达式,筛选索引名以 C 结尾的行
df.filter(like='D',axis=0)                     # 筛选索引中包含 D 的行
df.filter(regex='^E',axis=0).filter(like='F',axis=1)
# 筛选索引中以 E 开头、列名包含 F 的行
```

(6)query 查询。

query()函数使用布尔表达式的方式查询 DataFrame 的列,表达式是一个字符串,类似于 SQL 中的 where 子句,具体代码如下:

```
# 直接写类似于 SQL 语法的语句
df.query('Q1 > Q2 > 100')
df.query('Q1 + Q2 > 120')
# 对于名称中带有空格的列,可以使用反引号引起来
df.query('A == `class name`')
#支持使用@符号引入变量,支持传入变量
score=df.Q1.mean()
df.query('Q1 > @score+10')
df.query('Q1 > `Q2`+ @score')
```

3. 数据的修改、替换、增加、删除

在实际的应用场景中,数据的增加、删除、修改、查询在数据预处理中经常用到。进行数据变换时,一般情况为修改错误;另一种情况是格式转换,例如把中文数字修改为阿拉伯数字。数据修改也会涉及数据类型的修改。删除数据一般会通过筛选方式,将筛选后的结果重新赋

值给变量，达到删除数据的目的。

(1)数据修改。

Pandas 数据的修改比较简单，首先利用数据查询筛选方法划定需要修改数据的范围，然后重新赋值即可。具体代码如下：

```
# 使用 iloc()函数确定数值的具体位置，将其修改为 Bob
df.iloc[1,1] = 'Bob'
# 指定数值范围，将小于 60 分的 Python 成绩修改为 60 分
df[df['Python'] < 60] = 60
```

同样地，也可以使用一个与原数据相同形状的数值修改，但是需要注意，修改 DataFrame 数据时，会按对应的索引位置进行修改。

(2)数据替换。

replace()函数可以实现数据的替换操作，此方法和字符串的 replace()方法的用法一致，具体代码如下：

```
# 将 Q1 列中的所有 0 替换为 1
df.Q1.replace(0,1)
# 将数据中的所有 0 替换为 1
df.replace(0,1)
# 将数据中的 0～3 全部替换为 4
df.replace([0,1,2,3],4)
# 列表对应修改
df.replace([0,1,2,3],[3,2,1,0])
# 向下填充
df.replace([1,2],method = 'bfill')
# 字典对应修改
df.replace({0:1,1:2})
# 将指定字段的指定值修改为 100
df.replace({'Q1':1,'Q2':2},100)
# 将指定列中的指定值替换为另一个值
df.replace({'Q1':{0:1,2:3}})
# 使用正则表达式
df.replace(to_replace = r'^ba.$',value = 'new',regex = True)
df.replace({'A':r'^ba.$'},{'A':'new'},regex = True)
```

(3)空值填充。

在真实数据集中，空值是无法避免的，空值没有应用价值，在数据处理中需要进行填充或删除，即需要对空值填入指定的数据，进行数据清洗。具体代码如下：

```
df.fillna(1)                    # 将空值全部填充为 1
```

可以用参数 method 设置填充方法，其值分别为 backfill，bfill，pad，ffill，None(默认值)。

```
df.fillna(method = 'bfill')                  # 向前填充
values = {'A':1,'B':2,'C':3,'D':4}
df.fillna(value = values)                    # 为各列填充不同的值
df.fillna(value = values,limit = 1)          # 只替换第一个值
```

(4)行增加。

基于 loc()和 iloc()方法进行数据查询,可以增加一行数据。通过指定索引,假如索引在原数据中不存在,将增加一行新数据。具体代码如下(这里假设只有 10 条数据):

```
df.loc[11] = ['Bob','man',100,98]                    # 增加一条索引为 11 的数据
```

(5)行追加合并。

在数据集中,直接增加行用得相对较少,更偏向于使用追加数据的方法。Pandas 提供了两种追加数据的方法,分别是使用 append()函数和 concat()函数。append()函数可以追加一个或多个新行,concat([arg1,arg2])函数可以将两个 DataFrame 或 Series 对象连接起来。具体代码如下:

```
df.append(df_new)
# 连接两个 DataFrame 对象
pd.concat([df1,df2])
pd.concat([df1,df3],sort = False)
# 只连接相同列,数据库的内连接、外连接等均支持这种方式
pd.concat([df1,df3],join = "inner")
# 连接列
pd.concat([df1,df4],axis = 1)
pd.concat([s1,s2])
# 索引重新编号
pd.concat([s1,s2],ignore_index = True)
# 原数据的索引不变,增加一个单层索引(keys 里的内容),变成多层索引
pd.concat([s1,s2],keys = ['s1','s2'])
pd.concat([s1,s2],keys = ['s1','s2'],names = ['name','ID'])
```

(6)列增加。

列增加经常被应用于数据预处理的操作中,与上述的行增加类似,当传入一个不存在的列时,将为其赋值并增加新列,新列既可以是一个定值,即所有的行都是给定值,也可以是一个同等长度的序列数据,即各行有不同的值,具体代码如下:

```
df['Python'] = 88                              # 增加一列 Python,该列的所有值都是 88
df['Sum'] = df.Python + df.Java                # 新列的值为两列值的和
df['Sum'] = df['Python'] + df['Java']          # 同上
df['Sum'] = df.sum(1)                          # 与以上代码效果相同
```

(7)插入列。

Pandas 提供了 insert()方法来为 DataFrame 对象插入一个新列。insert()方法可以传入 3 个主要参数:第一个参数 loc 是一个数字,代表新列所在的位置,使用列的数字索引;第二个参数 column 为新列的名称;第三个参数 value 为新列的值,通常为 Series 数据。具体代码如下:

```
df.insert(2,'Sum',df.sum(1))                   # 求和并插入列
```

(8)指定列的操作。

assign(k=v)函数的作用是指定一个新列的操作,k 为新列的列名,v 为此列的值,v 必须

是一个与原数据同索引的 Series 数据。这个方法较为实用，assign()函数可以做到临时添加列，而且不会对原数据做任何修改，该函数可以连续使用多次。具体代码如下：

```
# 新增两个列
df.assign(total = df.sum(1),Q = 100)
# 先求总分后求平均值
df.assign(total = df.sum(1)).assign(avg = df.mean(1))
# 比较计算,True 为 1,False 为 0
df.assign(tag = (df.Q1>df.Q2).astype(int))
# 映射
df.assign(tag = (df.Q1>60).map({True:'及格',False:'不及格'}))
```

(9)表达式计算。

eval()函数在 Python 中表示计算一个字符表达式，并返回表达式的值，在 Pandas 中也有同样的函数供学习者使用，具体代码如下：

```
# 传入求总分表达式
df.eval('SUM = Python + Java + C')
```

(10)删除值。

删除分为删除数值和删除空值。删除空值用 dropna()函数，删除数值用 pop()函数。使用 pop()函数时，Series 会删除指定索引的数据并返回这个被删除的值，DataFrame 会删除指定列并返回这个被删除的列，以上操作都是实时生效的。具体代码如下：

```
df.pop('name')                     # 删除 name
df.dropna()                        # 行方向的数据有一个空值就删除整行
df.dropna(axis = 'columns')        # 保留没有空值的列
df.dropna(how = 'all')             # 行或列都为空值时才删除
df.dropna(thresh = 3)              # 至少有 3 个空值时才删除
df.dropna(inplace = True)          # 删除在原数据中生效
```

4.1.4 Pandas 数据运算：算术运算、排序、汇总与统计

1. 算术运算

Pandas 的算术运算和普通加、减、乘、除方法一致，结合 4.1.3 节所学内容针对特定数据进行运算。具体代码如下：

```
# 加法
df['Python'] + 10
df['Python'].add(10)
# 减法
df['Python'] - 10
df['Python'].sub(10)
# 乘法
df['Python'] * 10
# 除法
df['Python'] / 10
```

2. 数据排序

在真实应用场景中，数据排序是将数据按给定的顺序重新排列，可以帮助用户快速地挖掘有用的数据，例如求最大值和最小值等，结合其他方法还具有数据纠错、分类等作用。数据排序主要使用 sort_values()函数，数字按大小排列，字符按字母顺序排列。具体代码如下：

```
# 按指定字段排序
df.sort_values(by=['name'])
# Series 类型数据的排序
df['Python'].sort_values()
# DataFrame 类型数据需要传入一个或多个列进行排序
df.sort_values('Python')
# 降序排列
df['Python'].sort_values(ascending=False)
# 修改原数据
df['Python'].sort_values(inplace=True)
# 空值排在前边
df['Python'].sort_values(na_position='first')
# 按多个字段排序，先按 name 列排序，再按 Python 列排序
df.sort_values(by=['name','Python'])
# 全降序排列
df.sort_values(by=['name','Python'],ascending=False)
# 默认排序方式是升序，但可以指定排序方式，如先按 team 列升序排列，遇到相同的 team 时
# 再按 name 列降序排列
df.sort_values(by=['name','Python'],ascending=[True,False])
# 索引重新按 0-(n-1)排序
df.sort_values('name',ignore_index=True)
```

3. 数据汇总与统计

数据汇总与统计主要是对数据进行统计展示，通过汇总后的数据挖掘数据的价值。数据汇总分为描述统计、使用统计函数、使用聚合方法等。

(1)描述统计。

describe()函数用于对数据的总体进行描述，这是最简单的一种描述统计方法，可以返回总和、均值、标准差等指标。具体代码如下：

```
df.groupby('name').describe()
```

(2)使用统计函数。

describe()函数虽然操作简便，但不够灵活，Pandas 提供了具体的统计函数供学习者使用。假设 group 为待分析的数据，统计函数及其功能如下：

```
group.sum()                    # 求和
group.count()                  # 求每组数量，不包括缺失值
group.max()                    # 求最大值
group.min()                    # 求最小值
group.size()                   # 求分组数量
group.mean()                   # 求平均值
group.median()                 # 求中位数
```

```
group.std()                    # 求标准差
group.var()                    # 求方差
group.corr()                   # 求相关性系数
group.sem()                    # 求标准误差
group.prod()                   # 求乘积
group.cummax()                 # 求每组的累计最大值
group.cumsum()                 # 累计求和
group.mad()                    # 求平均绝对偏差
```

(3)使用聚合方法。

aggregate()方法可以简写为 agg(),聚合方法的作用是将分组后的对象应用定制的统计方法,也支持按字段分别给定不同的统计方法。聚合方法较为高级,实用性更强,具体代码如下:

```
# 对列使用单一统计方法
df.groupby('name').agg(sum)
# 对列使用多种统计方法
df.groupby('class')['Python','Java'].agg([np.max,np.min,np.mean,np.std])
# 对不同列使用不同的统计方法,并且同一列使用多种统计方法
df.groupby('class').agg({'Python':['min','max'],'Java':'max'})
# 指定新列的名字,类似于 assign()方法
df.groupby('class').agg(Mean=('Python','max'),sum=('Java','min'))
df.groupby('class').agg(Python_max=pd.NamedAgg(column='Python',aggfunc='max'),
                        Java_min=pd.NamedAgg(column='Java',aggfunc='min'))
# 聚合结果使用 lambda 函数,所有方法都可以用
def min(x):
    return x.min()
# 定义函数
df.groupby('class').Python.agg(Mean='mean',Sum='sum',Max=lambda x:x.max(),Min=min)
# 调用函数时,如果使用统一的函数,则直接写函数名
df.groupby('class').agg(min)
```

(4)组内操作方法。

顾名思义,组内操作方法就是对组内数据进行处理,组内数据包括头尾值、分位数、差值。具体代码如下:

```
# 组内头尾值
# 每组第一个数据
df.groupby('name').first()
# 每组最后一个数据
df.groupby('name').last()
# 组内分位数
# 二分位数,即中位数
df.groupby('name').median()
# 二分位数
df.groupby('name').quantile(0.5)
```

```
# 三分位数
df.groupby('name').quantile(0.75)
# 组内差值
df.groupby('name').diff()
```

4.1.5　数据可视化:折线图、柱状图、直方图、散点图

1. 折线图

折线图(line chart)是先绘制数据点然后使用线条连接而成的图形,通过观察整体线条的走向,可以大致推断出数据的变化趋势,与 x 轴的内容相关。Pandas 的 plot()函数绘制的默认图形是折线图。DataFrame 可以直接调用 plot()函数来生成折线图,其中,x 轴为索引,其他数字类型的列为 y 轴上的数据。具体代码如下:

```
df.plot.line()
```

2. 柱状图

柱状图(bar chart)使用与 x 轴方向垂直、与 y 轴方向平行的柱形表示,通过柱形的高低来表示数据的大小。它适用于数据的对比,也能展示数据的变化趋势。具体代码如下:

```
df.plot.bar()
df.plot.barh()                    # 横向
```

3. 直方图

直方图(histogram)又称质量分布图,由一系列高度不等的纵向条纹或线段表示数据的分布情况。一般用横轴表示数据类型,纵轴表示数据的分布情况。直方图描述的是数据在不同区间的分布情况,描述的数据量一般比较大。分组数据字段(统计结果)映射到横轴的位置,频数字段表示统计结果。具体代码如下:

```
df.plot.hist()
```

4. 散点图

散点图(scatter diagram)也叫 x-y 图,它将所有的数据以点的形式展现在直角坐标系上,以显示变量之间的相互影响程度,点的位置由变量的值决定。具体代码如下:

```
df.plot.scatter()
```

4.2　Pandas 数据处理

4.2.1　数据读写:文本文件和 CSV 文件

在真实的应用场景中,Excel 类型的数据占大多数,其次是 CSV(comma-separated values,字符分隔值)和 TXT 文本数据,再次是用于网络传输的 JSON 数据以及各种数据库数据,Pandas 提供了读取各类数据的方法。Pandas 几乎支持所有的主流数据存储形式。Pandas 提供了一组顶层的输入/输出 API,如 read_(文件类型)()方法等,这些方法可以将众多格式的数据读取

到 DataFrame 数据结构中，经过分析处理后，再通过类似 df. to_（文件类型）()方法导出数据。表 4-2 列出了文本文件和 CSV 文件的读取和输出方法。

表 4-2 文本文件和 CSV 文件的读取和输出方法

数据格式	文件类型	读取函数	输出函数
二进制格式	Excel	read_excel()	to_excel()
文本格式	CSV	read_csv()\read_table()	to_csv()
文本格式	JSON	read_json()	to_json ()
文本格式	HTML	read_html()	to_html()
文本格式	Markdown		to_markdown()
文本格式	剪贴板	read_clipboard()	to_clipboard()

CSV 是用逗号分隔值的数据形式，其本质仍然是文本文件，只是分隔符不同，其中分隔符可以不是逗号而是其他符号，需根据真实场景设定。CSV 文件不仅可以是一个实体文件，还可以是字符形式，以便在网络上传输。

下面着重介绍 CSV 文件的读取方式和具体用法。通过查阅官方文档，对数据进行读取时，具体参数可参考如下。

1. 读取文件内容

```
import pandas as pd
df = pd. read_csv('文件名')                    # df1,df2,df3 与 df 的定义相同
```

使用 read_csv()方法不止可以读取本地路径的 CSV 文件，还可以读取网络上的 CSV 文件，也可以直接读取字符流内容和字节流数据，具体代码如下：

```
# 本地路径
pd. read_csv('data. csv')
# URL
pd. read_csv('https://www. xxx. com/data. csv)
# 字符流
from io import StringIO
pd. read_csv(StringIO(data))
# 字节流
from io import BytesIO
pd. read_csv(BytesIO(data))
```

2. 分隔符

SEQ(分隔符)指的是每行数据内容的分隔符号，默认是逗号，其他常见的分隔符还有制表符(\t)、空格等，同时也支持正则表达式，可以根据数据的实际情况传入相应的分隔符。值得注意的是，delimiter 表示定界符，如果其出现，则 SEQ 参数失效，分隔符使用 delimiter 参数指定的符号。具体代码如下：

```
pd.read_csv(data,sep='\t')                # 制表符用作分隔符
```

3. 表头

header 参数支持整型和由整型数据组成的列表，指定第几行是表头，默认情况会自动将第一行作为表头。若将 header 指定为 None，则表示没有表头。具体代码如下：

```
pd.read_csv(data,header=0)                # 第一行作为表头
pd.read_csv(data,header=None)             # 没有表头
pd.read_csv(data,header=[0,1,3])          # 指定多层索引
```

4. 使用部分列

在实际的数据分析中，如果多数数列无用，则可以使用 usecols 指定想要使用的列，以加快数据的加载速度。具体代码如下：

```
# 读取 Python 列和 Java 列
pd.read_csv(data,usecols=['Python','Java'])
```

4.2.2 数据合并与批处理

在实际应用中，数据可能分散在不同的文件、不同数据库的表中，也可能有不同的存储形式，为了便于分析，需要将它们合并在一起。一般有这样几种情况：一是两份数据的列名完全相同，把其中一份数据追加到另一份的后面；二是两份数据的列名有些不同，把这些列组合在一起形成多列；三是以上两种情况混合。在数据合并过程中还需要进行计算。数据合并又分为数据追加、数据连接、数据合并等。

1. 数据追加

在真实的应用场景中，数据量往往比较大，可能采取截断策略读取数据，再将每一段数据拼接在一起，形成与原始数据相同的结果。Pandas 提供了一种数据拼接的方式，append()函数可以将数据添加到末尾，这是一种简单高效的方法。append()函数的格式如下：

```
append(self,other,ignore_index=False,verify_integrity=False,sort=False)
```

参数说明：

- other(重要)：要拼接的 DataFrame 类型或者 Series 类型的内容，可以是由给定的多个 DataFrame 对象组成的列表。
- ignore_index：如果为 True，则重新进行自然索引。
- verify_integrity：如果为 True，则遇到重复索引内容时报错。
- sort：指定排序方式。

具体使用方法如下：如果两个 DataFrame 类型数据的字段内容相同，可以直接让第一个 DataFrame 类型数据使用 append()函数，即可传入待拼接的 DataFrame 类型数据。如果需要追加多个 DataFrame 类型的数据，可以将它们组成一个列表传入，还可以追加 Series 类型的数据和字典形式的数据。append()追加方法之一的效果如图 4-1 所示。

对不同结构的 DataFrame 类型数据进行追加时，一方有而另一方没有的列会新增，但是没有内容的对应位置会用缺失值 NaN 填充，如图 4-2 所示。

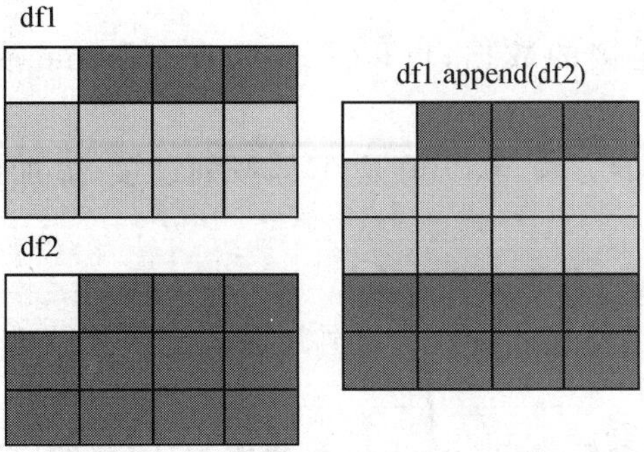

图 4-1　append()追加方法之一的效果

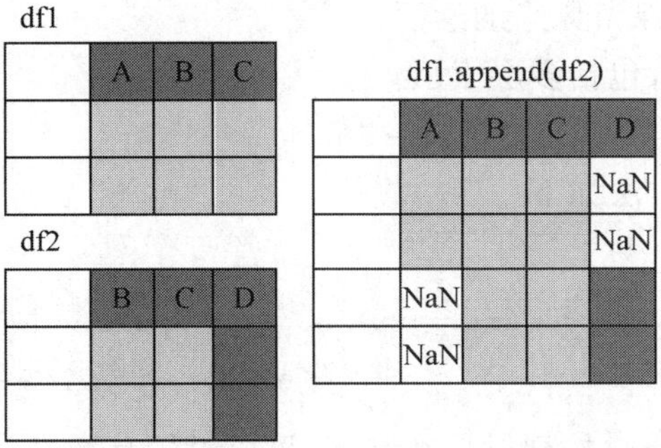

图 4-2　append()追加方法之二的效果

具体代码如下：

```
# 追加合并
df1.append(df2)
# 忽略索引
df1.append(df2,ignore_index = True)
"""
重复内容默认是可以追加的,如果传入 verify_integrity = True,则会检测追加内容是否重复,若有重复
则会报错。
"""
df1.append([df1,df2],verify_integrity = True)
# 追加字典
Bob = {'name':'Bob','Python':100,'Java':100}
df = df.append(Bob,ignore_index = True)
```

2. 数据连接

Pandas 提供了更为高级的连接操作，且操作更加灵活，可以实现不同方向（纵向和横向）的数据连接，数据连接后将会形成一个 Series 数据类型或 DataFrame 数据类型对象。连接是最常用的多个数据合并的方法。concat()是专门用于数据连接的函数，它可以沿着行方向或者列方向进行操作，同时可以指定非合并轴的合并方式（如并集、交集等）。concat()函数的格式如下：

```
pd.concat(objs,axis = 0,join = 'outer',ignore_index = False,keys = None,
          levels = None,names = None,sort = False,verify_integrity = False,copy = True)
```

参数说明：

• objs(重要)：进行连接的数据，可以是多个 DataFrame 或者 Series 类型数据，必选参数。

• axis(重要)：连接轴的方法，默认值是 0，即按列连接，追加到行后面，值为 1 时追加到列后面。

• join(重要)：合并方式，分为交集(inner)和并集(outer)。

• keys：连接关系，使用传递的键作为最外层来构造层次结构索引，就是给每个表指定一个一级索引。

• verify_integrity：是否检测内容重复。参数值为 True 时，如果合并的数据与原数据包含索引相同的行，则会报错。

• ignore_index：是否保留原来的索引。

• names：索引的名称，包括多层索引。

• copy：如果为 False，则不允许拷贝。

数据连接的具体操作方法如下。

(1)简易连接。

```
pd.concat([df1,df2])                    # 等价于 pd.append([df1,df2])
pd.concat([df1,df2,df3])                # 多文件合并行列拼接
```

如果要将多个 DataFrame 按列拼接在一起，可以设置参数 axis=1，如果要按行拼接在一起，可以设置参数 axis=0，将不同的数据追加到列的后面。简易连接时，索引无法对应的位置上将值填充为 NaN。这里以按列拼接为例，简易连接方法如图 4-3 所示。

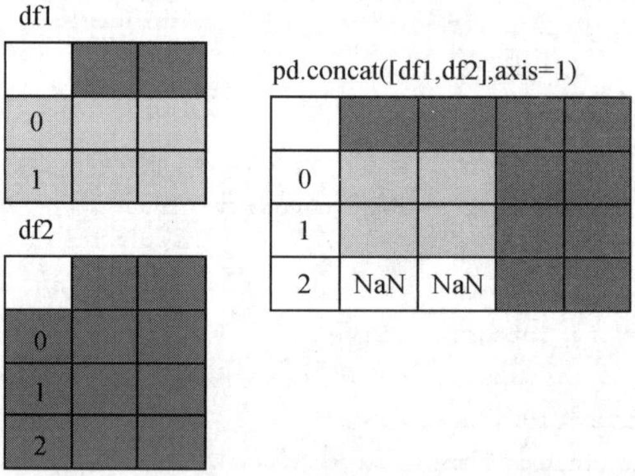

图 4-3　简易连接方法

具体代码如下：

```
pd.concat([df1,df2],axis = 1)# 按列连接
pd.concat([df1,df2],axis = 0)# 按行连接
```

(2)交集与并集。

上述操作默认使用的是两数据表的并集(join 参数设置为 inner)，但在真实应用场景中可能还需要求两个数据表的交集，将 join 参数设置为 outer 即可，具体代码如下：

```
pd.concat([df1,df2],axis=1,join='outer')    # 并集
pd.concat([df1,df2],axis=1,join='inner')    # 交集
```

(3)索引设置。

pd.concat()方法用于设置索引,对横向连接和竖向连接均支持,可以给待连接的每一个数据表都设置一个索引名称,最终形成多层索引。具体代码如下:

```
pd.concat([df1,df2],keys=['df1','df2'])    # 指定索引名称
```

3. 数据合并

数据合并即在 Pandas 内实现类似 SQL 的 join 操作,即使用 merge()函数。相比于数据库的 join 操作,merge()函数的功能更加齐全,性能也在一定程度上进行了优化。使用 pd.merge()函数可以自由灵活地进行各种逻辑的数据连接、合并等操作。merge()函数的格式如下:

```
pd.merge(left,right,how = 'inner',on=None,left_on=None,right_on=None,left_index=False,
right_index=False,sort=True,suffixes=('_x','_y'),copy=True,indicator=False,validate=None)
```

参数说明:

- left、right:需要连接的两个 DataFrame 或 Series 类型数据,其中一个为左侧数据,另一个为右侧数据,必选参数。
- how:两个数据的连接方式,默认为 inner,还可以设置为 outer(外连接)、left(左连接)或 right(右连接)。
- on:作为连接键的字段,左、右数据中都必须存在,否则需要用 left_on 和 right_on 参数来指定。
- left_on:左数据的连接键字段。
- right_on:右数据的连接键字段。
- left_index:为 True 时将左数据的索引作为连接键,默认为 False。
- right_index:为 True 时将右数据的索引作为连接键,默认为 False。
- suffixes:如果左、右数据出现重复列,则新数据的表头会用后缀进行区分,默认为_x 和_y。

数据合并的具体使用方法如下。

(1)连接键。

当数据进行合并连接时,如果没有指明连接时根据哪一列(连接键)进行连接,merge()函数会自动找到列名相同的列进行连接,并按左侧数据的顺序取交集数据。由于数据的不确定性,这里建议通过 on 参数指定连接键。合并连接示意图如图 4-4 所示。

具体代码如下:

```
pd.merge(df1,df2,on='name')        # name 列作为连接键的字段
```

(2)索引合并。

也可以直接按照索引进行数据合并,将 right_index 参数和 left_index 参数设置为 True,数据进行合并时会以两张表的索引作为连接键。具体代码如下:

```
pd.merge(df1,df2,left_index=True,right_index=True)
```

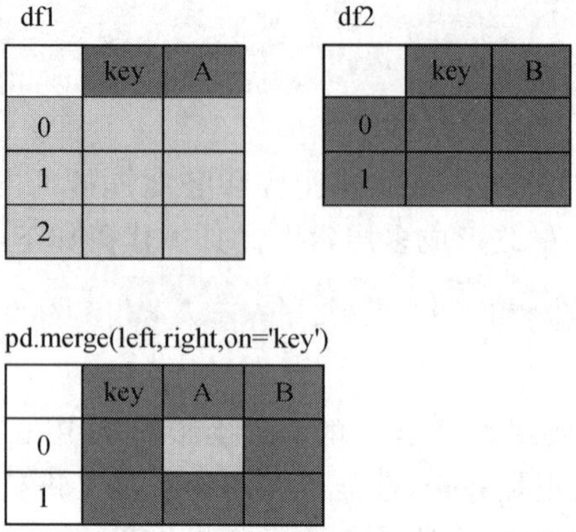

图 4-4　合并连接示意图

(3)多连接键。

上述的数据合并方法中,所使用的连接键均指定为一个,实际应用场景中由于数据的复杂性,往往需要指定多个字段作为连接键。这里只需要将多个连接键以列表的形式赋值给 on 参数即可,具体代码如下:

```
# 以 Python 和 Java 两个字段同时作为连接键
pd.merge(df1,df2,on=['Python','Java'])
```

(4)合并方式。

可以通过 how 参数指定使用哪种方法进行合并,可以设置为 inner、outer、left 或 right,实现类似 SQL 的 join 操作。默认的合并方式是 inner,即取交集,保留左、右表的共同内容;如果合并方式是 left,则左表中的内容都会保留;如果合并方式是 right,则右表中的内容都会保留;如果合并方式是 outer,则取并集,左、右表全部保留;无法关联的内容则设置为 NaN。具体代码如下:

```
# 交集
pd.merge(df1,df2,how='inner',on=['name','class'])
# 并集
pd.merge(df1,df2,how='outer',on=['name','class'])
# 以左表为基表,左连接
pd.merge(df1,df2,how='left',on=['name','class'])
# 以右表为基表,右连接
pd.merge(df1,df2,how='right',on=['name','class'])
```

(5)合并指示。

若想知道数据连接后的值是左表的内容还是右表的内容,可以使用 indicator 参数显示合并方式。如果将 indicator 设置为 True,则会增加名为_merge 的列,显示这列是从何而来的。_merge 列有以下 3 个取值:left_only 表示数据只在左表中;right_only 表示数据只在右表中;both 表示数据在两个表中都有。具体代码如下:

```
# 显示合并指示列
pd.merge(df1,df2,on='name',how='outer',indicator=True)
```

4. 数据批处理

批处理函数有 dropnull()、isna()、isnull()、notnull()等，根据函数名便可知其用途。经过测试，apply()函数的执行速度优于大多数传统的处理方法，该函数执行速度快、使用方便。

apply()函数的使用方法与 map()函数的使用方法类似，只是 apply()函数更加灵活便捷，可选的参数更多，apply()函数主要应用于 Series 数据类型。apply()函数的格式如下：

```
Series.apply(func,axis,raw,result_type,convert_dtype = True , * args, ** kwargs)
```

参数说明：

- func：处理数据的函数名称。
- axis：值为 0 或者 index 时，按行处理；值为 1 或者 columns 时，按列处理。
- raw：布尔类型，默认为 False，为 False 时表示把每一行或列作为 Series 类型的数据使用；为 True 时表示接收的是 ndarray 数据类型。
- result_type：可取值为{'expand','reduce','broadcast',None}，默认值为 None。
  - ➢ expand：表示列表样式的结果将被转化为列。
  - ➢ reduce：表示返回 Series 类型的数据。
  - ➢ broadcast：表示将结果广播到 DataFrame 的原始形状，原始索引和列将被保留。
- convert_dtype：布尔类型，默认为 True，Pandas 将寻找最适合的数据类型。如果为 False，则 dtype=object。
- * args：元组形式，在 Series 之后传递位置参数的信息。
- ** kwargs：给函数传递其他参数(以字典的形式)。

具体代码如下：

```
# 匿名函数
df.groupby('class').apply(lambda x:x + 10)
# 定义函数
def sub(x):
    return x - 10
df.groupby('class').apply(sub)
```

applymap()函数主要应用于 DataFrame 数据类型的批处理，其使用方法和 apply()函数基本一致。

4.2.3 数据清洗：缺失值、重复值、异常值的处理，以及数据格式转换

真实的数据往往不是完美的数据，针对特定的操作逻辑需要对原始数据进行大量的数据清洗工作，进一步剔除无用数据，提高数据质量，以满足数据分析的要求，主要涉及缺失值和重复值等异常值的识别、删除、填充等操作，以及数据的替换与格式转换等。

1. 缺失值处理

(1)辨别缺失值。

在 Pandas 中什么类型的数值是缺失值？在 Pandas 中，一般使用特殊类型 NaN 表示缺失值，也可以使用 NumPy 中定义的 np.NaN 或者 np.nan 表示缺失值。目前的 Pandas 版本中也提到，pd.NA 未来可能会取代上述缺失值类型，即统一用 pd.NA 表示缺失值。

(2)缺失值判断。

在 Pandas 中主要使用 isna()函数和 isnull()函数判断缺失值,返回值类型是布尔类型,值为 True 则表示缺失值。使用 notna()函数判断非缺失值。具体代码如下:

```
df.isna()                    # 对 DataFrame 类型数据检测缺失值
df['Python'].isna()          # 对 Series 类型数据检测缺失值
df.notna()                   # 对 DataFrame 类型数据检测非缺失值
df['Python'].notna()         # 对 Series 类型数据检测非缺失值
```

(3)缺失值筛选。

在真实场景下需要找出缺失值的位置时,可以结合使用缺失值的判断方法和所学的筛选方法。具体代码如下:

```
df.loc[df.isna().any(1)]                   # 有缺失值的行
df.loc[~(df.isna().any(1))]                # 无缺失值的行
df.loc[:,df.isna().any(1)]                 # 有缺失值的列
df.loc[:,~(df.isna().any(1))]              # 无缺失值的列
```

(4)缺失值统计。

缺失值的统计问题仅需使用学过的知识就可以解决,可以充分利用布尔值和整型数值之间的对应关系,即 True 等价于 1,False 等价于 0。具体代码如下:

```
df.isnull().sum(1)              # 统计每行有多少个缺失值
```

(6)缺失值填充。

在数据集中,当有些列对数据分布的影响几乎可以忽略不计时,可以忽略缺失值,或者直接删除该列,但是有些列比较重要,并且数据量比较庞大时,就需要使用一定的办法处理缺失值,以免对最终的结果产生较大的影响。Pandas 提供了 fillna()函数,用来填充缺失值,fillna()函数的参数同样也支持默认值和自定义值,一般可以填入一个确定值。有时候需要使用特殊方法,就需要用到 method 参数,method 参数如下。

- ffill 或者 pad:向前填充,使用前一个有效值填充。

```
df.fillna(method='ffill')          # 等价于 df.ffill()
```

- bfill 或者 backfill:向后填充,使用后一个有效值填充。

```
df.fillna(method='bfill')          # 等价于 df.bfill()
```

具体代码如下:

```
df.fillna(0)                          # 填充为 0
df.fillna('Bob')                      # 填充为指定字符
df.name.fillna(0,inplace=True)        # 用指定字段填充
df.fillna(0,limit=1)                  # 只填充第一个缺失值
values={'A':0,'B':1}                  # 将不同列的缺失值填充为不同的值
df.fillna(value=values)
df.fillna(method='ffill')             # 取前一个有效值填充
df.bfill()                            # 取后一个有效值填充
```

(6)插值填充。

Pandas 的插值填充使用离散函数拟合的思想,根据函数在有限个点处的取值情况,估算出函数在其他点处的近似拟合值。通过 interpolate()函数实现插值填充,DataFrame 数据类型和 Series 数据类型均支持。一般情况下采用线性插值的方法,还有更多的插值方法,这些方法相对较为复杂,需要时可自行学习。具体代码如下:

```
df.interpolate()
```

(7)缺失值删除。

数据要求完美的情况下,不允许出现缺失值,只要带有缺失值,便可认为是无效数据。通过 Pandas 提供的 dropna()函数可以删除缺失值。具体代码如下:

```
# 删除所有有缺失值的行
df.dropna(axis = '0')
# 删除所有有缺失值的列
df.dropna(axis = 'columns')
df.dropna(axis = 1)
```

2. 重复值处理

在真实场景采集的数据中,重复数据是无法避免的,可能是完全重复,也有可能是部分字段重复,重复的数据往往会影响统计结果,因此需要剔除重复数据,在统计要求的情况下,保证数据的唯一性。Pandas 使用 duplicated()函数处理重复值,它可以返回表示重复行的布尔值序列,默认为一行的所有内容。duplicated()函数的格式如下:

```
df.duplicated(subset = None,keep = 'first')
```

参数说明:

- subset:可以指定列。
- keep:用来确定要标记的重复值,有以下可选项。
  - ➢ first:将除第一次出现的重复值标记为 True,默认值。
  - ➢ last:将除最后一次出现的重复值标记为 True。
  - ➢ False:将所有重复值标记为 True。

除此之外,Pandas 也提供了删除重复值的方法,可以使用 drop_duplicates()函数删除重复值,drop_duplicates()函数的格式如下:

```
df.drop_duplicates(subset = None,keep = 'first',inplace = False,ignore_index = False)
```

参数说明:

- subset:指定的标签或标签序列,仅删除这些列的重复值,默认情况为指定所有列。
- keep:确定要保留的重复值,有以下可选项。
  - ➢ first:保留第一次出现的重复值,默认值。
  - ➢ last:保留最后一次出现的重复值。
  - ➢ False:删除所有重复值。
- inplace:修改原数据。
- ignore_index:如果为 True,则重新分配自然索引(0,1,…,$n-1$)。

(1)重复值识别。

直接使用 duplicated()函数进行重复值识别,具体代码如下:

```
# 全行检测,除第一次出现的数据外,重复值均为 True
df.duplicated(keep = 'first')
# 除最后一次出现的数据外,重复值均为 True
df.duplicated(keep = 'last')
# 指定列检测,所有重复值都为 True
df.duplicated(subset = ['name'],keep = False)
```

(2)重复值删除。

直接使用 drop_duplicated()函数进行重复值删除,具体代码如下:

```
# 删除重复行
df.drop_duplicated()
# 删除指定列
df.drop_duplicated(subset = ['name'])
# 保留第一个数据,删除其他重复值
df.drop_duplicated(subset = ['name'],keep = 'first')
```

3. 异常值处理

异常值往往不具有数据分析的价值,可以直接使用函数进行数据删除。Pandas 提供了 drop()函数用于数据删除,删除数据时往往删除异常值的一整行,当然也可以删除一整列。drop()函数可以通过指定标签名称和相应的轴,或直接给定索引或列名称来删除行或列。drop()函数的格式如下:

```
df.drop(labels = None, axis = 0, index = None, columns = None, level = None, inplace = False, errors =
        'raise')
```

参数说明:

- labels:要删除的行或者列,如果要删除多个行或者列,则传入列表。
- axis:轴的方向,值为 0 表示行,值为 1 表示列,默认值为 0。
- index:指定的一行或多行。
- columns:指定的一列或多列。
- level:索引层级,将删除此层级的数据。
- inplace:布尔值,表示删除是否生效。
- errors:取值为 ignore 或者 raise,默认为 raise,如果为 ignore,则容忍错误,仅删除现有标签。

具体代码如下:

```
# 删除指定行
df.drop([1,5])
# 删除指定列
df.drop(['Python','Java'],axis = 1)
df.drop(columns = ['Python','Java'])
```

4. 数据格式转换

由于读取数据的来源各式各样，如 list 格式、NumPy 格式等，导出的数据格式有的要求是 list 形式等，数据格式不统一。Pandas 提供了多种数据格式转换方法，使用较为简单，具体代码如下：

```
# list -> pandas
A_list = [1,2,3,4,5]
A_pd = pd.Series(A_list)
B_list = [[1,2,3],[4,5,6]]
B_pd = pd.DataFrame(B_list)
# numpy -> pandas
C_np = np.ones((2,3))
C_pd = pd.DataFrame(C_np)
# pandas -> numpy
C_pd.values
# pandas -> list
A_pd.tolist()
```

4.2.4 数据标准化：均值标准化与标准差标准化

1. 均值标准化

均值标准化处理是最常见的操作，即所谓的求取平均值，具体公式如下：

$$\mu = \sum_{i=1}^{n} x_i \times p(x_i)$$

其中，x_i 是样本的一个取值，$p(x_i)$是该值出现的概率。

2. 标准差标准化

当数据(x)按均值(μ)中心化后，再按标准差(σ)缩放，数据就会服从均值为 0，方差为 1 的正态分布(标准正态分布)，这个过程叫作数据标准化(standardization，又称 Z-score normalization)，具体公式如下：

$$x' = (x - \mu)/\sigma$$

均值标准化的实现原理较为简单，可以自行编写代码。在此给出标准差标准化的代码如下：

```
(data-data.mean())/ data.std()
```

4.3 本章实训

本章实训

4.4 本章小结

本章介绍了 Pandas 的基本数据类型，包括 DataFrame 数据类型和 Series 数据类型，以及利用 Pandas 提供的函数进行数据处理。如何使用索引是 Pandas 数据处理的关键，应该重点理解并掌握；数据查看、数据筛选和数据编辑是数据处理的基础；数据合并及数据运算包含算术运算、排序、数学统计等，是数据分析的辅助工具，在数据处理中经常被大量使用；数据读写是数据分析的必经之路，包括读入数据、分析结果、输出结果并保存等；数据清洗包含缺失值、异常值、重复值的处理及类型转换等操作，是数据分析的必要操作。现实场景的数据往往都不是完美的，需要进行数据处理直至满足数据分析的要求。

4.5 本章习题

1. 根据以下考试成绩表，创建一个 DataFrame 类型对象，并命名为 data。

	张三	李四
语文	150	120
数学	150	100
英语	150	120
理综	300	250

2. 已知如下两个 Series 类型对象 p 和 q，试计算二者的欧几里得距离。

```
p = pd.Series([1,2,3,4,5,6,7,8,9,10])
q = pd.Series([10,9,8,7,6,5,4,3,2,1])
```

3. 已知 fillna()函数的功能是将缺失数据位置填入预设值，试对下列数据做如下操作：

```
df = pd.DataFrame({'A':[0,0,2,2],
                   'B':[1,2,3,4],
                   'C':[2,3,1,4],
                   'D':[1,1,2,4]},index = list('abcd'))
```

(1)将第 1 行、第 3 列的数据设置为“nan”，将第 2 行、第 4 列的数据设置为“nan”。

(2)将(1)小题中设置的数据“nan”修改为数值 7。

4. 已知有如下三组原始数据，试完成数据合并。

```
raw_data_1 = {
            'subject_id':['1','2','3','4','5'],
            'first_name':['Alex','Amy','Allen','Alice','Ayoung'],
            'last_name':['Anderson','Ackerman','Ali','Aoni','Atiches']}
raw_data_2 = {
            'subject_id':['4','5','6','7','8'],
            'first_name':['Billy','Brian','Bran','Bryce','Betty'],
```

```
            'last_name':['Bonder','Black','Balwner','Brice','Btisan']}
raw_data_3 = {
            'subject_id':['1','2','3','4','5','7','8','9','10'],
            'test_id':[51,15,15,61,16,14,15,1,61,16]}
```

(1)完成 raw_data_1 与 raw_data_2 的数据合并。

(2)完成 raw_data_1 与 raw_data_2、raw_data_3 的数据合并。

5. 随机生成张三、李四、王五的期中考试成绩数据 ddd,他们的成绩均包括语文、英语、数学、Python 四门课程的得分,分值在 90～150 之间,具体如下所示:

	语文	英语	数学	Python
张三	155	147	110	135
李四	140	141	142	120
王五	146	135	144	150

另外,随机创建张三、李四、王五、刘六的期末考试成绩数据 ddd2,他们的成绩包括语文、英语、数学、Python、Java 五门课程的得分,分值在 90～150 之间,具体如下所示:

	语文	英语	数学	Python	Java
张三	101	135	116	120	102
李四	138	103	128	98	95
王五	134	137	145	100	96
刘六	139	126	98	116	116

(1)请将 ddd2 与 ddd 的数据相加,求期中、期末成绩的平均值。

(2)假设张三期中数学考试被发现作弊,要记为 0 分,该如何实现?

(3)李四因为举报张三作弊立功,期中考试所有科目加 100 分,如何实现?

(4)后来老师发现期中考试有一道题出错了,为了安抚学生情绪,给每位学生的每门课程都加 10 分,如何实现?

第5章 Matplotlib绘图与可视化

数据可视化(data visualization)是关于数据视觉表现形式的科学技术研究,旨在通过图形化手段清晰、有效地表达数据。数据可视化在数据分析中非常重要,其重要性主要表现在两个方面:一方面,报告以图形的方式展示,可以帮助决策人员理解数据内容;另一方面,数据可视化可以帮助分析人员探索数据。使用图形对数据的计算结果进行可视化,将复杂的数据简单化,容易挖掘出蕴含在数据中的信息。

在 Python 科学计算环境中,有很多高质量的可视化库。最受欢迎的通用可视化库是 Matplotlib,它主要用于绘制高质量的 2D(二维)和 3D(三维)图形,并支持很多不同的输出格式。本章重点介绍如何在 Python 中使用 Matplotlib 库进行科学计算的可视化。

5.1 Matplotlib 简介

Matplotlib 是 Python 科学计算中使用最广泛的数据可视化库,其功能丰富,提供了非常多的可视化方案,基本能够满足各种场景下的数据可视化需求。Matplotlib 最早由约翰·亨特(John Hunter)于 2002 年启动开发,其目的是构建一个 MATLAB 式的绘图函数接口。Matplotlib 利用了 Python 内置的数值计算模块 Numeric 及 Numarray,克隆了许多 MATLAB 中的函数,帮助用户轻松地获得高质量的二维图形。

利用 Matplotlib 可以绘制多种形式的图形,包括线图、散点图、条形图、直方图、饼图等,同时可以比较方便地设置图形的各种属性,如线型、颜色、粗细、字体、字号等。

5.1.1 Matplotlib 架构

Matplotlib 架构从逻辑上分为三层,位于三个不同的层级上。上层可以向下层传递信息,但下层不可以向上层传递信息。Matplotlib 架构如图 5-1 所示,从上至下依次是 Scripting(脚本)层、Artist(表现)层、Backend(后端)层。

它们之间的访问关系是:Scripting 层可以访问 Artist 层,Artist 层可以访问 Backend 层。

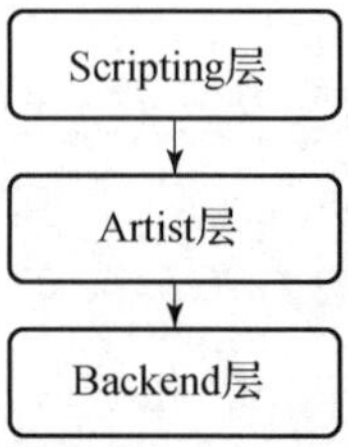

图 5-1 Matplotlib 架构

(1)Backend 层:Backend 层是底层,即 Matplotlib API 层。抽象基类定义在 matplotlib.backend_bases 中,其中包含键盘、鼠标的 Event 类,用于绘制线段、图形的 RenderBase 类,负责将 Figure 对象及其输出分离的 FigureCanvasBase 类等,其所有派生类都定义在如

matplotlib. backends. backend_qt4agg 的专用模块中，这样的设计保证了代码的解耦和设计的统一。FigureCanves 类用来表示图形的绘制区域，Renderer 类用来在 FigureCanvas 类上绘制内容的对象，Event 类用来处理用户输入（从键盘、鼠标输入）的对象。

（2）Artist 层：Artist 层是 Matplotlib 的中间层，负责大部分繁重的计算任务。如果说 Backend 层做的事情是确立一个 Canvas、Renderer、Event 的架构，那么 Artist 层所做的事情就是告诉程序，在 Renderer 上画什么到 Canvas 上。图形中所有能看到的元素都属于 Artist 对象，即标题、轴标签、刻度等组成图形的所有元素都是 Artist 对象的实例。Artist 类的基类是 matplotlib. artist. Artist，其中包含所有 Artist 类的共享属性。

Artist 层分为两层，一层是原始表现层（Primitive Artist 层），一层是复合表现层（Composite Artist 层）。

- Primitive Artist 层：包含基本图形的独立元素，例如绘制 Line2D、矩形、圆形等几何图形，以及文本标签等图形。
- Composite Artist 层：包含多个组成图表的图表元素，例如横坐标、纵坐标、图形等。

Artist 层拥有许多可视化元素，标题、坐标轴、坐标轴标签、标记、刻度等都是 Artist 对象的实例。Figure 对象在 Artist 层的最上面，对应整个图形表示，通常可包含多条轴（Axes）。Axes 对象通常表示图形或图表是对什么内容进行作图的。每个 Axes 对象只属于一个 Figure 对象，由两个 Artist Axis 对象组成，标题、x 轴标签和 y 轴标签等对象都属于 Axes 这个 Composite Artist 类型的对象。Axis 对象负责展示在 Axes 对象上的数值，定义数值范围、管理刻度（轴上的标记）和刻度值标签（代表每个刻度大小的文本标签）。刻度的位置用 Locator 对象调整，刻度标签的格式用 Formatter 对象调整。

（3）Scripting 层：Scripting 层主要用于可视化编程，该层包含一个 pyplot 接口，pyplot 提供了与 Matplotlib 的接口。mpl. pyplot 是这一层的入口，可以通过调用 pyplot 模块的方法操作整个程序包，实现图形绘制，这是一个比 Artist 层更轻便的接口。

Scripting 层（matplotlib. pyplot）相对而言更加易用、轻量，语法也更加简单。虽然 Artist 层是专业开发人员的首选工具，但是最好两者都掌握。

5.1.2 Matplotlib 的安装和导入

Matplotlib 不是 Python 内置库，调用前需手动安装，且需依赖 NumPy 库。Windows 系统用户可以通过网址 https://github. com/matplotlib/matplotlib/downloads 下载安装 Matplotlib，并且安装之前需先确保 NumPy 已经存在。用户也可通过安装命令安装 Matplotlib，其命令安装方法与 Python 中其他第三方库的安装方法无异，安装命令如下：

```
pip install matplotlib
```

或者

```
conda install matplotlib
```

调用 Matplotlib 库绘图时主要使用 pyplot 模块，其中集成了绝大部分常用方法的接口。因此进行导入操作时通常不会直接将整个 Matplotlib 包导入，而是导入 Matplotlib 包中的 pyplot 模块并将其命名为 plt，导入代码如下：

```
import matplotlib.pyplot as plt
```

5.1.3 Matplotlib 显示问题

Matplotlib 绘图库中没有中文字体，中文会显示为方框，需要通过手动设置后才能正常显示中文。Matplotlib 提供了自定义参数 rcParams(runtime configuration parameters，运行时配置参数)实现手动配置。rcParams 参数是字典格式，当前共有 299 个键值对，每个键值对分别对应一组参数配置选项，用于控制图像的基础属性，如图像大小，线条宽度、颜色、样式，坐标轴、坐标和网格属性、文本、字体等。

可以通过将默认字体设置为“黑体”或其他中文字体解决中文显示问题，代码如下：

```
plt.rcParams['font.sans-serif'] = ['SimHei']
```

另外，坐标轴中如果出现了负号“－”，保存图像时负号会出现不能正常显示的问题，可以通过设置如下代码解决：

```
plt.rcParams['axes.unicode_minus'] = False
```

5.2 绘图基础

在使用 Matplotlib 绘图之前，有必要理解 Matplotlib 图形的结构组成。Matplotlib 图形的三层结构包括容器层、辅助显示层和图形层。

容器层包含画板(canvas)、画布(figure)、绘图区/坐标系(axes)；辅助显示层包含图例(legend)、网格(grid)、坐标轴(axis)、坐标轴刻度(tick)、坐标轴标题(axis label)、图像标题(title)等；图形层即由数据生成的图形，包括直方图(histogram)、柱状图(bar)、线图(plot)、散点图(scatter)、饼图(pie)等。

Matplotlib 图形的三层结构是按层堆叠的，使用 Matplotlib 绘图时，按照这个层次结构顺序绘制完成。绘图的基本流程为：准备数据、创建画布和坐标系(实例化 fig 和 ax)、设置图像属性、绘制图像(plot)、保存图像(savefig)、显示图像(show)。

5.2.1 创建画布和子图

上文提到容器层主要由 canvas、figure、axes 组成，如图 5-2 所示，创建图形前需要进一步理解容器层的每一层。

canvas 是位于底层的系统层，在绘图过程中充当画板的角色，即放置画布的工具。一般状况下，并不需要对 canvas 做特别声明。但是，当需要在其余模块(如 PyQt)中调用 Matplotlib 绘图时，需要首先声明 canvas。

figure(fig)是 canvas 上方的第一层，是需要用户操作的第一层，在绘图过程中充当画布的角色。绘图的第一步就是创建画布，并对画布的大小、背景颜色等进行设置。

axes(ax)是应用层的第二层，在绘图过程中充当画布上的子图(坐标系、绘图区)的角色。一个 figure 对象能够包含多个 axes 对象，每一个 axes 都是一个独立的坐标系，绘图过程中的全部图像都是基于坐标系绘制的。

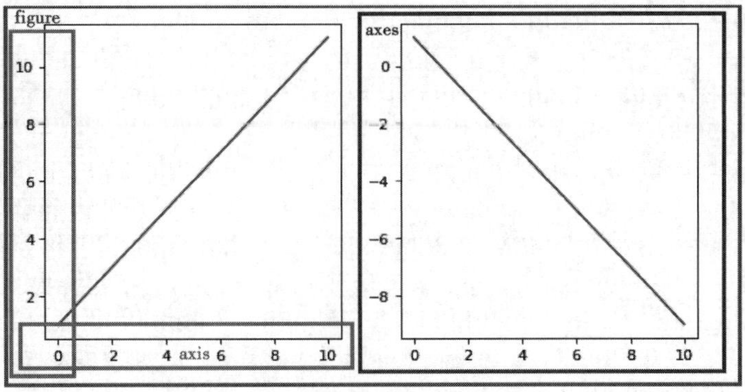

图 5-2　容器层的组成示意图

另外，后面提到的 axis 很容易和 axes 混淆，实际上 axis 位于每个 axes 上，可以通过 axes 设置显示图形所在坐标轴的大小、刻度、刻度标签等属性。

使用 Matplotlib 绘图时首先要创建 figure 和 axes 对象，即创建画布和子图（坐标系），下面分别进行介绍。

1. 创建画布

使用 figure()方法对画布进行实例化，创建一个 figure（图形）对象，或者激活一个已经存在的 figure 对象。figure()方法的语法格式如下：

```
figure(num = None, figsize = None, dpi = None, facecolor = None, edgecolor = None, frameon = None, **kwargs)
```

部分参数说明：

- num：整型或字符串型，定义图形对象的唯一标号。
- figsize：浮点型二元组，定义画布的长和宽，单位为 inch（英寸），默认值为（6.4，4.8）。
- dpi：浮点型，定义图像分辨率，默认值为 100.0。
- facecolor：定义背景颜色，默认值为 white。
- edgecolor：定义边框颜色，默认值为 white。
- frameon：定义是否显示图形框架，默认值为 True。

2. 创建子图

子图常被称为坐标系，可以使用 subplot()方法对坐标系进行实例化，创建一个 axes 对象或激活一个已经存在的 axes 对象用于绘图操作。subplot()方法的语法格式如下：

```
subplot(*args, **kwargs)
```

部分参数说明：

- *args：为 3 个数字，也可以为一个 3 位数（自动解析成 3 个数字，要求解析后的数值合理），格式为（int，int，index），默认值为（1，1，1），分别代表（nrows，ncols，index），即子图的行数、列数和当前子图索引号，索引号从 1 开始。

例 5-1　利用 Matplotlib 按照绘图的基本流程绘制 $y=x+1$ 和 $y=1-x$ 的函数图形。

```
import numpy as np
import matplotlib.pyplot as plt
#准备数据
```

```
x = np.linspace(0, 10)
#创建画布和子图
plt.figure(figsize = (8, 4), dpi = 80)
ax1 = plt.subplot(121)
ax2 = plt.subplot(122)
#绘制图形
ax1.plot(x, x + 1)
ax2.plot(x, - x + 1)
#显示图形
plt.show()
```

使用 Matplotlib 绘制的简单图形如图 5-3 所示。

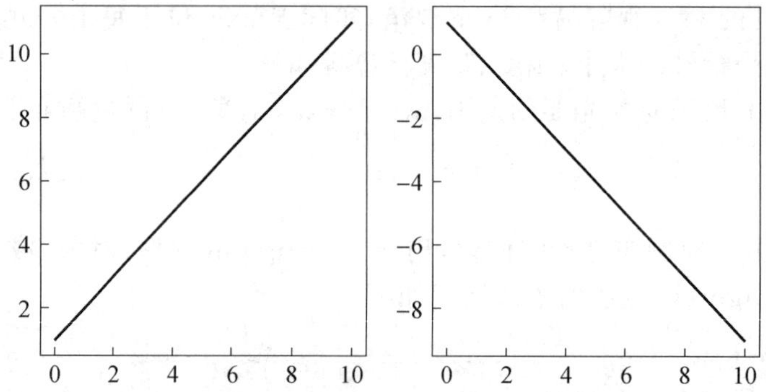

图 5-3　使用 Matplotlib 绘制的简单图形

创建子图的常用方法还有以下几种。

• plt.axes():参数为 None 或浮点型 4 元组。参数为 None 时,表示使用 subplot(111, ** kwargs)创建子图;参数为浮点型 4 元组时,rect = [left, bottom, width, height]表示使用 add_axes()方法在标准化(0,1)单位中创建尺寸为 rect 的子图。返回该 axes 对象,并将其设置为“当前”图,缺省时会在绘图前自动添加。

• plt.subplots():接收一个行数 nrows 和列数 ncols 作为参数(不含第三个参数),创建一个 figure 对象和相应数量的 axes 对象,同时返回该 figure 对象和 axes 对象的嵌套列表,并默认选择最后一个子图作为“当前”图。

• fig.add_axes():参数为浮点型 4 元组,rect=[left, bottom, width, height],4 个参数分别指定子图的左边界、下边界、宽度和高度。

• fig.add_subplot():参数为 3 个数字或一个 3 位数,创建并选中子图,可以指定子图的行数、列数与“当前”图的编号。

3. 调整子图间的距离

默认情况下,Matplotlib 会在子图外围留下一定的边距,并在子图之间留下一定的间距,间距与图形的高度和宽度有关。当对间距有特殊要求时,就需要利用 figure 对象的 subplots_adjust()方法修改间距,其语法格式如下:

```
subplots_adjust(left = None, bottom = None, right = None, top = None, wspace = None, hspace =
              None)
```

部分参数说明：

- left：浮点型，可选，子图左边缘的位置，作为图形宽度的一部分。
- bottom：浮点型，可选，子图下边缘的位置，作为图形高度的一部分。
- right：浮点型，可选，子图右边缘的位置，作为图形宽度的一部分。
- top：浮点型，可选，子图上边缘的位置，作为图形高度的一部分。
- wspace：浮点型，可选，子图之间的填充宽度，作为平均轴宽度的一部分。
- hspace：浮点型，可选，子图之间的填充高度，作为平均轴高度的一部分。

在例 5-1 中加入代码 plt. subplots_adjust(wspace＝0，hspace＝0)，生成的图形如图 5-4 所示。

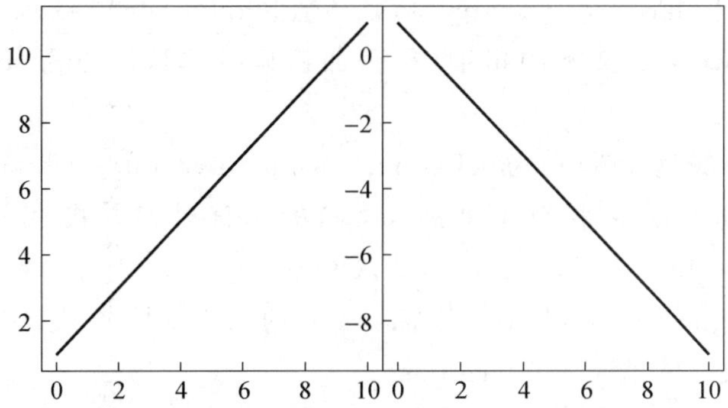

图 5-4　修改子图间距后生成的图形

5.2.2　添加画布内容

在画布上绘制图形，除了要设置画布和子图的默认属性，用户还需要设置图形的其他属性，如标题、坐标轴名称、图例等。其中，添加标题、坐标轴名称等步骤没有先后顺序，但必须要在绘制图形之后添加图例。

使用 Matplotlib 绘图通常有两种不同的方式：函数式绘图和面向对象绘图，即使用过程型的 pyplot 编程接口绘图和使用面向对象的原生 Matplotlib API 绘图。

函数式绘图方法(plt. plot)代码较简短，但容易迷失操作对象，造成混乱。面向对象绘图方法(ax. plot)结构清晰、功能齐全、容易理解，推荐使用，但相对于函数式绘图方法，可能需要书写更多的代码。面向对象绘图方法有利于用户对图形绘制的全面控制，处理复杂图形更有优势。

1. 添加图形标题和注释文本

1)函数式绘图方法

函数式绘图方法封装了底层绘图函数提供的绘图环境，当使用 plt. xx 绘制图形时，默认的 figure 及 axes 等对象会被自动创建，以支持图形的绘制。此方法屏蔽了一些底层通用绘图对象的创建细节，代码较简短。

(1)利用 pyplot 的 title()函数可设置子图的标题，语法格式如下：

```
title(label, fontdict = None, loc = None, pad = None, * , y = None, ** kwargs)
```

部分参数说明：

- label：设置标题文本，字符串型。
- fontdict：控制文本的字体属性，字典类型，包括如下键值对。

 {'fontsize'：rcParams['axes.titlesize'],
 'fontweight'：rcParams['axes.titleweight'],
 'color'：rcParams['axes.titlecolor'],
 'verticalalignment'：'baseline',
 'horizontalalignment'：loc}

➢ fontsize/size：文本的字号，取值范围为浮点数或{"xx-small", "x-small", "small", "medium", "large", "x-large", "xx-large"}，默认值为 rcParams["axes.titlesize"]("large")。

➢ fontweight/weight：文本的粗细（是否加粗显示），默认值为 rcParams["axes.titleweight"]("normal")。

➢ color：文本的颜色，默认值为 rcParams["axes.titlecolor"]("black")。

➢ verticalalignment/va：相对于坐标(x, y)的垂直对齐方式，字符串型，取值范围为{"top", "center", "bottom", "baseline"}，默认值为"top"。

➢ horizontalalignment/ha：相对于坐标(x, y)的水平对齐方式，字符串型，取值范围为{"center", "left", right"}，默认值为"center"。

- loc：标题位置，取值范围为{"center", "left", "right"}，默认值为"center"。
- pad：标题与子图的填充距离（内边距），浮点型，默认值为 rcParams["axes.titlepad"](6.0)。
- y：浮点型，标题在子图中的垂直距离，单位为子图高度的百分比，值为 1.0 时表示在子图最顶部，默认值为 rcParams["axes.titley"](None)。

(2)利用 pyplot 的 suptitle()函数可以为整个图形添加居中显示的标题，语法格式如下：

```
suptitle(t, **kwargs)
```

部分参数说明：

- t：字符串型，标题文本。
- **kwargs：可选参数，用于控制文本外观的字典参数，常用的字典参数如下。

➢ x：浮点型，标题在图像水平方向的相对位置，默认值为 0.5。

➢ y：浮点型，标题在图像垂直方向的相对位置，默认值为 0.98。

➢ fontdict：字典类型，控制文本的字体属性，取值同 title()函数中的 fontdict 参数。

(3)利用 pyplot 的 text()函数可在图形中添加注释文本，语法格式如下：

```
text(x, y, s, fontdict = None, **kwargs)
```

部分参数说明：

- x：浮点型，注释文本内容所在位置的横坐标。
- y：浮点型，注释文本内容所在位置的纵坐标。
- s：字符串型，注释文本内容。
- fontdict：字典类型，控制文本的字体属性，取值同 title()函数中的 fontdict 参数。

2)面向对象绘图方法

面向对象绘图方法主要使用 Matplotlib 的两个子类：matplotlib. figure. Figure 和 matplotlib. axes. Axes。用户需要自己创建 figure(画板)和 axes(子图)对象。figure 对象是 matplotlib. figure. Figure 类的一个实例，每个 axes 对象都是 matplotlib. axes. Axes 类的一个实例，分别可以继承父类的所有方法，即绘图时设置的元素(标题、坐标轴标签等)都可以在其属性中设置。

(1)利用 ax. set_title()方法设置子图的标题，语法格式如下：

```
set_title(label, fontdict = None, loc = None, pad = None, *, y = None, **kwargs)
```

参数与 title()函数中的参数基本相同。

(2)利用 ax. annotate()方法在图形上添加文本注释，语法格式如下：

```
annotate (text, x , y, *args, **kwargs)
```

部分参数说明：

- text:字符串型，注释文本内容。
- x,y:放置文本注释的坐标位置(x,y)。

例 5-2 利用函数式绘图方法和面向对象绘图方法为 $y=x+1$ 和 $y=1-x$ 的函数图形添加标题和注释文本。

```
#函数式绘图
import numpy as np
import matplotlib.pyplot as plt
#准备数据
x = np.linspace(0, 10)
#创建画布和子图,设置属性
plt.figure(figsize = (8, 4), dpi = 80)
plt.suptitle('This is a Matplotlib plot picture')
ax1 = plt.subplot(121)
plt.title('fig.1')
plt.text(2, 6, "y = x + 1")
ax2 = plt.subplot(122)
plt.title('fig.2')
plt.text(2, -4, "y = 1 - x")
#绘制图形
ax1.plot(x, x + 1)
ax2.plot(x, -x +1 )
#显示图形
plt.show()

#面向对象绘图
import numpy as np
import matplotlib.pyplot as plt
#准备数据
```

```
x = np.linspace(0, 10)
#创建画布和子图
plt.figure(figsize = (8, 4), dpi = 80)
plt.suptitle('This is a Matplotlib plot picture')
ax1 = plt.subplot(121)
ax2 = plt.subplot(122)
#设置属性
ax1.set_title('fig.1')
ax2.set_title('fig.2')
ax1.annotate('y=x+1', (2, 6))
ax2.annotate('y=1-x', (2, -4))
#绘制图形
ax1.plot(x, x + 1)
ax2.plot(x, -x + 1)
#显示图形
plt.show()
```

用两种方法绘制的添加标题和注释文本后的图形均如图 5-5 所示。

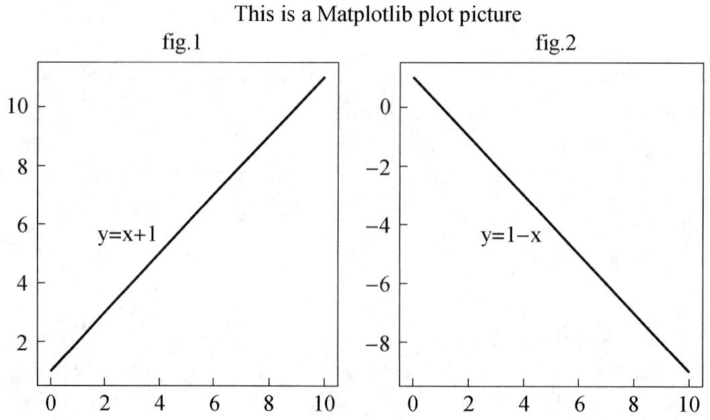

图 5-5　添加标题和注释文本后的图形

这个简单的例子可以帮助读者了解两种绘图方法的异同，面向对象绘图方法的过程更加清晰明了。另外，函数式绘图方法要保存当前图形和作图区域的状态，新的作图函数会作用在当前图形状态的基础上，代码的位置非常重要，处理复杂的绘图时较麻烦。官方推荐使用面向对象绘图方法，接下来将重点介绍面向对象绘图方法，函数式绘图方法的具体用法可在官方网站(https://matplotlib.org/stable/api/pyplot_summary.html)自行学习。

2. 添加网格线和边框

网格线多用于辅助查看具体数值的大小，在横坐标和纵坐标中都可以设置相应的网格线，视具体情况而定。利用 ax.grid()方法为图形设置网格线，语法格式如下：

```
grid(visible = None, which = 'major', axis = 'both', **kwargs)
```

部分参数说明：

- visible：设置是否显示网格线，取值为布尔值或 None。
- which：设置显示的网格线，取值为{'major', 'minor', 'both'}
- axis：设置显示的网格轴，取值为{'both', 'x', 'y'}，默认值为 both。
- ** kwargs：设置其他的网格线属性，具体如下。
  - ➢ linestyle：网格线线型。
  - ➢ color：网格线颜色。
  - ➢ linewidth：网格线宽度。

在例 5-2 代码中加入代码 ax1.grid(visible = True, linestyle = "--",color = "gray", linewidth = "0.5")，可生成如图 5-6 所示的图形。

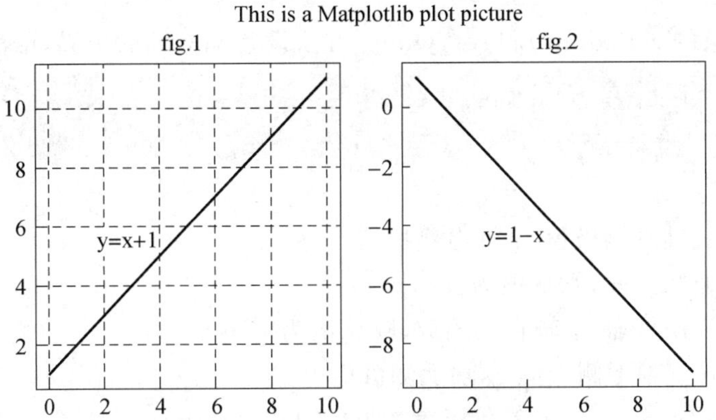

图 5-6　添加网格线后的图形

图形中会默认显示上、下、左、右 4 条边框，可根据需要利用 ax.spines 设置边框属性。在例 5-2 中继续加入如下代码：

```
ax1.spines['top'].set_visible(False)        # 去除顶部边框
ax1.spines['left'].set_color('r')           # 设置左边框为红色
```

生成如图 5-7 所示的图形。

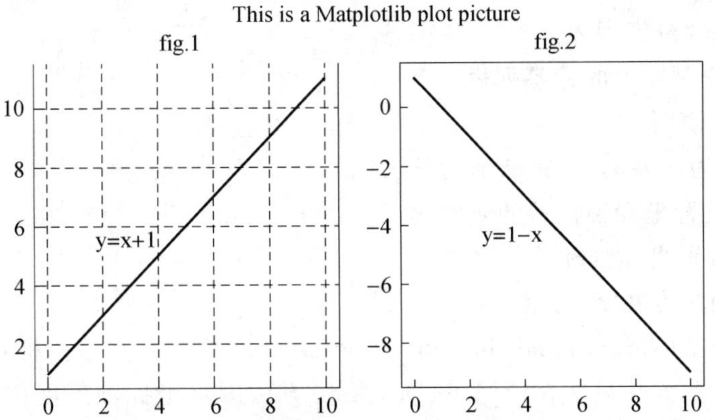

图 5-7　修改边框后的图形

3. 设置坐标轴属性

坐标轴属性包括坐标轴名称、坐标轴边界、坐标轴刻度和标签等。

1)设置坐标轴名称

分别利用 axes 对象的 set_xlabel()和 set_ylabel()方法设置 x 轴和 y 轴名称，语法格式如下：

```
set_xlabel(xlabel, fontdict = None, labelpad = None, *, loc = None, **kwargs)
set_ylabel(ylabel, fontdict = None, labelpad = None, *, loc = None, **kwargs)
```

部分参数说明：

- xlabel/ylable：字符串型，x 轴/y 轴标签。
- labelpad：浮点型，坐标轴与标签的距离，默认为 rcParams["axes.labelpad"] (4.0)。

2)设置坐标轴边界

利用 axes 对象的 set_xlim()和 set_ylim()方法设置坐标轴的边界，语法格式如下：

```
set_xlim(left = None, right = None, emit = True, auto = False, *, xmin = None, xmax = None)
set_ylim(bottom = None, top = None, emit = True, auto = False, *, ymin = None, ymax = None)
```

部分参数说明：

- left/right：x 轴左侧极值/x 轴右侧极值。
- emit：是否通知修改，默认值为 True。
- auto：是否启用 x 轴/y 轴自动缩放，默认值为 False。
- bottom/top：y 轴下侧极值/y 轴上侧极值。
- xmin/xmax/ymin/ymax：等价于参数 left/right/bottom/top。

3)设置坐标轴刻度和标签

分别利用 axes 对象的 set_xticks()和 set_yticks()方法设置坐标轴的刻度和标签，语法格式如下：

```
set_xticks(ticks, labels = None, *, minor = False, **kwargs)
set_yticks(ticks, labels = None, *, minor = False, **kwargs)
```

部分参数说明：

- ticks：坐标轴刻度列表。
- labels：对应刻度上的标签列表。

其他常用参数说明：

- auto：设置为次要刻度，默认值为 False。
- rotation：设置坐标轴标签的倾斜角度。
- fontsize：设置坐标轴标签的字号。

4)设置坐标轴刻度文字

利用 axes 对象的 set_xticklabels()和 set_yticklabels()方法设置坐标轴刻度标签，主要用于生成文字刻度。此方法只能在使用 set_xticks()方法固定坐标轴刻度位置后使用，否则，刻度标签可能会出现在其他位置。语法格式如下：

```
set_xticklabels(labels, *, fontdict = None, minor = False, **kwargs)
set_yticklabels(labels, *, fontdict = None, minor = False, **kwargs)
```

例 5-3　为例 5-2 的图形设置坐标轴相关属性。

```
import numpy as np
import matplotlib.pyplot as plt
plt.rcParams['font.sans-serif'] = ['SimHei']
plt.rcParams['axes.unicode_minus'] = False
#准备数据
x = np.linspace(0, 10)
#创建画布和子图
plt.figure(figsize = (8, 4), dpi = 80)
plt.suptitle('This is a Matplotlib plot picture')
ax1 = plt.subplot(121)
ax2 = plt.subplot(122)
#设置属性
ax1.set_title('fig.1')
ax1.annotate('y=x+1', (2, 6))
ax1.spines['top'].set_visible(False)
ax1.spines['right'].set_visible(False)
ax1.set_xlabel('x 轴',labelpad = 6,fontsize = 12)
ax1.set_xlim(-0.5, 11)
ax1.set_xticks([0,5, 10])
ax1.set_xticklabels(['zero', 'five', 'ten'], rotation = 30)
ax1.set_ylabel('y 轴', labelpad = 6, fontsize = 14)
ax2.set_title('fig.2')
ax2.annotate('y=1-x', (2, -4))
#绘制图形
ax1.plot(x, x + 1)
ax2.plot(x, -x + 1)
#显示图形
plt.show()
```

绘制的图形如图 5-8 所示。

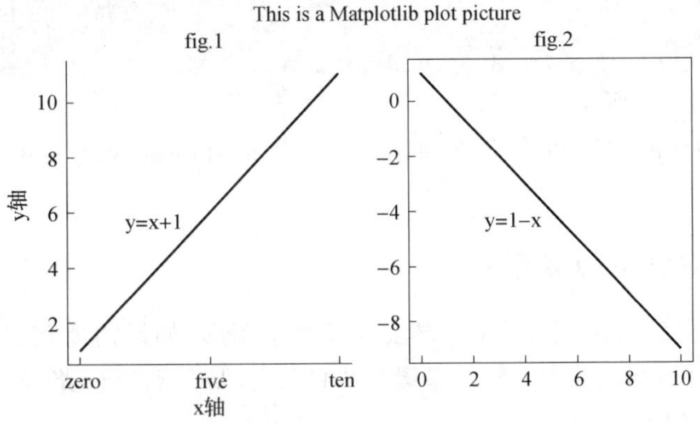

图 5-8　设置坐标轴属性后的图形

4. 添加图例

图例是对图形所展示内容的解释，是对图形中各种符号和颜色所代表的内容与指标的说明。利用 axes 对象的 legend(* args，* * kwargs)方法在图形上添加图例，常用的方法有以下 3 种。

①自动检测图形中显示的图例和标签：legend()。

②明确列出图形中显示的图例和标签：legend(handles，labels)。

③明确列出图形中显示的图例：legend(handles＝handles)。

还可通过 loc 参数设置图例的位置，取值为(0：'best'，1：'upper right'，2：'upper left'，3：'lower left'，4：'lower right'，5：'right'，6：'center left'，7：'center right'，8：'lower center'，9：'upper center'，10：'center')。

例 5-4　为例 5-3 中绘制的图形添加图例。

```
import numpy as np
import matplotlib.pyplot as plt
#准备数据
x = np.linspace(0, 10)
y1 = x+1
y2 = -x+1
#绘制图像
plt.figure(figsize = (8, 4), dpi = 80)
ax1 = plt.subplot(121)
ax1.plot(x, y1, label = 'up')
ax1.plot(x, y2, linestyle = '--',label = 'down')
#自动检测添加图例
ax1.legend()
#绘制图像
ax2 = plt.subplot(122)
l1, = ax2.plot(x, y1)
l2, = ax2.plot(x, y2, linestyle = '--')
#明确列出添加图例标签
ax2.legend([l1, l2], ['up', 'down'], loc = 5)
#显示图形
plt.show()
```

绘制的图形如图 5-9 所示。

更多添加画布内容的方法可在官方网站(https://matplotlib.org/stable/api/axes_api.html)查询。

5.2.3　图形的显示与保存

前面的示例已经表明，调用 show()方法可以显示图形，如果需要将绘制的图形保存下来，则需要在 plt.show()语句前添加代码，将缓存中的图形保存到目标路径。保存图形的方法是 savefig()，其语法格式如下：

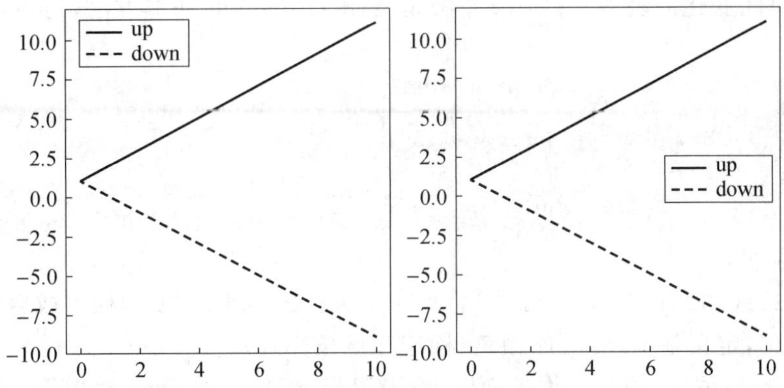

图 5-9 添加图例后的图形

```
savefig(fname, dpi = None, facecolor = 'w', edgecolor = 'w', orientation = 'portrait', paper-
type = None, format = None, ransparent = False, bbox_inches = None, pad_inches = 0.1, frameon =
None, metadata = None)
```

部分参数说明：

- fname：一个包含文件名和路径的字符串，或者是一个类似于 Python 文件的对象，输出格式将根据文件的扩展名推导出来。
- dpi：指定图像的分辨率，默认为 100。
- facecolor，edgecolor：子图外的图形背景颜色，默认值均为'w'。
- format：文件扩展名，如. png、. pdf、. svg、. ps 等。
- bbox_inches：要保存图形的范围。若设置为"tight"，则去除图形周围的空白。

在例 5-4 中代码的 plt. show()语句前插入如下代码，可以将当前生成的图形保存在 D 盘根目录下的 matplotlib. jpg 文件中。

```
plt.savefig('D:\matplotlib.jpg')
```

有关 Matplotlib 绘图的更多方法可在官方网站（https://matplotlib. org/stable/api/）查询。

5.3 pyplot 绘图方法

pyplot 是 Matplotlib 中一个重要的绘图模块，其中包含大部分的绘图 API。利用 pyplot 绘图模块能够方便地绘制丰富的图形。pyplot 包含一系列绘图方法，每个方法会对当前的图形进行一些修改。

利用 pyplot 库中的方法不但能绘制线图、散点图、柱状图、直方图、饼图等丰富的 2D 图形，还能绘制 3D 图形。

5.3.1 线图

在基础绘图中，最常见的是绘制线条，通过曲线或直线将各数据连接起来组成图形，常用来观察数据随时间变化的趋势。plot()方法是绘制 2D 图形的基本方法，可以绘制点和线，语法格式如下：

```
# 画一条线
plot([x], y, [fmt], *, data = None, **kwargs)
# 画多条线
plot([x], y, [fmt], [x2], y2, [fmt2], …, **kwargs)
```

部分参数说明：

- x,y：点或线的节点，x 为 x 轴数据，y 为 y 轴数据，数据可以是列表或数组。
- fmt：可选，定义基本格式(如颜色、标记和线条样式)。
- **kwargs：可选，用在二维平面图上，设置指定属性，如标签、线型等，具体如下。

➢ color：线条颜色，“b”表示蓝色，“m”表示洋红色，“g”表示绿色，“y”表示黄色，“r”表示红色，“k”表示黑色，“w”表示白色，“c”表示青绿色，“#008000”是 RGB 颜色数符串。当绘制多条曲线但不指定颜色时，会自动给曲线选择不同颜色。

➢ linestyle：点线状态，“-”表示实线，“--”表示虚线，“-.”表示点划线，“:”表示由点构成的虚线。

➢ marker：标记字符，“.”表示实心点标记，“,”表示像素标记(极小点)，“o”表示圆形标记，“v”表示倒三角标记，“^”表示上三角标记，“>”表示右三角标记，“<”表示左三角标记，“*”表示空心五角星标记，“s”表示实心正方形标记，“p”表示空心五边形标记，“h”表示空心六边形标记，“x”表示叉号标记，“d”表示空心菱形标记等。

➢ markerfacecolor：标记字符颜色，用法同参数 color。

➢ markersize：标记字符大小。

例 5-5 某地区 2000—2020 年年降水量数据如表 5-1 所示，绘制该地区 21 年间年降水量的折线图。

表 5-1 某地区 2000—2020 年年降水量数据

序号	年份	年降水量/mm
1	2000	156.4
2	2001	156
3	2002	190.2
4	2003	171
5	2004	188.1
6	2005	188.1
7	2006	149
8	2007	165.6
9	2008	108.6

续表

序号	年份	年降水量/mm
10	2009	159.5
11	2010	217.6
12	2011	167.1
13	2012	172.3
14	2013	176.8
15	2014	146.4
16	2015	195.3
17	2016	219.6
18	2017	163.3
19	2018	168.5
20	2019	145.7
21	2020	199.6

```
import matplotlib.pyplot as plt
plt.rcParams['font.sans-serif'] = ['SimHei']
plt.rcParams['axes.unicode_minus'] = False
#准备数据
year = range(2000, 2021)
precipitation = [156.4, 156, 190.2, 171, 188.1, 188.1, 149,165.6,
                 108.6, 159.5, 217.6, 167.1, 172.3, 176.8, 146.4,
                 195.3, 219.6, 163.3, 168.5, 145.7, 199.6]
#创建画布和子图
plt.figure(figsize = (8, 4), dpi = 80)
ax = plt.subplot(111)
#设置属性
ax.set_title('某地区年降水量')
ax.spines['top'].set_visible(False)
ax.spines['right'].set_visible(False)
ax.set_xlabel('年份', labelpad = 6)
ax.set_xticks(range(2000, 2021, 2))
ax.set_ylabel('年降水量/mm')
# 绘制折线图
ax.plot(year, precipitation, linestyle = '-.', marker = 'o')
# 显示图形
plt.show()
```

绘制的某地区 21 年间年降水量的折线图如图 5-10 所示。

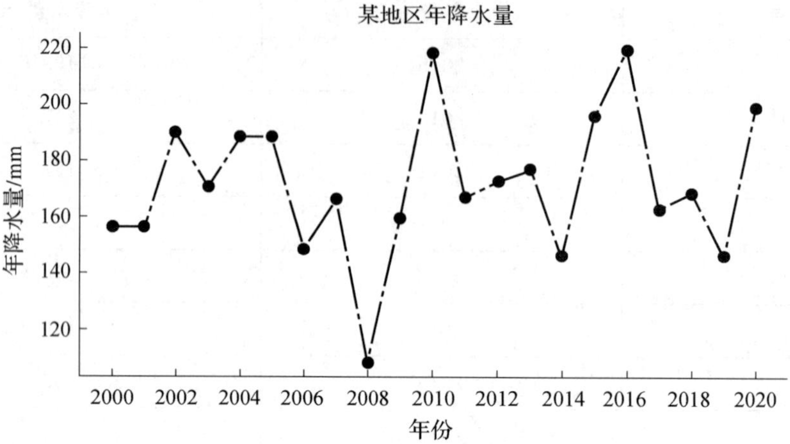

图 5-10　某地区 21 年间年降水量的折线图

一般情况下，Matplotlib 会自动选择合适的坐标轴数值范围来绘制图形，但有些情况下也需要进行相关调整。

例 5-6　当 x 和 y 为二次函数关系时，绘制其曲线图形。

```
import matplotlib.pyplot as plt
import numpy as np
x = np.linspace(-10, 10, 100)
y = x ** 2
plt.plot(x, y)
plt.show()
```

生成的二次函数曲线图形如图 5-11 所示。

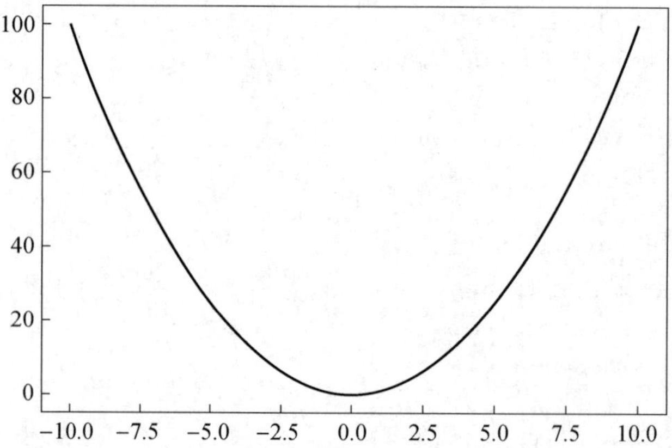

图 5-11　二次函数曲线图形

5.3.2　散点图

散点图中的点都是独立分布的点状、圆圈或其他形状，是数据在直角坐标系上的分布,因此可以得到数据的分布情况。散点图表示因变量随自变量变化的大致趋势,可以选择合适的方法对数据进行拟合。使用 pyplot 库中的 scatter()方法绘制散点图,语法格式如下:

```
scatter(x, y, s = None, c = None, marker = None, cmap = None, norm = None, vmin = None, vmax = None, alpha = None, linewidths = None, *, edgecolors = None, plotnonfinite = False, data = None, **kwargs)
```

部分参数说明:

- x,y:长度相同的数组,是用来绘制散点图的数据。
- s:点的大小,默认值为 20,也可以是一个数组,数组的每个参数为对应点的大小。
- c:点的颜色,默认值为蓝色'b',也可以是一个 RGB 或 RGBA 二维行数组。
- marker:点的样式,默认为圆形标记'o'。
- cmap(colormap):默认值为 None,标量或者是一个 colormap 的名字,只有 c 是一个浮点数数组时才使用该参数,如果没有声明就使用 image.cmap。
- norm(normalize):默认值为 None,数据亮度在 0~1 之间,只有 c 是一个浮点型数组时才使用该参数。
- vmin,vmax:亮度设置,在 norm 参数存在时会忽略该参数。
- alpha:透明度设置,范围在 0~1 之间,默认值为 None,即不透明。
- linewidths:标记点的长度。
- edgecolors:颜色或颜色序列,默认值为'face',可选值为{'face','none',None}。
- plotnonfinite:布尔值,设置是否使用非限定的 c(inf、-inf 或 nan)绘制点。

plt.scatter()方法的使用和 plt.plot()方法的使用类似,主要区别在于 plt.scatter()方法可以针对每个点设置不同属性(大小、填充颜色、边缘颜色等),还可以通过数据集合对这些属性进行设置。

例 5-7 利用表 5-1 中的数据绘制某地区 21 年间年降水量的散点图。

```
import matplotlib.pyplot as plt
plt.rcParams['font.sans-serif'] = ['SimHei']
plt.rcParams['axes.unicode_minus'] = False
#准备数据
year = range(2000, 2021)
precipitation = [156.4, 156, 190.2, 171, 188.1, 188.1, 149,165.6,
                 108.6, 159.5, 217.6, 167.1, 172.3, 176.8, 146.4,
                 195.3, 219.6, 163.3, 168.5, 145.7, 199.6]
#创建画布和子图
plt.figure(figsize = (8, 4), dpi = 80)
ax = plt.subplot(111)
#设置属性
ax.set_title('某地区年降水量')
ax.spines['top'].set_visible(False)
```

```
ax.spines['right'].set_visible(False)
ax.set_xlabel('年份', labelpad = 6)
ax.set_xlim(1999, 2021)
ax.set_xticks(range(2000, 2021, 2))
ax.set_ylabel('年降水量/mm')
ax.set_ylim(90.0, 230.0)
# 绘制散点图
ax.scatter(year, precipitation, s = precipitation)
# 显示图形
plt.show()
```

绘制的某地区 21 年间年降水量的散点图如图 5-12 所示。

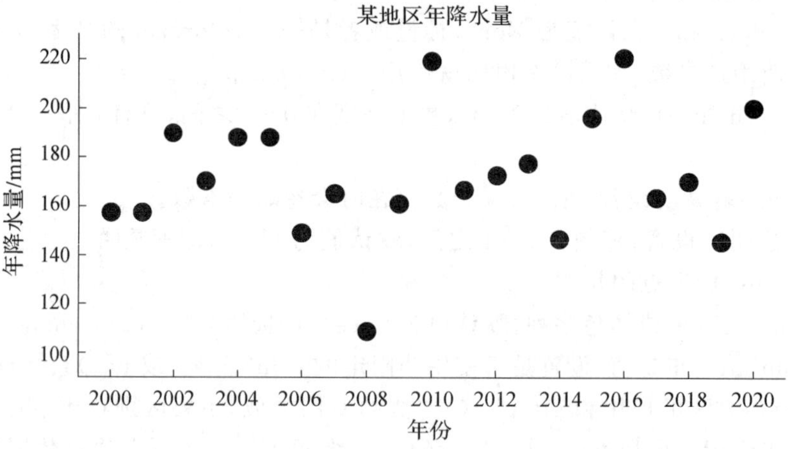

图 5-12　某地区 21 年间年降水量的散点图

在例 5-7 的程序中，将 scatter()方法中的参数“s=precipitation”删除，运行程序，观察图 5-12 中点的大小是否相同。这种利用点的大小描述更多数据信息的图叫作气泡图。本例中气泡大小与纵坐标值一致，描述的是同一数据。

plot()方法和 scatter()方法除了对每个散点属性有不同设置外，当数据集较大时，plot()方法的性能会明显比 scatter()方法的性能高。这是因为 scatter()方法支持对每个点设置不同的大小和颜色，因此需要更多的额外工作。一般在处理大数据集时，在不考虑性能的情况下可使用散点图，因为散点图中包含的数据越多，对比效果就越明显。

5.3.3　条形图

条形图是以条形的高度或长度为变量的统计图表，在条形图中可以直观地观察到某些变量之间的相对大小关系。通常，条形图适用于较小的数据集，如果数据集的维度太多，条形太密集，会失去可视化效果。条形图具有丰富的表现形式，常见的类型包括单组条形图（垂直/水平）、多组条形图、堆积条形图和对称条形图等。使用 pyplot 库中的 bar()方法可以绘制条形图，其语法格式如下：

```
bar(x, height, width = 0.8, bottom = None, *, align = 'center', color = None, data = None, **kwargs)
```

部分参数说明：

- x：一个数组或者列表，代表需要绘制的条形图的 x 轴的坐标值。
- height：一个数组或者列表，代表需要绘制的条形图的 y 轴的坐标值。
- width：每个条形的宽度，默认宽度是 0.8。
- bottom：y 轴的基线，默认值为 0，也就是与底部的距离为 0。
- align：对齐方式，默认值为 center，也就是条形相对指定的 x 坐标居中对齐，值为 edge 时表示条形相对指定的 x 坐标左对齐或右对齐，对齐方式相决于 width 值的正负号。
- color：条形的颜色。

该函数的返回值为 BarContainer，是一个存储条形图的容器，而条形图的实际类型是 matplotlib. patches. Rectangle 对象。

修改例 5-7 中绘制图形的语句为 ax. bar(year，precipitation)，则可生成条形图，如图 5-13 所示。

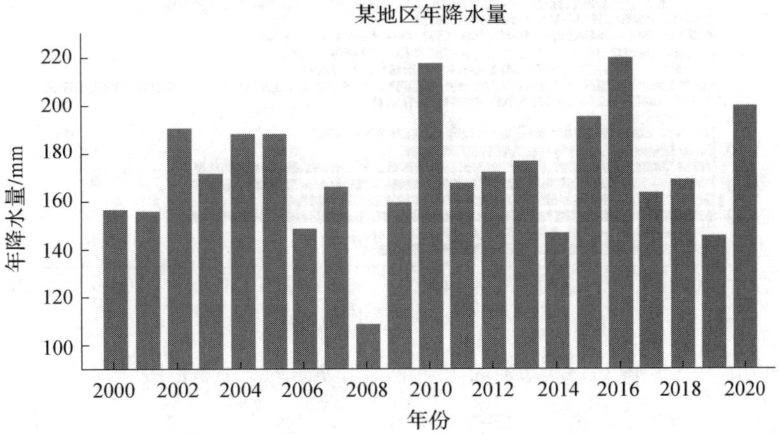

图 5-13 某地区 21 年间年降水量的条形图

利用 barh()方法可绘制水平条形图，与 bar()方法不同的是 x 轴和 y 轴调换了位置。利用 barh()方法绘制的某地区 21 年间年降水量的水平条形图如图 5-14 所示。

```
import matplotlib.pyplot as plt
plt.rcParams['font.sans-serif'] = ['SimHei']
plt.rcParams['axes.unicode_minus'] = False
#准备数据
year = range(2000, 2021)
precipitation = [156.4, 156, 190.2, 171, 188.1, 188.1, 149,165.6,
                 108.6, 159.5, 217.6, 167.1, 172.3, 176.8, 146.4,
                 195.3, 219.6, 163.3, 168.5, 145.7, 199.6]
#创建画布和子图
plt.figure(figsize = (8, 4), dpi = 80)
ax = plt.subplot(111)
#设置属性
ax.set_title('某地区年降水量')
```

```
ax.spines['top'].set_visible(False)
ax.spines['right'].set_visible(False)
ax.set_ylabel('年份', labelpad = 6)
ax.set_ylim(1999, 2021)
ax.set_yticks(range(2000, 2021, 2))
ax.set_xlabel('年降水量/mm')
ax.set_xlim(90.0, 230.0)
# 绘制水平条形图
ax.barh(year,precipitation)
# 显示图形
plt.show()
```

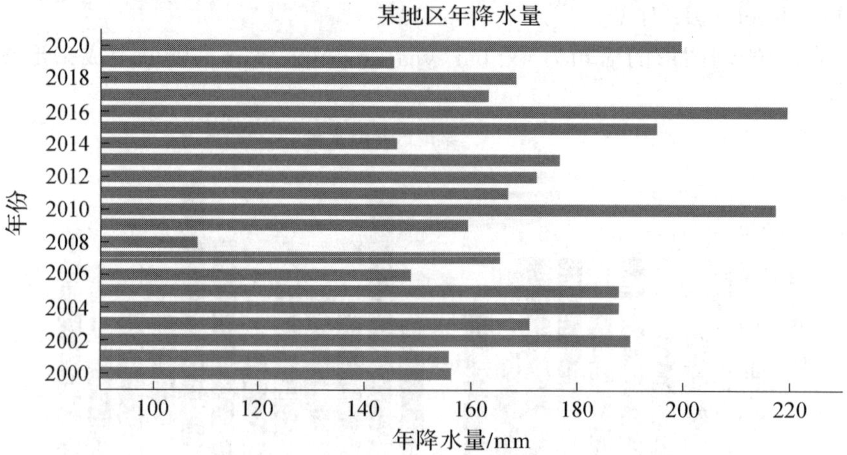

图 5-14　某地区 21 年间年降水量的水平条形图

5.3.4　直方图

直方图也称为质量分布图，是以长方形的长度为变量的统计报告图。直方图是数据在连续间隔或者特定时间段内分布情况的一种可视化表示。直方图的 x 轴表示数据类型，y 轴表示数据的分布情况，每个数据宽度可以任意变化。直方图用于展示一组数据在指定范围内的出现概率，也可以展示数据分布频率情况，关注数据众数、中位数的位置，以及数据存在的缺失值或者异常值。

Matplotlib 提供了 hist()方法来绘制直方图，hist()方法的作用是：获取一系列值作为输入，值的范围将被划分为大小相等的子范围（默认情况下数量为 10），然后生成条形图，一个范围对应一个条形，一个条形的高度是相应范围内值的数量，条形的数量由可选参数 bins 确定。hist()方法的语法格式如下：

```
hist(x, bins = None, range = None, density = False, weights = None, cumulative = False, bottom = None, histtype = 'bar', align = 'mid', orientation = 'vertical', rwidth = None, log = False, color = None, label = None, stacked = False, *, data = None, **kwargs)
```

部分参数说明：

• x：一个数组或者列表，输入数据集，最终的直方图将对数据集进行统计。

• bins：统计的区间分布，直方图中的条形数目，可选项，默认为 10。

• range：元组或 None，设置 x 轴刻度区间，没有给出参数 bins 时，range 才生效。

• density：布尔值，默认值为 False，显示的是频数统计结果，为 True 时显示频率统计结果。这里需要注意，频率统计结果＝区间数目÷(总数×区间宽度)。

• weights：每个数据点的权重。例如，如果某些数据点比其他数据点重要，则可以为每个数据点提供相应的权重，默认值为 None。

• cumulative：布尔值，默认值为 False。若为 True，则当 density 为 False 时直方图显示累计频数，当 density 为 True 时直方图显示累计频率。

• bottom：数组、标量值或 None；每个条形底部相对于 $y=0$ 的位置，即直方图上下偏移距离。如果该参数是标量值，则每个条形相对于 $y=0$ 向上/向下的偏移量相同；如果该参数是数组，则根据数组元素的取值移动对应的条形。

• histtype：可选{'bar', 'barstacked', 'step', 'stepfilled'}之一，默认值为'bar'。'bar'表示传统的条形直方图；'barstacked'表示堆叠的条形直方图；'step'表示未填充的条形直方图；'stepfilled'表示有填充的直方图。当 histtype 取值为'step'或'stepfilled'时，参数 rwidth 的设置失效，即不能指定条形之间的间隔，默认连接在一起。

• align：可选{'left', 'mid', 'right'}之一，默认值为'mid'，控制条形图的水平分布。

• orientation：通过设置 orientation 为'horizontal'创建水平直方图，默认值为'vertical'。

• rwidth：标量值或 None，设置条形所占 x 轴(bins 宽)的比例。

• log：布尔值，默认值为 False，即 y 轴是否选择指数刻度。

• color：数组(元素为颜色)或 None，指定直方图的颜色，可以是单一颜色值或颜色序列。如果指定了多个数据集，颜色序列将会设置为相同的顺序。如果未指定该参数，将会使用一个默认的线条颜色。

• label：字符串(序列)或 None，为直方图添加图例。声明图例后，调用 legend()方法才能显示图例。

• stacked：布尔值，默认值为 False，设置是不是堆叠的条形直方图。如果取值为 True，则输出的图形为多个数据集堆叠累积的结果；如果取值为 False 且 histtype＝'bar'或'step'，则多个数据集的条形并排显示。

例 5-8　利用表 5-1 中的数据绘制某地区 21 年间年降水量的直方图。

```
import matplotlib.pyplot as plt
plt.rcParams['font.sans-serif'] = ['SimHei']
plt.rcParams['axes.unicode_minus'] = False
#准备数据
precipitation = [156.4, 156, 190.2, 171, 188.1, 188.1, 149,
                 165.6, 108.6, 159.5, 217.6, 167.1, 172.3, 176.8,
                 146.4, 195.3, 219.6, 163.3, 168.5, 145.7, 199.6]
```

```
#创建画布和子图
plt.figure(figsize = (8, 4), dpi = 80)
ax = plt.subplot(111)
#设置属性
ax.set_title('2000—2020 年某地区年降水量统计')
ax.spines['top'].set_visible(False)
ax.spines['right'].set_visible(False)
ax.set_ylabel('频次')
ax.set_xlabel('年降水量/mm')
# 绘制直方图
ax.hist(precipitation,bins = 5)
# 显示图形
plt.show()
```

绘制的某地区 21 年间年降水量的直方图如图 5-15 所示。

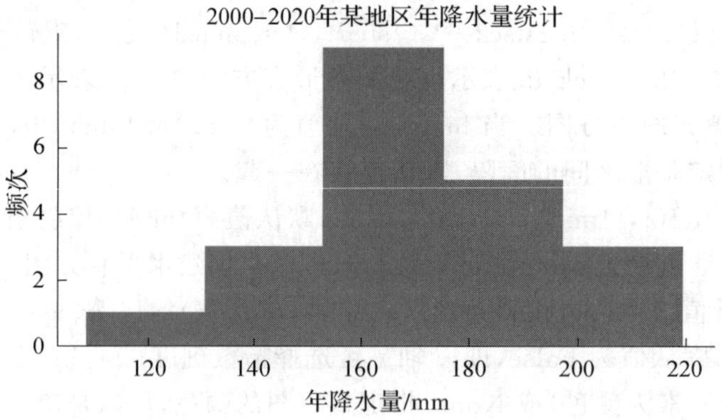

图 5-15　某地区 21 年间年降水量的直方图

5.3.5　饼图

饼图是传统的统计图形之一，可以用于对比数量之间的相对关系，显示一个数据系列中各类别所占的比例。饼图将一个圆形分割成不同大小的扇形，每个扇形代表不同的类别，根据扇形的面积大小来判断类别的差异。Matplotlib 提供了 pie()方法来绘制饼图，饼图默认是从 x 轴正方向按逆时针方向绘制的，语法格式如下：

```
pie(x, explode = None, labels = None, colors = None, autopct = None, pctdistance = 0.6, shadow = False, labeldistance = 1.1, startangle = 0, radius = 1, counterclock = True, wedgeprops = None, textprops = None, center = (0, 0), frame = False, rotatelabels = False, * , normalize = True, data = None)
```

部分参数说明：

- x：浮点型数组，表示每个扇形的面积。
- explode：数组，表示各个扇形之间的间隔，默认值为 0。
- labels：列表，各个扇形的标签，默认值为 None。
- colors：数组，表示各个扇形的颜色，默认值为 None。

• autopct:设置饼图内各个扇形的百分比的显示格式,%d%%表示整数百分比,%0.1f表示带一位小数,%0.1f%%表示一位小数百分比,%0.2f%%表示两位小数百分比。

• pctdistance:指定 autopct 的位置刻度,默认值为 0.6。

• shadow:布尔值 True 或 False,设置饼图的阴影,默认值为 False,表示不设置阴影。

• labeldistance:标签标记的绘制位置,用相对于圆形半径的比例表示,默认值为 1.1。如果该值小于 1,则绘制在饼图内侧。

• startangle:绘制饼图的起始角度,默认从 x 轴正方向按逆时针方向画起。若将其设定为 90,则从 y 轴正方向画起。

• radius:设置饼图的圆形半径,默认值为 1。

• counterclock:布尔值,设置指针方向,默认值为 True,即逆时针方向,False 表示顺时针方向。

• wedgeprops:字典类型,默认值为 None。将该参数字典传递给 wedge 对象。例如,wedgeprops={'linewidth':5}表示设置 wedge 线宽为 5。

• textprops:字典类型,默认值为 None。将该参数字典传递给 text 对象,用于设置标签(labels)和比例文字的格式。

• center:浮点类型的列表,默认值为(0,0),用于设置图形的中心位置。

• frame:布尔类型,默认值为 False。如果是 True,则绘制带有坐标轴框架的饼图。

• rotatelabels:布尔类型,默认值为 False。如果为 True,则旋转每个扇形标签到指定的角度。

pie()方法的返回值为扇形列表、文字标签列表、数值标签列表。可以先获得返回值,再通过 setp()方法对相应的文字进行调整。

此外,一般会使用 plt.axis('equal')语句让饼图看起来更圆。

例 5-9 某地区 20××年特色农作物产量如表 5-2 所示,绘制当年该地区特色农作物产量的饼图。

表 5-2 某地区 20××年特色农作物产量

序号	农作物	产量/吨
1	番茄	8 474 656
2	辣椒	2 354 707
3	枸杞	32 100
4	啤酒花	2 251 005

```
import matplotlib.pyplot as plt
plt.rcParams['font.sans-serif'] = ['SimHei']
plt.rcParams['axes.unicode_minus'] = False
#准备数据
label = ['番茄','辣椒','枸杞','啤酒花']
```

```
data = [8474656, 2354707, 32100, 2251005] #单位为吨
#创建画布和子图
plt.figure(figsize = (8, 4), dpi = 80)
ax = plt.subplot(111)
#设置属性
ax.set_title('20××年某地区特色农作物产量')
# 绘制饼图
ax.pie(data, labels = label, autopct = '%1.1f%%', labeldistance = 0.8)
# 显示图形
plt.axis('equal')
plt.show()
```

某地区特色农作物产量的饼图如图 5-16 所示。

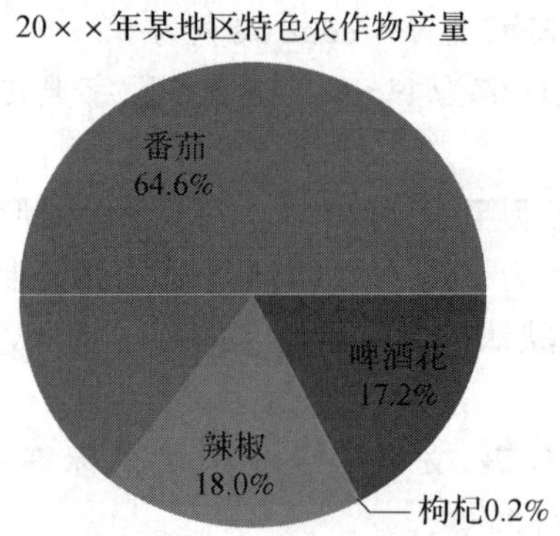

图 5-16　某地区特色农作物产量的饼图

箱线图

三维图形

5.4 本章实训

本章实训

5.5 本章小结

本章的主题是数据可视化。可视化是计算领域的科学家和工程师重要的工具之一，既可以作为处理计算问题的分析工具，又可以用于展现和交流计算成果。本章主要介绍了使用 Matplotlib 生成 2D 图形的基础知识，包括 Matplotlib 的架构、Matplotlib 绘图基础、pyplot 绘图的基本方法，主要包括线图、散点图、条形图、直方图、饼图、箱线图，以及简单的三维图形等。最后通过具体的实例分别介绍了展示离散型数据、数值型数据和关系型数据常用的可视化图形。

通过 Matplotlib 完成数据可视化的方法还有很多种，读者可以在官方网站（https://matplotlib.org/）查看更多详细资料，https://matplotlib.org/gallery/index.html 页面提供了非常完善的代码例程，可参考学习。

Matplotlib 是一款出色的用于可视化探索以及生成高品质图形的通用工具，不仅支持丰富的 2D 图形绘制，还提供了 3D 绘图接口，但 3D 图形的绘制在交互性和质量方面效果不理想，同时还存在绘图操作略显烦琐、图表不够美观等不足。为此，在 Matplotlib 基础上产生了一些封装更为便捷的可视化库，以实现更加简单易用的接口，如 Seaborn 库等。

5.6 本章习题

1. 利用 Matplotlib 编写一个程序，显示函数 $y=x^2+2x+1$ 在区间[$-10,10$]内的图形，并为图形和坐标轴添加标题。

2. 利用 Matplotlib 编写一个程序，该程序能在一行中并列显示两个子图，一个子图显示函数 $y=x^2$ 的图形，另一个子图显示函数 $y=x$ 的图形，并为整个图表和子图设置相关属性。

3. 某销售小组共有 4 名销售人员，其中 A 销售员的销售额为 450 万元，B 销售员的销售额为 270 万元，C 销售员的销售额为 6 200 万元，D 销售员的销售额为 350 万元，分别用饼图和条形图展现 4 名销售人员的销售业绩。

4. 企业为促进某种商品销售，对该商品采取一定的促销补贴措施，不同的促销补贴力度会为商品带来不同的销售增长率和利润率，具体如表 5-3 所示。

表 5-3　促销补贴力度与销售增长率和利润率的关系数据　　单位：%

促销补贴力度	销售增长率	利润率
14.02	18.32	15.30
5.58	8.53	5.96
12.39	15.90	13.05

续表

促销补贴力度	销售增长率	利润率
6.02	7.07	4.30
14.88	18.93	17.64
14.65	19.06	12.97
10.57	15.18	14.85
12.49	14.58	17.12
14.79	19.42	16.47

(1)请绘制促销补贴力度与销售增长率关系的散点图,并分析两者之间的线性相关性。

(2)在(1)的基础上,向散点图中添加利润率信息,绘制气泡图。

5. 对鸢尾花数据集进行分析,绘制数据集中每一种鸢尾花的每个特征属性的直方图,将一种鸢尾花所有属性的直方图放在一个画布中,分别用 4 个子图显示。

6. 利用 Matplotlib 的三维绘图库 mpl_toolkits 绘制如图 5-17 所示的三维散点图,样本随机生成。

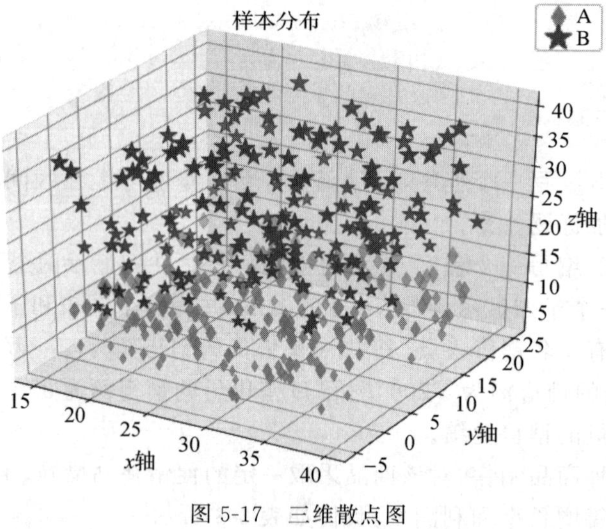

图 5-17 三维散点图

第 6 章 Seaborn 绘图与可视化

6.1 Seaborn 概述

Seaborn 是一个基于 Matplotlib 的 Python 数据可视化库，它提供了一种高级绘图接口，可以绘制美观且信息丰富的各类统计图形。相对于 Matplotlib 的复杂性，Seaborn 对 Matplotlib 核心库进行了更高阶的 API 封装，因此它更加简单易用。Seaborn 与 Pandas 结合得非常紧密，能够对整个数据集的数据帧或数组进行操作，通过语义映射和统计聚合构建统计图形，使用户的注意力主要聚焦于“画什么”而不是“怎么画”。Seaborn 的主要优势如下。

①绘图接口集成度高，使用方便。

②支持数据分布、相关性、回归、分类等多种数据分析类型。

③支持 Pandas、NumPy 等丰富的数据类型。

④绘图风格具有更高的定制性。

正是由于这些特点，在进行探索性数据分析(exploratory data analysis，EDA)的过程中，Seaborn 往往更加高效。需要指出的是，Seaborn 与 Matplotlib 的关系是互为补充而非替代，在某些特定场景下仍需利用 Matplotlib 的灵活性进行更为细致的个性化定制。

6.1.1 Seaborn 绘图函数简介

Seaborn 的绘图功能是通过一组绘图函数实现的，其组织方式是分层的、扁平的和模块化的，所有功能都可以在顶层调用，各模块中的函数共享许多底层代码，因此可以通过不同方式实现相似的可视化目标。这样，探索数据集时可以很容易地在不同可视化效果之间切换，充分利用各种可视化效果的优势。

总的来说，Seaborn 的绘图功能可以分为 5 个主要模块：关系图、分布图、分类图、回归图和矩阵图。此外，还有结构化网格图，它主要用于多个子图的集成。在图形外观及美化方面，Seaborn 主要提供了主题风格和调色板两个模块。

Seaborn 中的绘图函数分为 Figure-level(图形级)和 Axes-level(子图级，Axes 本义是指一个坐标系，在一个图形对象中创建一个坐标系，即一个绘图区，也就是子图)。图形级绘图函数是通过 Seaborn 对象(通常是 FacetGrid)与 Matplotlib 进行交互，从而实现图形管理的。直观来看，Figure 对应的是图 6-1 中的外边框。每个模块都有一个图形级绘图函数，它为其各种子图级绘图函数提供了统一的接口。子图级绘图函数是将数据绘制到单独的 matplotlib.

pyplot. Axes 对象上,与 Matplotlib 灵活、紧密地结合,Axes 对应的是图 6-1 中的内边框。可以把 Figure 看作"画板",而把 Axes 看作"画纸",显然一个 Figure 对象至少包含一个 Axes 对象。

如图 6-2 所示,relplot()、displot()和 catplot()分别是关系图、分布图、分类图的图形级绘图函数,下面的 scatterplot()、lineplot()、histplot()、kdeplot()、ecdfplot()等分别为对应模块的子图级绘图函数。

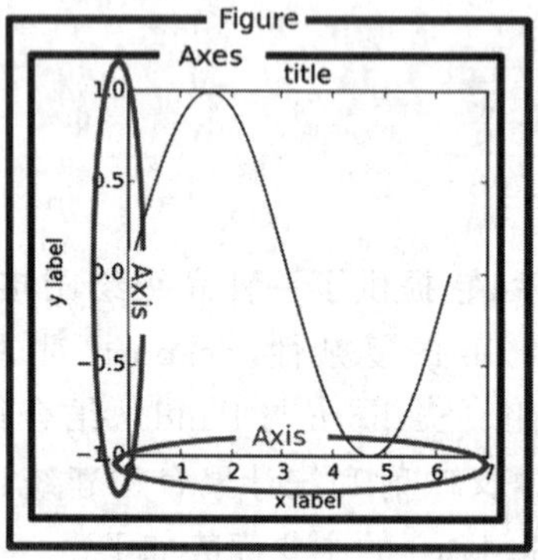

图 6-1　图形的构成[①]

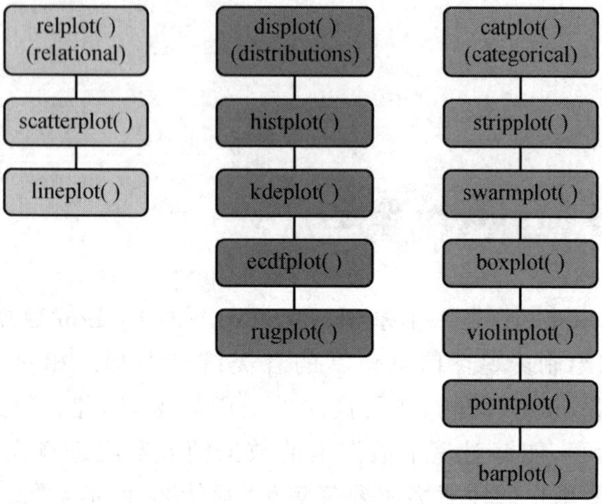

图 6-2　图形级绘图函数和子图级绘图函数[②]

以关系图模块为例,它共包含 relplot()、scatterplot()和 lineplot()3 个绘图函数。relplot()是图形级绘图函数,scatterplot()和 lineplot()是子图级绘图函数,可以将其看作 relplot()函数的一种特定实现。调用 relplot()函数时,设置 kind 参数为"scatter"和"line"就分别对应 scatterplot()和 lineplot()函数。散点图对应的图形级绘图函数与子图级绘图函数的效果对比如图 6-3 所示。

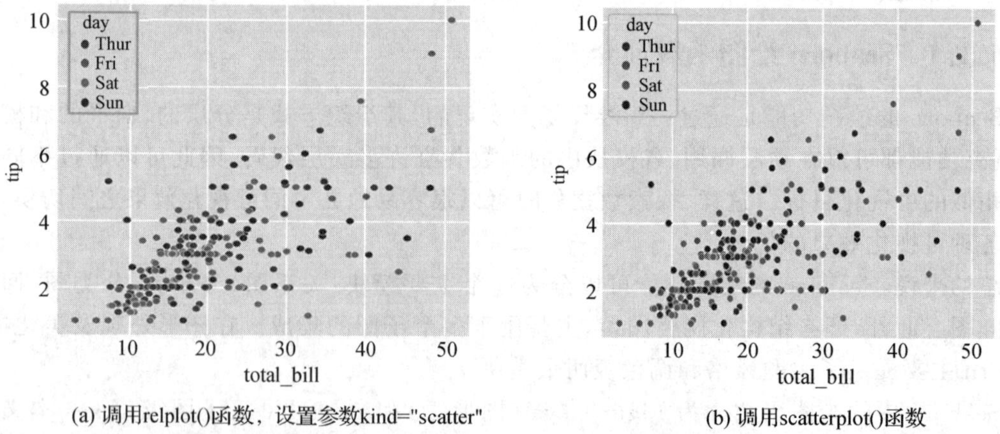

(a) 调用relplot()函数,设置参数kind="scatter"　　(b) 调用scatterplot()函数

图 6-3　散点图对应的图形级绘图函数与子图级绘图函数的效果对比

① https://matplotlib. org/1. 5. 1/faq/usage_faq. html # parts-of-a-figure.

② https://seaborn. pydata. org/tutorial/function_overview. html.

总的来说，大多数情况下，使用图形级绘图函数更加方便，绘图时的集成化程度更高，可以轻松地创建具有多个子图的复杂图形，在各种图表类型之间切换也更加容易；子图级绘图函数与 Matplotlib 结合得更紧密，定制更加灵活。

6.1.2 Seaborn 数据结构

Seaborn 支持多种数据格式，其中的大多数函数都支持 Pandas 或 NumPy 数据对象以及 Python 的内置数据类型（如列表和字典等）。

Seaborn 中的大多数绘图函数都是面向向量的。例如，在绘制变量 x 和 y 的关系图时，每个变量都被视作一个向量。Seaborn 接收以表格方式组织的多个向量的数据集，包括长格式（long-form）和宽格式（wide-form）数据表，二者之间存在根本区别，在 Seaborn 中有不同的处理方式。

1. 长格式数据表

长格式数据表的特点是每一列代表一个变量，每一行代表一个数据实例。例如，Seaborn 自带的 flights 数据集记录了 1949—1960 年每个月中航空公司的乘客数量。这个数据集包含 3 个变量（年、月和乘客数量），具体如图 6-4 所示。

	year	month	passengers
0	1949	Jan	112
1	1949	Feb	118
2	1949	Mar	132
3	1949	Apr	129
4	1949	May	121

图 6-4 flights 数据集（长格式数据表）（部分）

对于长格式数据表，表中的列名显式分配给绘图函数的对应变量进行绘图。例如，运行如下代码，使用 flights 数据集绘制的折线图如图 6-5 所示。

```
sns.relplot(data = flights, x = "year", y = "passengers", hue = "month",kind = "line")
```

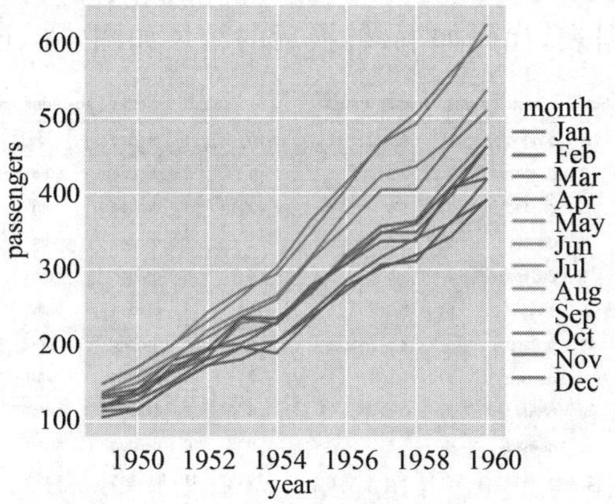

图 6-5 使用 flights 数据集（长格式数据表）绘制的折线图

2. 宽格式数据表

宽格式数据表可能更加符合人们的使用习惯，看上去更加直观，如图 6-6 所示。与图 6-4 的长格式数据表不同，宽格式数据表中的年、月和乘客数量 3 个变量的表格化组织形式不同，它们并不与列一一对应。

对于长格式数据表，可以通过名称访问数据集中的变量。但在宽格式数据表中，由于维度与数据集中的变量之间存在明确关联，每个数据在表格中的位置都是由行、列的索引决定的，

month	Jan	Feb	Mar	Apr	May	Jun	Jul	Aug	Sep	Oct	Nov	Dec
year												
1949	112	118	132	129	121	135	148	148	136	119	104	118
1950	115	126	141	135	125	149	170	170	158	133	114	140
1951	145	150	178	163	172	178	199	199	184	162	146	166
1952	171	180	193	181	183	218	230	242	209	191	172	194
1953	196	196	236	235	229	243	264	272	237	211	180	201

图 6-6　flights 数据集(宽格式数据表)(部分)

绘图时 Seaborn 能够自动分配变量作为适当的图形元素。也就是说,当 x 和 y 都没有赋值时,Seaborn 将参数 data 视为宽格式,并自动分配变量完成绘图。例如,运行如下代码,使用 flights 数据集绘制的折线图如图 6-7 所示。

```
sns.relplot(data = flights_wide, kind = "line")
```

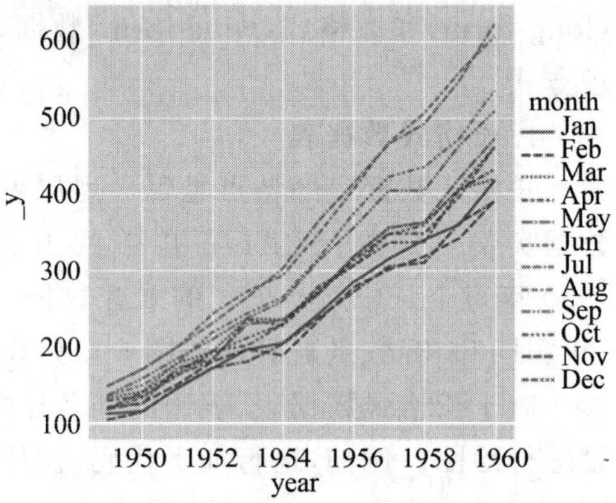

图 6-7　使用 flights 数据集(宽格式数据表)绘制的折线图

3. 不规则数据表

还有一些数据集不是规范的长格式或宽格式数据表,称为不规则格式的数据表。在这种格式中,变量既不由表的键唯一确定,也不由表的列唯一确定,这经常发生在需要重复测量的数据中。在重复测量过程中,每一行对应数据采集的一个单元,从而很自然地组织成一个表。例如,Seaborn 自带的 anagrams 数据集是一个心理学实验的简单数据集,有 20 个受试者,具体如图 6-8(a)所示。绘图时,需要将其转换为长格式数据表或宽格式数据表。本例中,使用 pandas. DataFrame. melt()方法将其转换为标准的长格式数据表,代码如下,转换后的结果如图 6-8(b)所示。

	subidr	attnr	num1	num2	num3
0	1	divided	2	4.0	7
1	2	divided	3	4.0	5
2	3	divided	3	5.0	6
3	4	divided	5	7.0	5
4	5	divided	4	5.0	8
5	6	divided	5	5.0	6
6	7	divided	5	4.5	6
7	8	divided	5	7.0	8
8	9	divided	2	3.0	7
9	10	divided	6	5.0	6
10	11	focused	6	5.0	6
11	12	focused	8	9.0	8
12	13	focused	6	5.0	9
13	14	focused	8	8.0	7
14	15	focused	8	8.0	7
15	16	focused	6	8.0	7
16	17	focused	7	7.0	6
17	18	focused	7	8.0	6
18	19	focused	5	6.0	6
19	20	focused	6	6.0	5

(a) 不规则格式的数据表

	subidr	attnr	solutions	score
0	1	divided	num1	2.0
1	2	divided	num1	3.0
2	3	divided	num1	3.0
3	4	divided	num1	5.0
4	5	divided	num1	4.0
5	6	divided	num1	5.0
6	7	divided	num1	5.0
7	8	divided	num1	5.0
8	9	divided	num1	2.0
9	10	divided	num1	6.0
10	11	focused	num1	6.0
11	12	focused	num1	8.0
12	13	focused	num1	6.0
13	14	focused	num1	8.0
14	15	focused	num1	8.0
15	16	focused	num1	6.0
16	17	focused	num1	7.0
17	18	focused	num1	7.0
18	19	focused	num1	5.0
19	20	focused	num1	6.0

(b) 转换后的长格式数据表

图 6-8　anagrams 数据集(前 20 条)

```
anagrams = sns.load_dataset("anagrams")
anagrams_long = anagrams.melt(id_vars=["subidr", "attnr"], var_name="solutions",
                    value_name="score")
anagrams_long.head(20)
```

6.1.3 Seaborn 的安装

本章使用的 Seaborn 是 2021 年 8 月发布的 V0.11.2 版本，官方网址是 https://seaborn.pydata.org/。可以从 PyPi(Python Package Index，Python 官方包索引)网站安装 Seaborn 的官方版本，安装命令如下：

```
pip install seaborn
```

同时，Seaborn 也包含在 Anaconda 发行版中，可以通过如下 conda 命令安装：

```
conda install seaborn
```

如果需要安装 Seaborn 的指定版本，可以设置"seaborn＝版本号"，例如指定安装版本为 0.11.2，命令如下：

```
conda install seaborn=0.11.2
```

Seaborn 提供了 19 个供学习的数据集，均是 CSV 格式。可以通过调用 sns.get_dataset_names()函数返回数据集名称，还可以通过调用 sns.load_dataset(name)函数下载数据集，并返回一个 Pandas 的 DataFrame 对象。

本章使用的数据集如下。

(1)flights。航空公司 1949—1960 年每个月的乘客数量数据集，由年、月和乘客数量等数据构成。

(2)anagrams。来自一个心理学实验的数据集，包括 20 名受试者，分为注意力集中和注意力不集中两类，每个人玩回文字字谜游戏，记录每个人 3 种游戏结果的得分情况。

(3)tips。餐厅小费数据集，由星期几、就餐时间、账单总金额、小费金额、消费者性别、是否抽烟以及用餐人数等数据构成。

(4)fmri。功能性核磁共振成像数据集，由受试者、时间点、事件、刺激类型、大脑区域和信号等数据构成。

(5)penguins。企鹅数据集，由种类、岛屿名称、喙长度、喙宽度、鳍足长度、体重、性别(雌/雄)等数据构成。

(6)diamonds。钻石数据集，由价格、质量(克拉)、切割质量、台面、钻石颜色、纯度、长度、宽度、深度、总深度百分比等数据构成。

(7)titanic。泰坦尼克号数据集，由乘客性别、年龄、所在船仓等级及是否存活等数据构成。

(8)anscombe。安斯库姆四重奏数据集，包含 3 列共 4 组数据，每组有 11 个点(x,y)，4 组数据的均值、方差、相关系数都相同，但分布差别巨大。

(9)iris。鸢尾花数据集，由花萼长度、花萼宽度、花瓣长度、花瓣宽度及鸢尾花种类等数据构成。

需要注意的是，使用 seaborn. load_dataset() 函数下载数据集时经常因为网络连接超时而报错，可以提前下载好数据集 seaborn-data-master. zip 并解压至用户文件夹下的 seaborn-data 文件夹。数据集下载地址为 https://github. com/mwaskom/seaborn-data。

6.1.4 第一个 Seaborn 示例

首先看一个 Seaborn 绘图程序，其运行结果如图 6-9 所示。

```
import seaborn as sns
sns.set_theme()
tips = sns.load_dataset("tips")
sns.relplot(
    data = tips,
    x = "total_bill", y = "tip", col = "time",
    hue = "smoker", style = "smoker", size = "size",
```

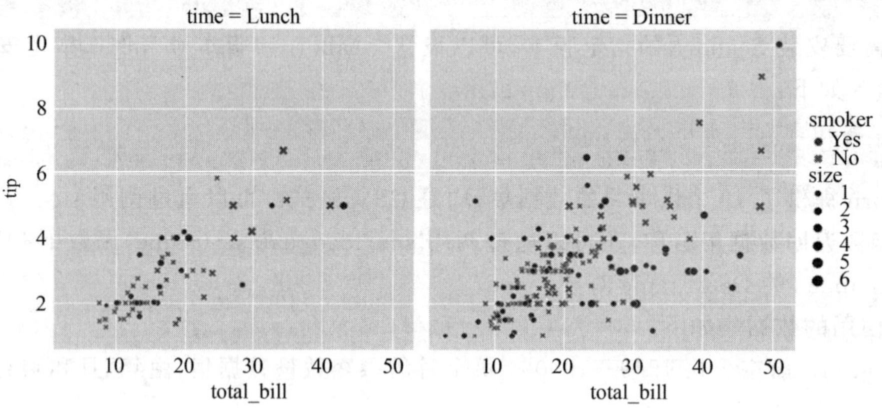

图 6-9 Seaborn 绘图程序的运行结果

在上述程序中，第 1 句用于导入 Seaborn 库，通常设置简称为 sns。

第 2 句用于设置 Seaborn 绘图的默认主题风格。

第 3 句用于载入 tips 数据集。注意，本章示例中都调用 load_dataset() 函数来快速载入示例数据集。这些数据集就是 Pandas 数据帧，也可以通过调用 pandas. read_csv() 函数加载数据集。

第 4 句用于调用关系图函数 relplot() 绘制图形，各参数的具体含义如下。

①data：绘制图形用到的数据集。

②x，y：对应 x 轴和 y 轴的数据集向量名称。

③col：按列展开子图的变量。

④hue：产生不同颜色分组的变量。

⑤style：产生不同样式分组的变量。

⑥size：散点标记的大小。

值得注意的是，Seaborn 库中各函数定义中的同名参数一般都具有相同或相似的含义和使用方法，在学习中可举一反三。

此外,导入相关库及加载数据集是 Seaborn 绘图的准备工作,为了节省篇幅,在此一并说明,本章后续示例中只列出绘图的核心代码。

导入 NumPy、Pandas、Seaborn 和 Matplotlib. pyplot 库,并装载上述 9 个数据集,代码如下:

```
import numpy as np
import pandas as pd
import seaborn as sns
import matplotlib.pyplot as plt
flights = sns.load_dataset("flights")
anagrams = sns.load_dataset("anagrams")
tips = sns.load_dataset("tips")
fmri = sns.load_dataset("fmri")
penguins = sns.load_dataset("penguins")
diamonds = sns.load_dataset("diamonds")
titanic = sns.load_dataset("titanic")
anscombe = sns.load_dataset("anscombe")
iris = sns.load_dataset("iris")
```

6.2 基本绘图

6.2.1 关系图

Seaborn 提供了用于表达两个变量关系的图表,主要包括散点图和折线图两类,主要提供了 3 个绘图函数:relplot()(关系图)、scatterplot()(散点图)和 lineplot()(折线图)。其中,relplot()为图形级绘图函数,可简单理解为其操作对象是 Matplotlib 中的 figure 对象,后两个函数是子图级绘图函数,对应的操作对象是 Matplotlib 中的 axes 对象。绘图函数的调用方式和传参模式都是一致的,其核心参数已在 6.1.4 节中进行了介绍。

1. 散点图

本节主要介绍 relplot()函数的用法,它是一个基于 FacetGrid 的图形级绘图函数。可通过设置 kind 参数确定利用 relplot()函数绘制的图形是散点图还是折线图,默认为散点图。例如,输入如下代码,绘制的散点图如图 6-10 所示。

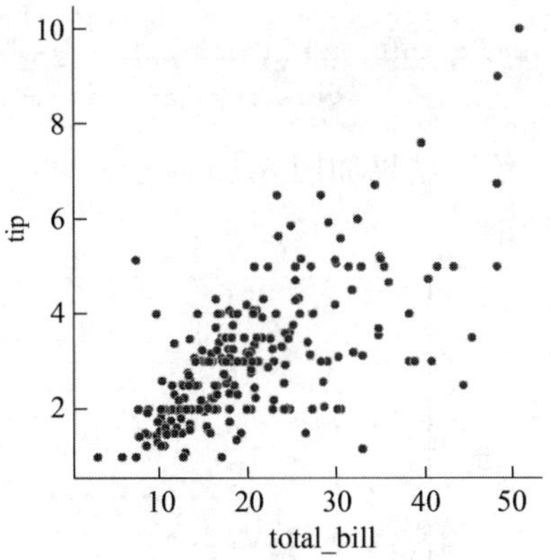

图 6-10　relplot()函数的基本用法——默认绘制散点图

```
sns.relplot(x = "total_bill", y = "tip", data = tips)
```

虽然散点图是二维的,但可以通过设置 hue 参数引入第三个变量。此时,散点图中的点会根据第三个变量的取值自动设置不同颜色，这在 Seaborn 中称为语义着色（hue semantic）。图 6-10 经过语义着色处理后如图 6-11(a)所示。为了进一步突出类别差异，可以通过设置 style 参数为每个类使用不同的标记样式，如图 6-11(b)所示，代码如下：

```
sns.relplot(x = "total_bill", y = "tip", hue = "smoker", style = "smoker", data = tips)
```

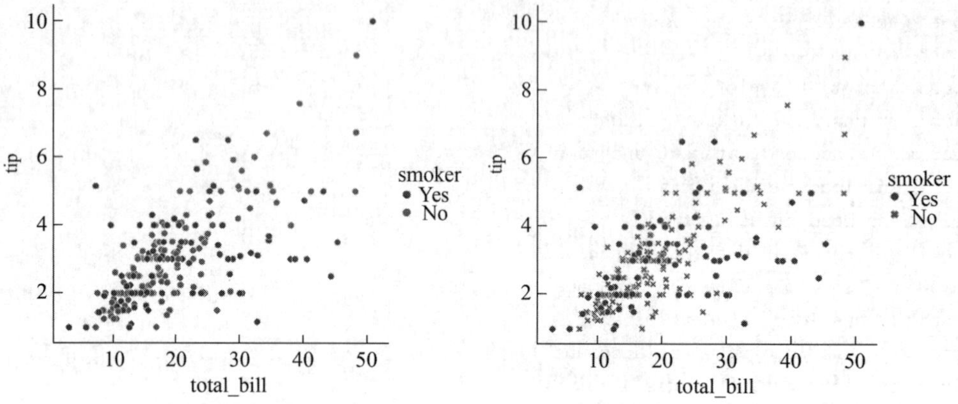

(a) 仅设置hue参数　　(b) 设置hue和style参数

图 6-11　参数 hue 和 style 的用法

可以通过单独改变每个点的色调和样式来表示 4 个变量。例如，运行如下代码：

```
sns.relplot(x = "total_bill", y = "tip", hue = "smoker", style = "time", data = tips)
```

绘图结果如图 6-12 所示。

还可以通过设置 size、palette 参数改变不同类别数据点的大小及颜色。例如，运行如下代码：

```
sns.relplot(x = "total_bill", y = "tip", hue = "size", size = "size",
            palette = "ch:r = -.5,l = .75", data = tips)
```

绘图结果如图 6-13 所示。

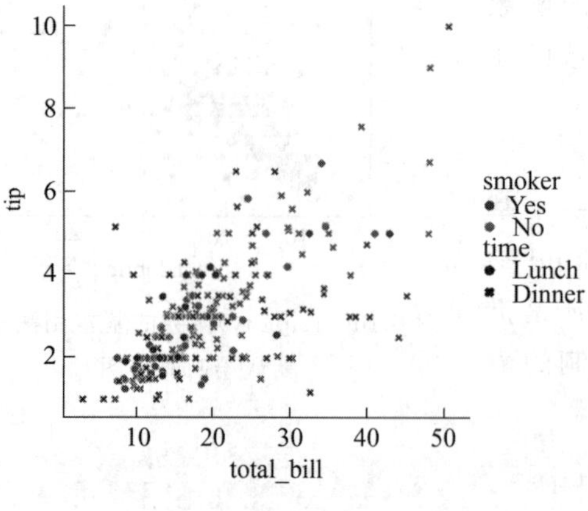

图 6-12　使用 hue 和 style 参数设置不同变量的绘图结果

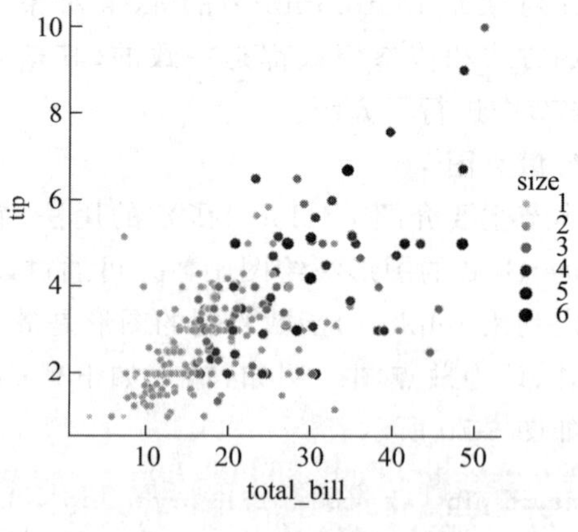

图 6-13　设置 size 和 palette 参数的绘图结果

2. 折线图

在一些实际应用中，有时需要观察变量随时间变化的情况，这种情况下，折线图比散点图更加合适。可以调用 lineplot()函数或在 relplot()函数中设置参数 kind＝"line"来绘制折线图。例如，运行如下代码：

```
df = pd.DataFrame(dict(time = np.arange(500), value = np.random.randn(500).cumsum()))
g = sns.relplot(x = "time", y = "value", kind = "line", data = df)
g.figure.autofmt_xdate()    # 旋转 x 轴标签并使其右对齐
```

绘图结果如图 6-14 所示。

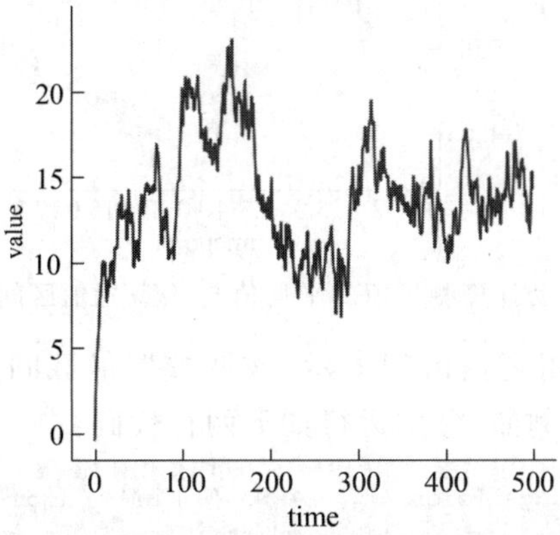

图 6-14　变量随时间变化的折线图

绘制折线图一般是将 y 视为 x 的函数，因此绘图时会自动根据 x 值的大小排序，也可以将参数 sort 设置为 False，禁止自动排序。例如，运行如下代码：

```
df = pd.DataFrame(np.random.randn(100, 2).cumsum(axis = 0), columns = ["x", "y"])
sns.relplot(x = "x", y = "y", sort = False, kind = "line", data = df)
```

绘图结果如图 6-15 所示。

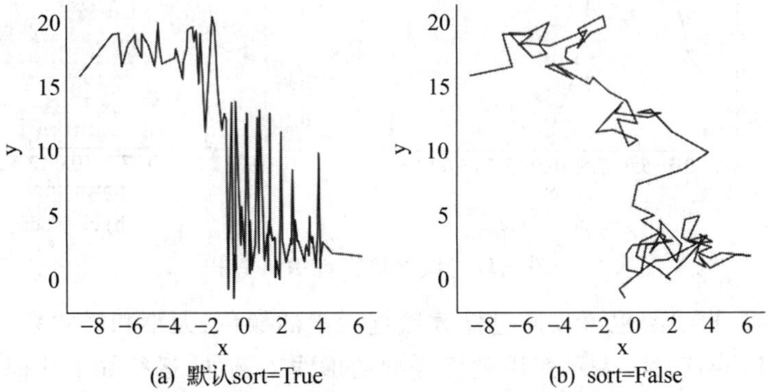

图 6-15　绘制折线图时参数 sort 的使用效果

还有一种数据集是对 x 的同一个取值有多个测量值 y 与其对应。在这种情况下，Seaborn 会对每个 x 的取值通过自动计算测量值的平均值和 95％置信区间进行绘图。例如，运行如下代码：

```
fmri = sns.load_dataset("fmri")
sns.relplot(x = "timepoint", y = "signal", kind = "line", data = fmri)
```

绘图结果如图 6-16 所示。

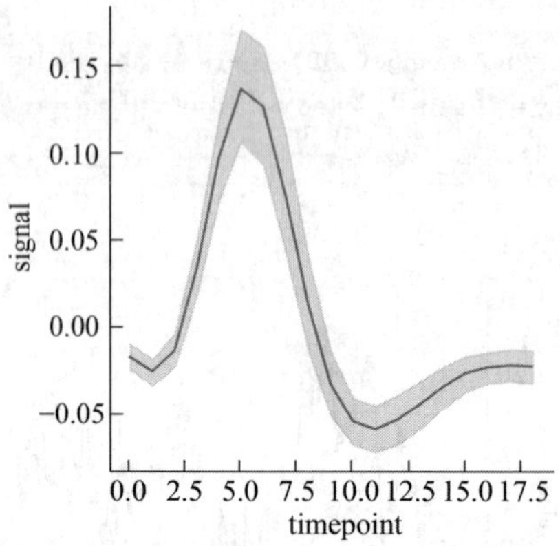

图 6-16　自动计算测量值的平均值与 95%置信区间的绘图结果

可以通过设置参数 ci 关闭置信区间显示，或调整置信区间大小。ci 可以被设置为整数、"sd"（绘制标准差）和 None。例如，分别运行如下两行代码：

```
sns.relplot(x = "timepoint", y = "signal", ci = None, kind = "line", data = fmri)
sns.relplot(x = "timepoint", y = "signal", kind = "line", ci = "sd", data = fmri)
```

绘图结果分别如图 6-17(a)和图 6-17(b)所示。

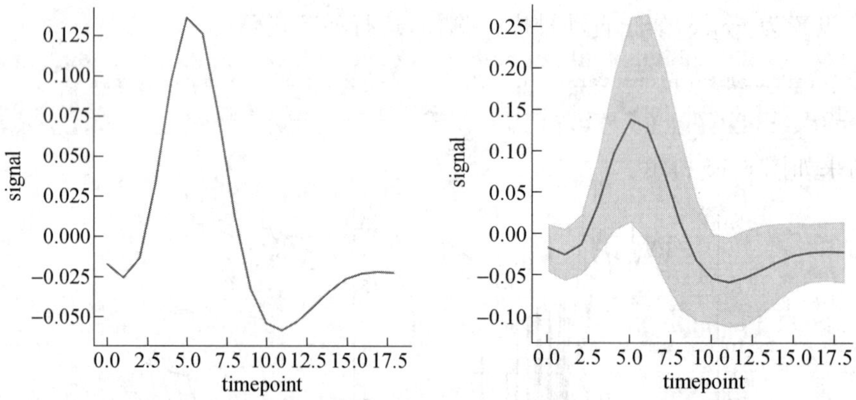

(a) ci = None　　(b) ci = "sd"

图 6-17　设置参数 ci 绘图结果

与散点图类似，折线图也可以通过修改数据元素的颜色、大小和样式来表达 3 个维度的变量，其中参数 dashes＝False 表示禁用破折号型的虚线。例如，运行如下代码：

```
sns.relplot(x = "timepoint", y = "signal", hue = "region",
            style = "event", dashes = False, markers = True,
            kind = "line", data = fmri)
```

绘图结果如图 6-18 所示。

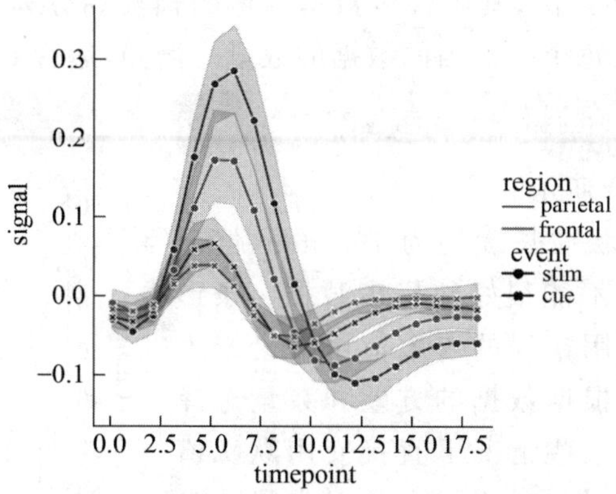

图 6-18　修改折线图的颜色和样式的绘图结果

在前面的示例中，可以在一个图形中同时显示多个语义变量，但这样做并不总是有效的。例如，想知道两个变量之间的关系是如何依赖于其他变量的，最好的方法可能是绘制结构化网格图，通过多个子图的组合体现更加丰富的语义信息。前文介绍过，因为 relplot()函数基于 FacetGrid，所以这很容易实现，可以通过设置 relplot()函数的 row 或 col 参数实现。例如，运行如下代码：

```
sns.relplot(x = "total_bill", y = "tip", hue = "smoker", col = "time", data = tips)
```

绘图结果如图 6-19 所示。

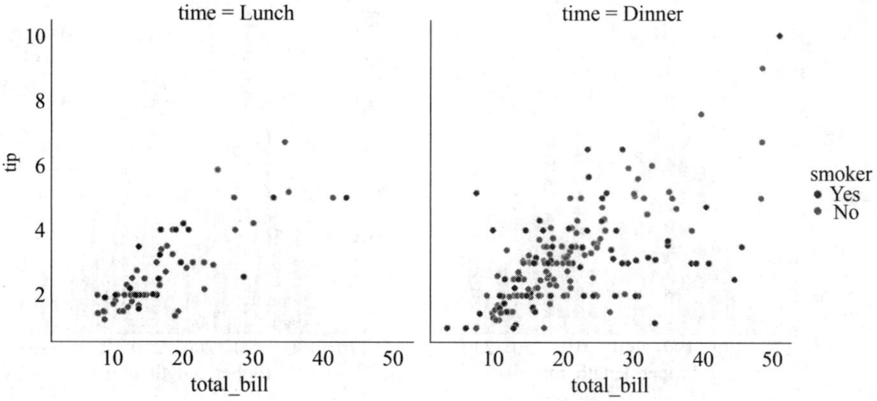

图 6-19　使用 relplot()函数实现结构化网格图的绘图结果

6.2.2　分布图

任何对数据进行分析或建模之前的基础工作都应该是了解数据的分布。例如，了解“观测数据的覆盖范围是什么”“中心趋势是什么”“是否存在显著的异常值”等信息。分布图模块包含的子图级绘图函数有 histplot()（直方图）、kdeplot()（核密度图）、ecdfplot()（经验累积分布图）和 rugplot()（轴须图），它们被整合在图形级绘图函数 displot()、jointplot()和 pairplot()中。

1. 直方图

直方图是最常见的可视化数据分布的方法，是 displot()函数的默认方法，对应的函数是

histplot()。直方图是一种条形图，其中代表数据变量的轴被划分为一组离散的条形，并且使用相应条形的高度显示落入每个条形内的数据的数量。例如，运行如下代码：

```
sns.displot(penguins, x = "flipper_length_mm")
```

绘制的直方图如图 6-20 所示。

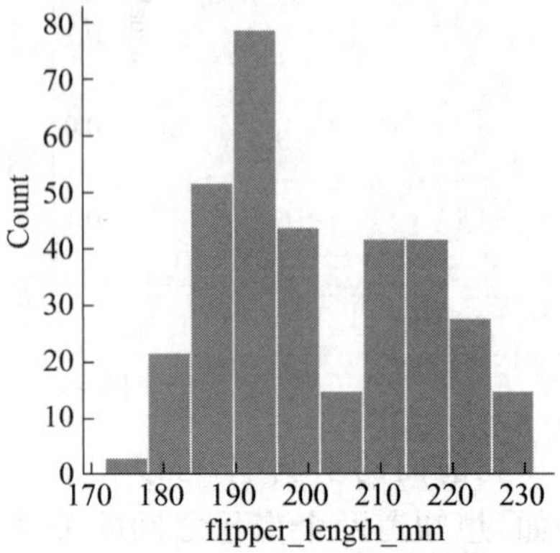

图 6-20　直方图

可以看到，最常见的鳍状肢长度约为 195 mm，但分布呈现双峰，所以这个数字不能很好地代表数据。条形的大小是一个重要参数，使用错误的参数值可能会产生误导。默认情况下，函数会根据数据的方差和数量选择默认的条形大小。但是，在某些情况下直接使用默认值不一定便于观察数据分布。例如，当仅有相对少量的整型数据时，默认的条形会很小，图形会有明显的间隔(gaps)。这就需要根据对数据分布的直观印象动态调整条形的大小。可以设置参数 binwidth 调整条形的大小，也可以直接设置条形的数量。例如，分别运行如下两行代码：

```
sns.displot(penguins, x = "flipper_length_mm", binwidth = 3)
sns.displot(penguins, x = "flipper_length_mm", bins = 30)
```

条形参数不同时，直方图的对比结果如图 6-21 所示。

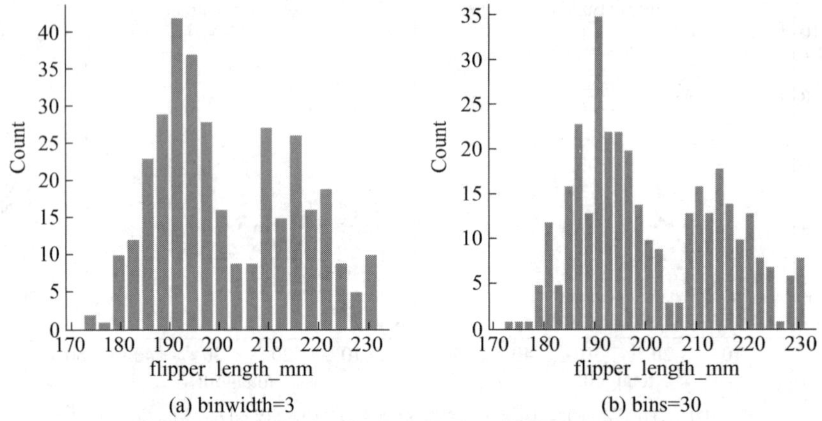

图 6-21　设置条形的宽度或数量时直方图的对比结果

了解了数据整体分布情况后，常常还需要进一步探究该分布是否由于数据集中其他变量的影响而没有充分体现其特性。如在图 6-21 中，企鹅的鳍状肢长度分布为什么会呈现出双峰特性？通过设置参数 hue 可以进一步了解其成因。通过 hue 参数可以设置不同颜色来区分变量的类别。在本例中，设置 hue＝"species"即可通过颜色区分企鹅的种类，分别绘制不同种类企鹅的直方图来显示不同种类企鹅的鳍状肢长度分布特性。例如，运行如下代码：

```
sns.displot(penguins, x = "flipper_length_mm", hue = "species")
```

不同种类企鹅的直方图如图 6-22 所示。

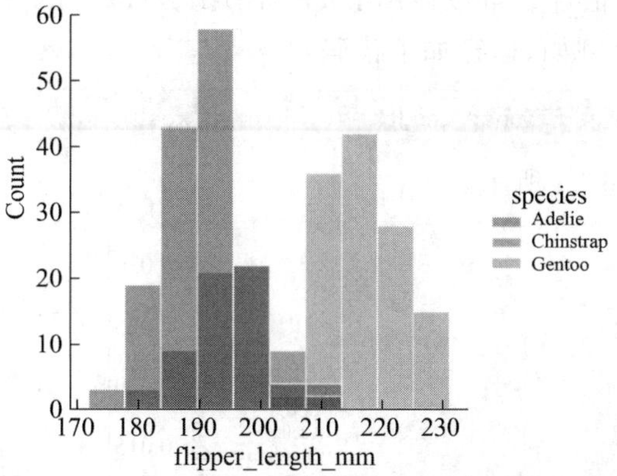

图 6-22 设置 hue 参数区分不同种类企鹅的直方图

如图 6-22 所示，默认情况下，不同的直方图是分层显示的，这在某些情况下不便于观察，可以通过设置 element＝"step"（阶梯式）或者 multiple＝"stack"（堆叠式）实现不同的显示效果。例如，分别运行如下两行代码：

```
sns.displot(penguins, x = "flipper_length_mm", hue = "species", element = "step")
sns.displot(penguins, x = "flipper_length_mm", hue = "species", multiple = "stack")
```

绘制出的阶梯式的直方图和堆叠式的直方图如图 6-23 所示。

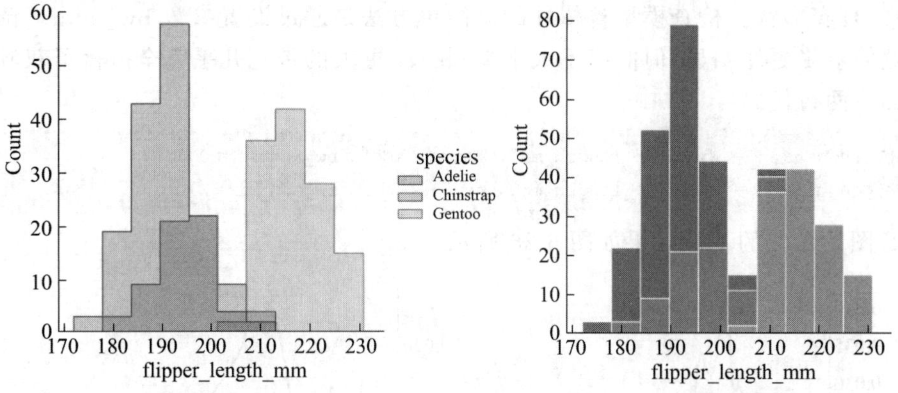

(a) 阶梯式　　(b) 堆叠式

图 6-23 分别设置参数 element 和 multiple 时的阶梯式的直方图和堆叠式的直方图

当数据集中各类别的数据量差异较大时，根据计数比较它们的分布可能并不理想。一种常用的解决方案是通过设置参数 stat 对数据进行标准化。例如，运行如下代码：

```
sns.displot(penguins, x = "flipper_length_mm", hue = "species",
            stat = "density",common_norm = False)
```

绘制的数据标准化后的直方图如图 6-24 所示。

2. KDE 图

直方图通过分箱和计数来近似生成数据的潜在概率密度函数。KDE(kernel density estimation，核密度估计)图也为这一问题提供了不同的解决方案。KDE 图不使用分箱，而使用高斯核平滑产生连续的密度估计。可以使用 kdeplot()函数或将 displot()函数的 kind 参数设置为“kde”来绘制 KDE 图。例如,运行如下代码:

```
sns.displot(penguins, x="flipper_length_mm", kind="kde")
```

绘制的 KDE 图如图 6-25 所示。

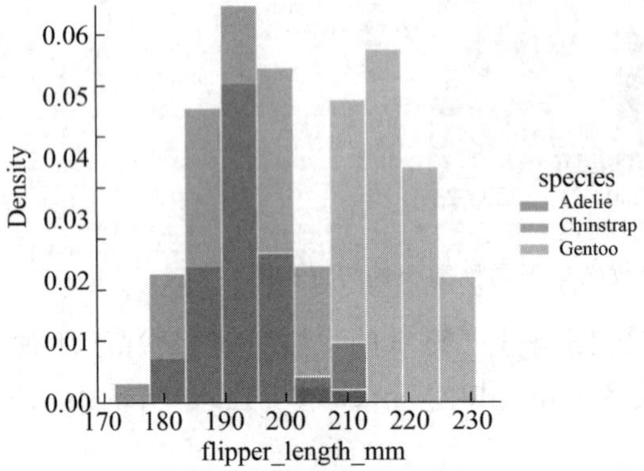

图 6-24　数据标准化后的直方图

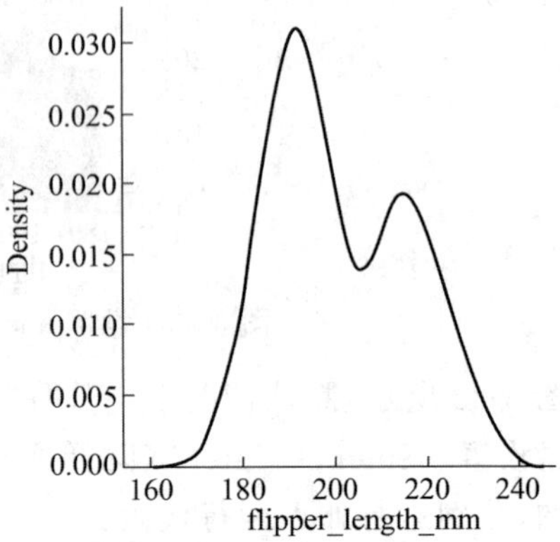

图 6-25　KDE 图

与直方图中条形宽度不同则条形图效果不同非常相似,KDE 图准确表示数据的能力取决于平滑带宽的选择。过度平滑的估计可能会删除有意义的特征,但平滑不足的估计会掩盖随机噪声数据中的真实形状。检查模型鲁棒性的最简单方法是通过设置参数 bw_adjust 调整默认带宽:窄带宽使双峰更加明显,但曲线不太平滑;相反,更大的带宽几乎完全掩盖了双峰。例如,分别运行如下两行代码:

```
sns.displot(penguins, x="flipper_length_mm", kind="kde", bw_adjust=0.25)
sns.displot(penguins, x="flipper_length_mm", kind="kde", bw_adjust=2)
```

调整 KDE 图的带宽的不同效果如图 6-26 所示。

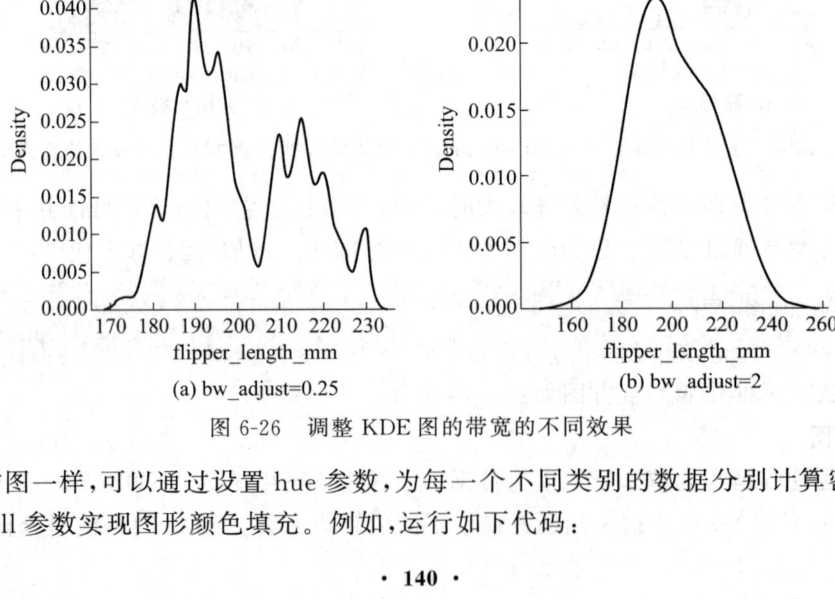

(a) bw_adjust=0.25　(b) bw_adjust=2

图 6-26　调整 KDE 图的带宽的不同效果

与直方图一样,可以通过设置 hue 参数,为每一个不同类别的数据分别计算密度估计,并可以设置 fill 参数实现图形颜色填充。例如,运行如下代码:

```
sns.displot(penguins, x="flipper_length_mm", hue="species", kind="kde", fill=True)
```

设置 hue 和 fill 参数的 KDE 图如图 6-27 所示。

3. ECDF 图

ECDF(empirical cumulative distribution function,经验累积分布函数)图通过每个数据点绘制一条单调递增的曲线,曲线的高度反映具有较小值的观测值的比例。ECDF 图有两个关键优势:一方面,它与直方图或 KDE 图不同,它直接表示每个数据点,这意味着不需要考虑条形的大小或平滑的带宽;另一方面,由于曲线是单调递增的,因此非常适合比较多个分布。可以使用 ecdfplot()函数或将 displot()函数的 kind 参数设置为"ecdf"来绘制 ECDF 图。例如,运行如下代码:

```
sns.displot(penguins, x="flipper_length_mm", hue="species", kind="ecdf")
```

绘制的 ECDF 图如图 6-28 所示。

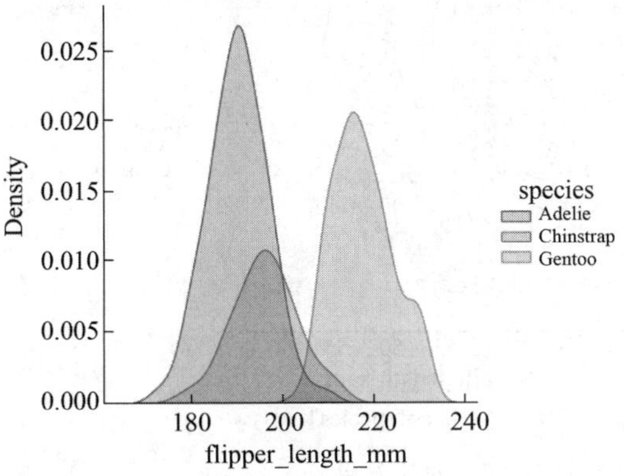

图 6-27　设置 hue 和 fill 参数的 KDE 图

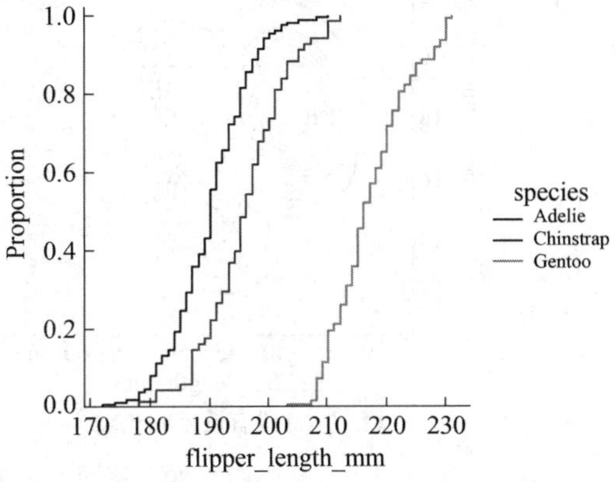

图 6-28　ECDF 图

4. 联合分布和边缘分布

到目前为止,所有示例都只考虑了单变量分布或者仅把第二个变量赋给参数 hue。但是,将第二个变量分配给参数 y 可以更进一步绘制二元分布(bivariate distribution)。例如,运行如下代码:

```
sns.displot(penguins, x="bill_length_mm", y="bill_depth_mm")
```

绘制的二元直方图如图 6-29 所示。

图 6-29 中的二元直方图用填充颜色的深浅表示每个矩形内数据的多少(类似于热力图)。类似地,二元 KDE 图用 2D 高斯曲线平滑数据(x,y),默认显示二维图表中密度的轮廓。同样,也可以进一步通过参数 hue 绘制多个类别数据的分布。例如,分别运行如下两行代码:

```
sns.displot(penguins, x="bill_length_mm", y="bill_depth_mm", kind="kde")
sns.displot(penguins, x="bill_length_mm", y="bill_depth_mm", hue="species", kind="kde")
```

绘制的不同 hue 参数的二元 KDE 图的对比效果如图 6-30 所示。

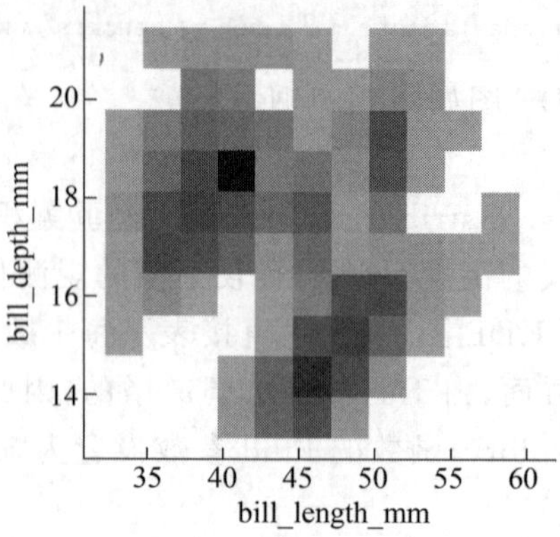

图 6-29 二元直方图

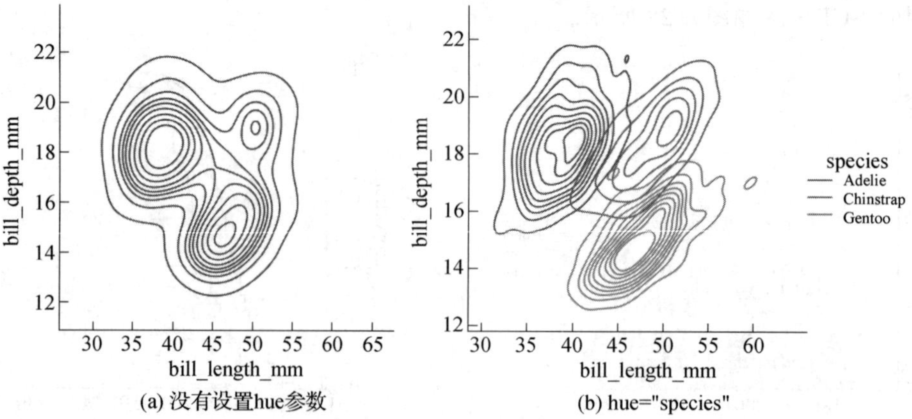

图 6-30 不同 hue 参数的二元 KDE 图的对比效果

Seaborn 还提供了另外两个图形级绘图函数：jointplot()（联合分布图）和 pairplot()（分布组图），可以用直方图或 KDE 图绘制更加复杂的联合分布和边缘分布。jointplot()函数使用两个变量的边缘分布扩展二元分布图。默认情况下，使用散点图表示二元分布，使用直方图表示边缘分布。例如，运行如下代码：

```
sns.jointplot(data = penguins, x = "bill_length_mm", y = "bill_depth_mm")
```

绘制的联合分布图如图 6-31 所示。

与 displot()函数类似，在 jointplot()函数中设置 kind＝"kde"，将使用 KDE 图表示联合分布和边缘分布。例如，运行如下代码：

```
sns.jointplot(data = penguins, x = "bill_length_mm",
              y = "bill_depth_mm", hue = "species", kind = "kde")
```

使用 KDE 图表示联合分布和边缘分布的效果如图 6-32 所示。

本质上，jointplot()函数是 JointGrid 类的一个接口，使用很方便，但有时直接使用 JointGrid 类能提供更大的灵活性。下面的示例中，联合分布采用二元直方图表示，而边缘分布采用盒图表示。

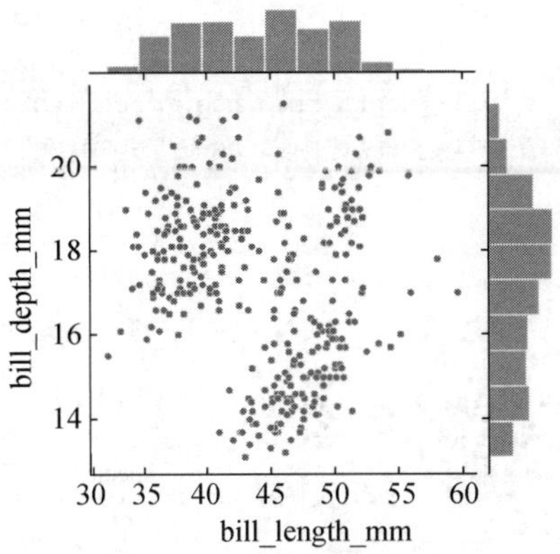

图 6-31　joinplot()函数的基本使用效果——绘制联合分布图

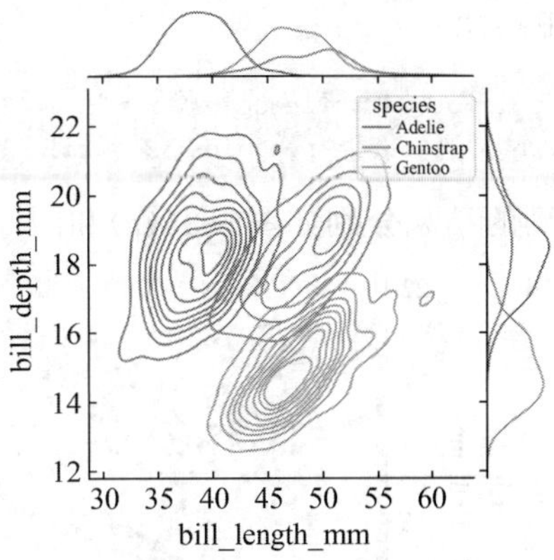

图 6-32　使用 KDE 图表示联合分布和边缘分布的效果

```
g = sns.JointGrid(data=penguins, x="bill_length_mm", y="bill_depth_mm")
g.plot_joint(sns.histplot)
g.plot_marginals(sns.boxplot)
```

直接使用 JointGrid 类绘制的联合分布图如图 6-33 所示。

实际上,绘制边缘分布图更简单的方法是在 displot()函数中设置参数 rug=True。例如,运行如下代码:

```
sns.displot(penguins, x="bill_length_mm", y="bill_depth_mm", kind="kde", rug=True)
```

绘制的边缘分布图如图 6-34 所示。

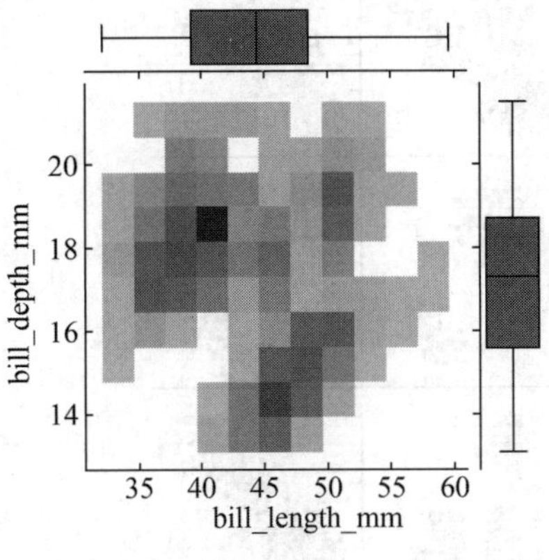

图 6-33　直接使用 JointGrid 类绘制的联合分布图

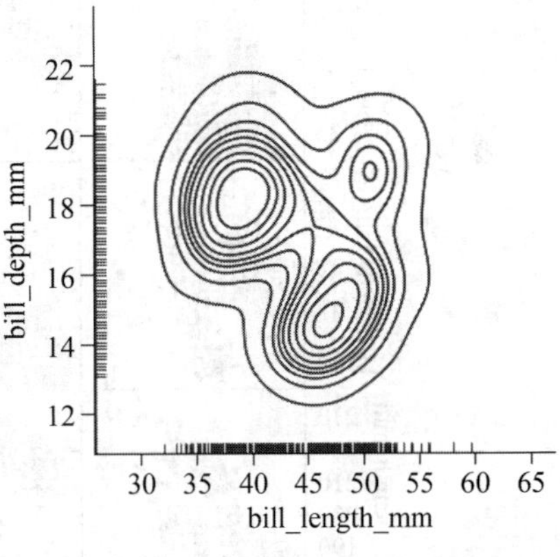

图 6-34　在 displot()函数中设置 rug=True 绘制的边缘分布图

使用 rugplot()函数(绘制轴须图)绘制边缘分布图更加灵活,可以作为其他图形的补充。同样也可以通过设置参数 hue 以便用不同颜色区分不同类别的数据。例如,分别运行如下代码:

代码一:

```
sns.relplot(data=penguins, x="bill_length_mm", y="bill_depth_mm")
sns.rugplot(data=penguins, x="bill_length_mm", y="bill_depth_mm")
```

代码二：

```
sns.relplot(data = penguins, x = "bill_length_mm", y = "bill_depth_mm", hue = "species")
sns.rugplot(data = penguins, x = "bill_length_mm", y = "bill_depth_mm", hue = "species")
```

得到的结果分别如图 6-35(a)和图 6-35(b)所示。

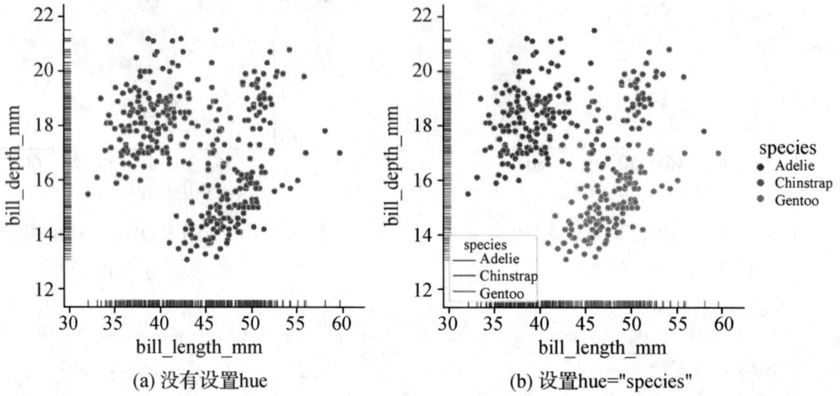

图 6-35　relplot()函数与 rugplot()函数组合使用

Seaborn 还提供了 pariplot()函数,它可以非常简单地构造一个子图矩阵来一次性绘制数据集中单变量分布及变量间两两组合的分布关系。例如,运行如下代码:

```
sns.pairplot(penguins)
```

绘图结果如图 6-36 所示。

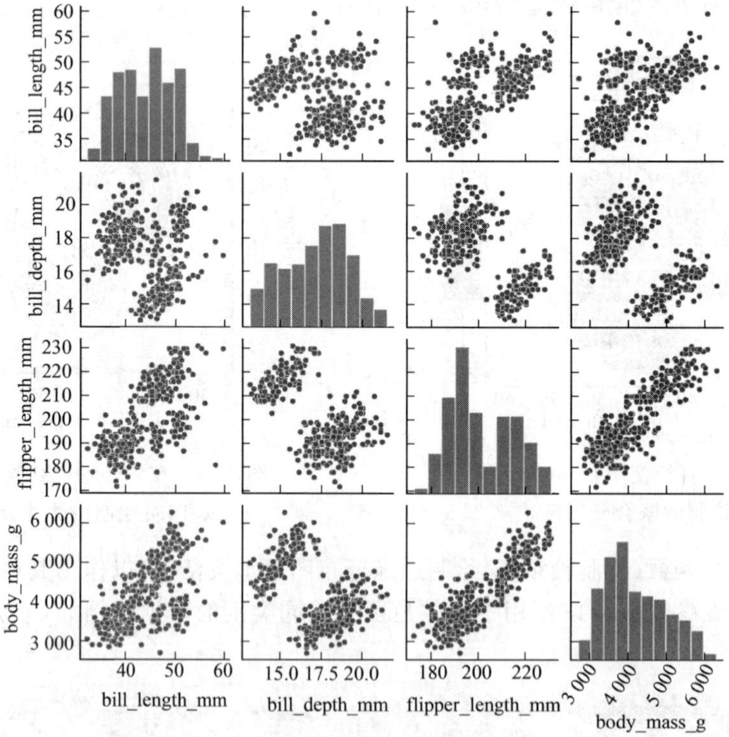

图 6-36　pairplot()函数的绘图结果(penguins 数据集)

与 jointplot()函数和 JointGrid 类的关系类似，pairplot()函数是 PairGrid 类的一个接口。同样，有时直接使用 PairGrid 类能提供更大的灵活性，可以利用 map_upper()、map_lower()和 map_diag()方法分别设置子图矩阵的上三角、下三角及对角线上的图形。例如，运行如下代码：

```
g = sns.PairGrid(penguins)
g.map_upper(sns.histplot)
g.map_lower(sns.kdeplot, fill = True)
g.map_diag(sns.histplot, kde = True)
```

直接使用 PairGrid 类的绘图结果如图 6-37 所示。

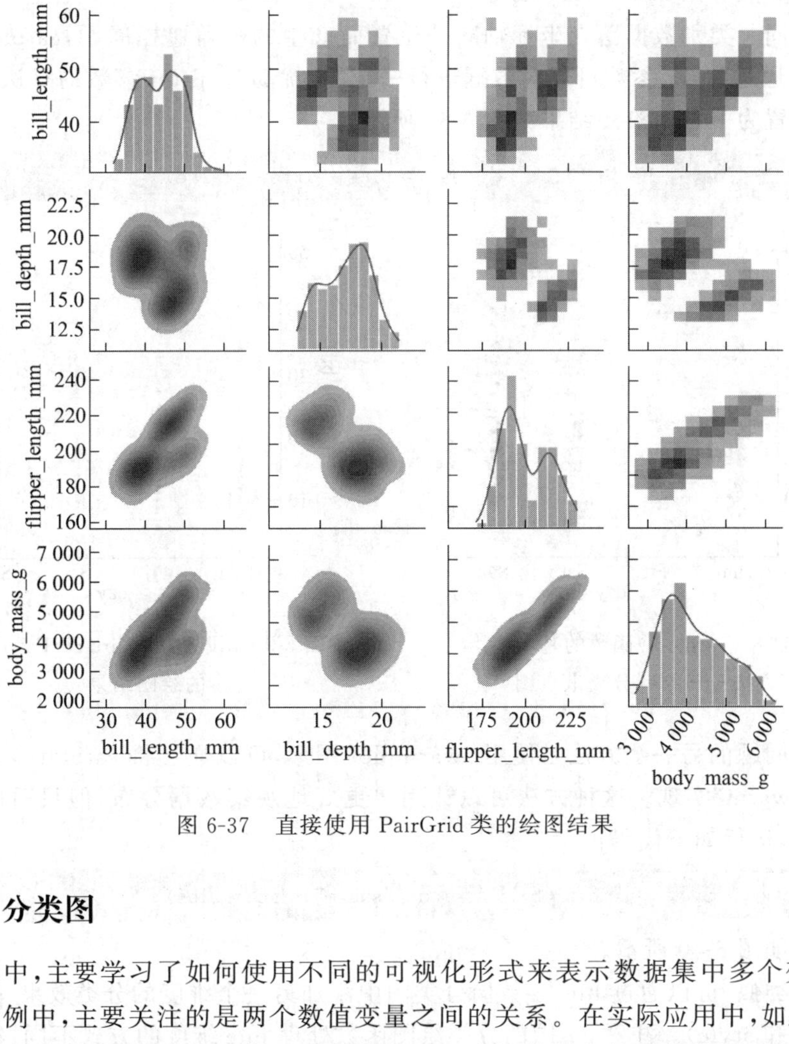

图 6-37　直接使用 PairGrid 类的绘图结果

6.2.3　分类图

在关系图中，主要学习了如何使用不同的可视化形式来表示数据集中多个变量之间的关系。在这些示例中，主要关注的是两个数值变量之间的关系。在实际应用中，如果其中一个主要变量是用于分类的(将数据分为若干个离散的组)，那么使用专门的分类图可能会更加合适。在 Seaborn 中，catplot()函数提供了图形级的访问接口，子图级的接口函数可以分为分类散点图[categorical scatterplots，主要包含 stripplot()和 swarmplot()函数]、分类分布图[categorical distribution plots，主要包含 boxplot()、violinplot()和 boxenplot()函数]和分类估计图

[categorical estimate plots,主要包含 pointplot()、barplot()和 countplot()函数]三大类。catplot()函数是更高层次的访问接口,可以通过设置其 kind 参数实现上述各种绘图函数的效果,可选参数值的范围是{"strip"、"swarm"、"box"、"violin"、"boxen"、"point"、"bar"、"count"},默认值为"strip"。

1. 分类散点图

下面讨论使用 catplot()函数实现不同类型分类散点图的方法。在 catplot()函数中设置默认绘图类型,代码如下:

```
sns.catplot(x = "day", y = "total_bill", data = tips)
```

绘制的分类散点图如图 6-38 所示。

为了解决同一类别数据落在坐标轴同一位置而产生的覆盖遮挡问题,catplot()函数提供了 jitter 参数,通过 jitter 参数可以对数据进行一定的"扰动"。jitter 参数的默认值为 True,以下代码将其设置为 Fasle,绘图结果如图 6-39 所示。

```
sns.catplot(x = "day", j = "total_bill", data = tips, jitter = False)
```

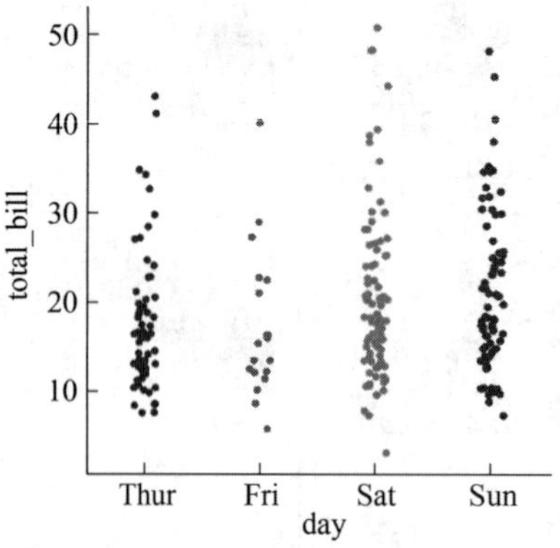

图 6-38 catplot()函数的基本使用方法——绘制分类散点图

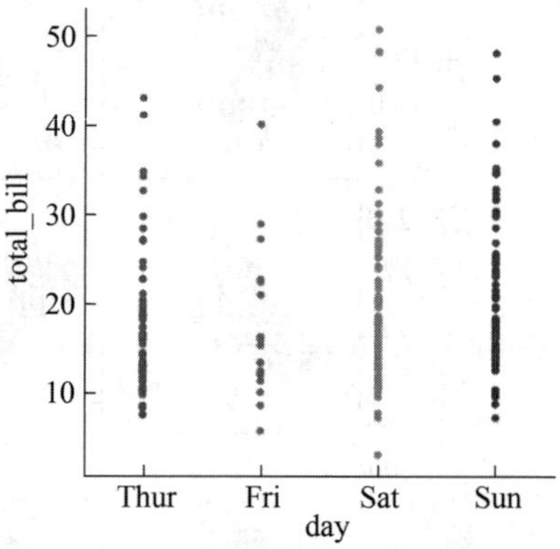

图 6-39 设置参数 jitter=False 时的绘图结果

解决遮挡问题的另一个方法是使用 swarmplot 图形,可以通过将 catplot()函数中的 kind 参数设置为"swarm"实现。这种方法可以让用户更好地观察数据分布,但只适用于比较小的数据集。例如,运行如下代码:

```
sns.catplot(x = "day", y = "total_bill", kind = "swarm", data = tips)
```

绘图结果如图 6-40 所示。

与关系图类似,可以通过 hue 参数向分类图中添加另一个维度的分类效果(分类图目前不支持参数 size 和 style)。注意,不同的分类绘图函数处理 hue 维度的方式不同,在散点图中是通过改变点的颜色实现的。例如,运行如下代码:

```
sns.catplot(x = "day", y = "total_bill", hue = "sex", kind = "swarm", data = tips)
```

绘图结果如图 6-41 所示。

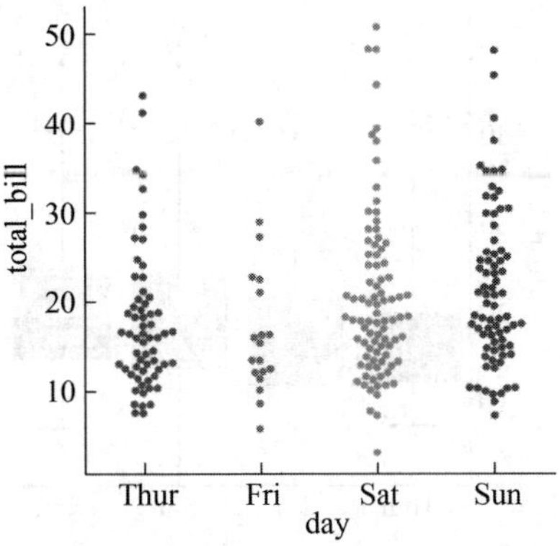

图 6-40　设置参数 kind="swarm"时的绘图结果

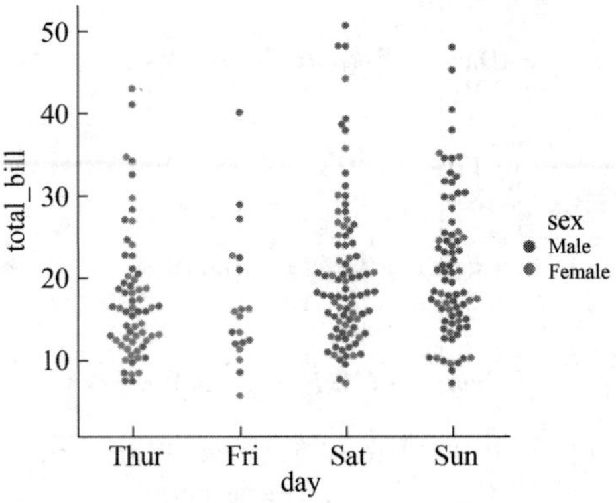

图 6-41　设置参数 hue="sex"时的绘图结果

分类轴上的类别顺序可以通过设置参数 order 指定，否则将按默认排序。例如，分别运行如下代码：

```
sns.catplot(x = "size", y = "total_bill", data = tips)
sns.catplot(x = "smoker", y = "tip", order = ["No", "Yes"], data = tips)
```

默认排序和设置类别排序的绘图结果分别如图 6-42(a)和图 6-42(b)所示。

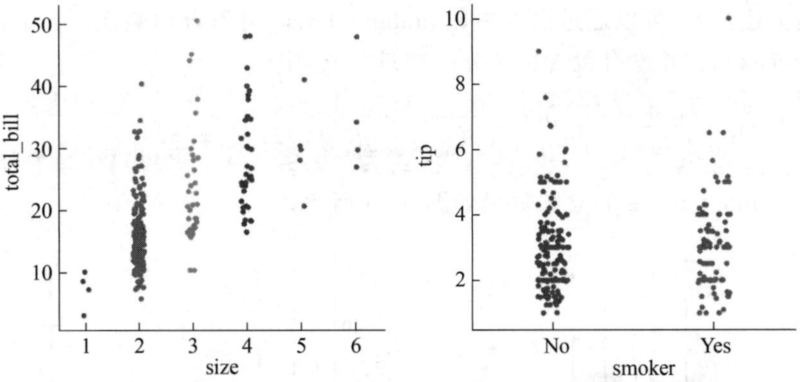

(a)默认排序　(b)设置类别排序

图 6-42　默认排序和设置类别排序的绘图结果

上述示例是以横轴作为分类轴的，但当类别名称相对较长或者类别很多时，以纵轴作为分类轴更加合理。例如，运行如下代码：

```
sns.catplot(x = "total_bill", y = "day", hue = "time", kind = "swarm", data = tips)
```

以纵轴作为分类轴的绘图结果如图 6-43 所示。

2. 分类分布图

随着数据集规模的增长，散点图无法有效地提供每个类别内部的数据分布情况。可以通过调用 boxplot()（盒图）和 violinplot()（小提琴图）函数解决上述问题。

boxplot()函数可以显示数据分布的 3 个四分位数及极值。例如，运行如下代码：

```
sns.catplot(x = "day", y = "total_bill", kind = "box", data = tips)
```

绘制的盒图如图 6-44 所示。

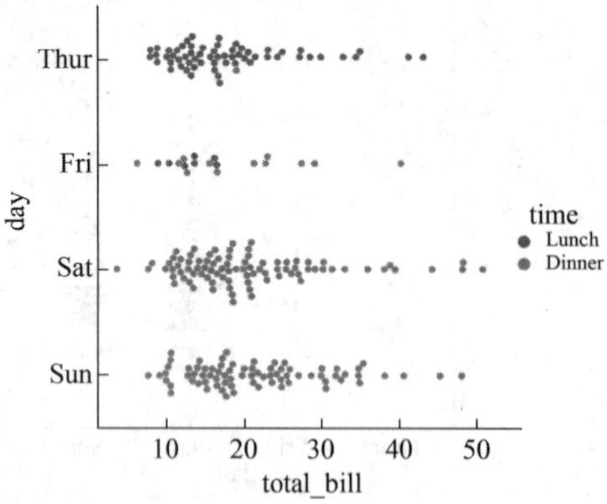

图 6-43　以纵轴作为分类轴的绘图结果

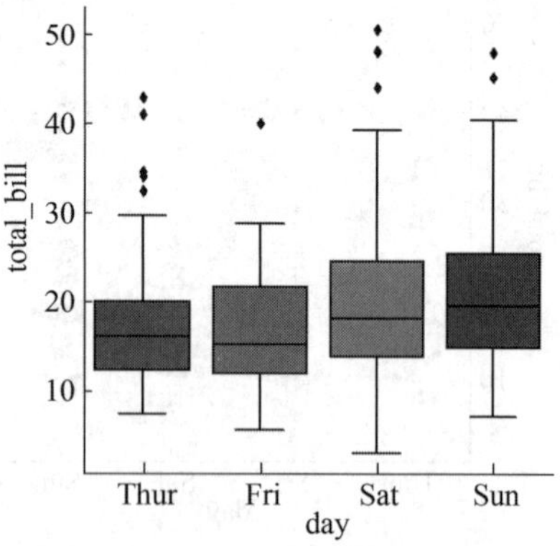

图 6-44　盒图

同样可以通过设置参数 hue 引入另一个分类维度，此时图框不会重叠，称之为“避让”。默认情况下避让是打开的，因为一般假设 hue 参数引入的分类维度是嵌入在主分类变量中的。例如，运行如下代码：

```
sns.catplot(x = "day", y = "total_bill", hue = "smoker", kind = "box", data = tips)
```

设置参数 hue 的绘图结果如图 6-45 所示。

如果不是上述情况，可以通过设置参数 dodge＝False 关闭自动避让。在下面的示例代码中，hue 变量“weekend”并没有包含在主分类变量“day”中。

```
tips["weekend"] = tips["day"].isin(["Sat", "Sun"])
sns.catplot(x = "day", y = "total_bill", hue = "weekend", kind = "box",dodge = False, data = tips)
```

设置参数 dodge＝False 的盒图效果如图 6-46 所示。

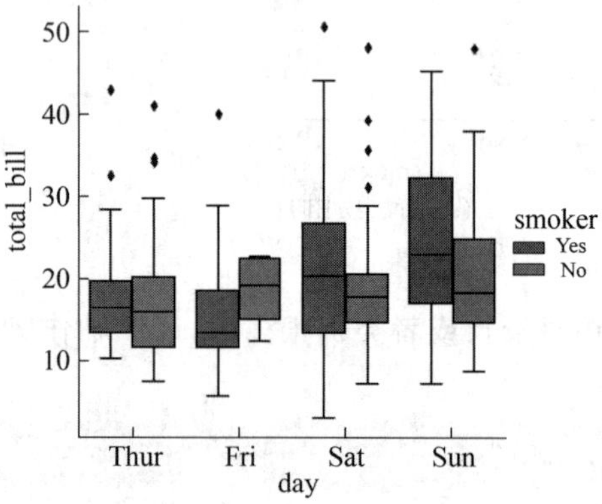

图 6-45　设置参数 hue 的绘图结果

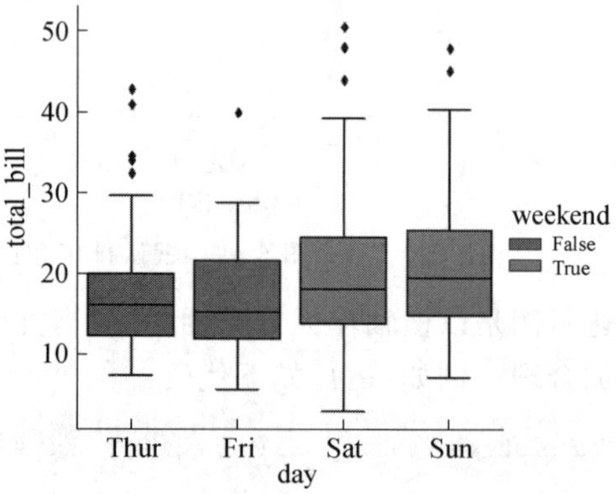

图 6-46　设置参数 dodge＝False 的盒图效果

此外，Seaborn 还提供了一种适用于较大数据集的盒图函数 boxenplot()。利用 boxenplot()函数绘制的盒图在标准盒图的基础上增加了更多的分位数信息，可以提供更丰富的分布信息，绘制的图形更为美观，因此，boxenplot()可以看作增强版的盒图函数。例如，运行如下代码：

```
sns.catplot(x = "color", y = "price", kind = "boxen", data = diamonds.sort_values("color"))
```

调用 boxenplot()函数绘制的增强版盒图如图 6-47 所示。

小提琴图[调用 violinplot()函数绘制]在标准盒图的基础上增加了 KDE 图的信息，让用户更直观地查看数据分布情况。例如，运行如下代码：

```
sns.violinplot(x = "day",y = "total_bill",hue = "sex",data = tips)
```

绘制的小提琴图如图 6-48 所示。

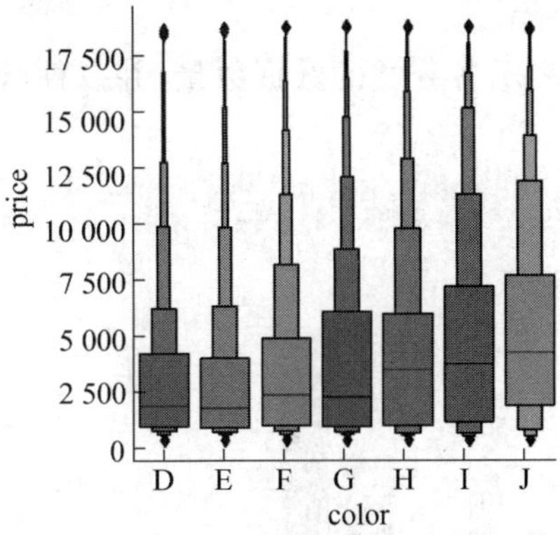

图 6-47 调用 boxenplot()函数绘制的增强版盒图

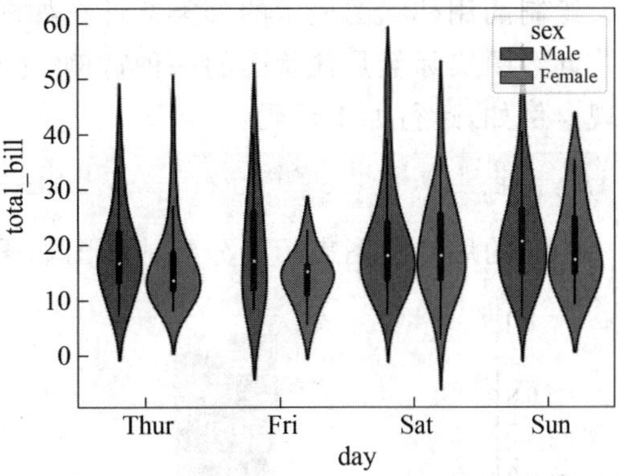

图 6-48 小提琴图

在参数 hue 仅有 2 个取值时，还可通过设置参数 split=True 实现左右数据合并显示。例如，运行如下代码：

```
sns.violinplot(x = "day",y = "total_bill",hue = "sex",data = tips,split = True)
```

左右数据合并显示的结果如图 6-49 所示。

此外，在实际应用中，经常将 swarmplot()或 striplot()函数与 violinplot()函数结合，显示数据集中的每个数据个体及总体分布。例如，运行如下代码：

```
g = sns.catplot(x = "day", y = "total_bill", kind = "violin", inner = None, data = tips)
sns.swarmplot(x = "day", y = "total_bill", color = "k", size = 3, data = tips, ax = g.ax)
```

显示数据集中的每个数据个体及总体分布的结果如图 6-50 所示。

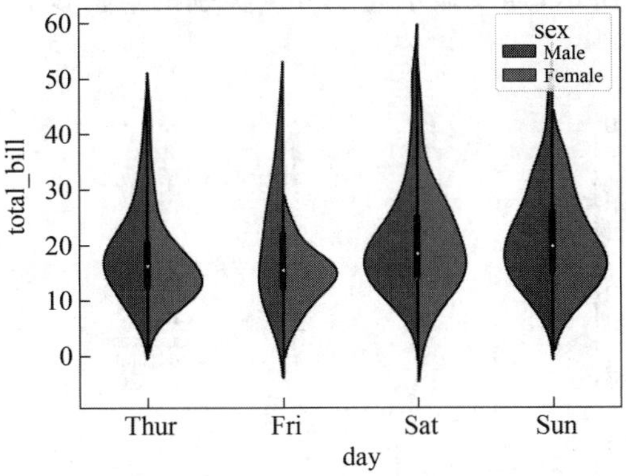

图 6-49 设置参数 split=True 时左右数据合并显示的结果

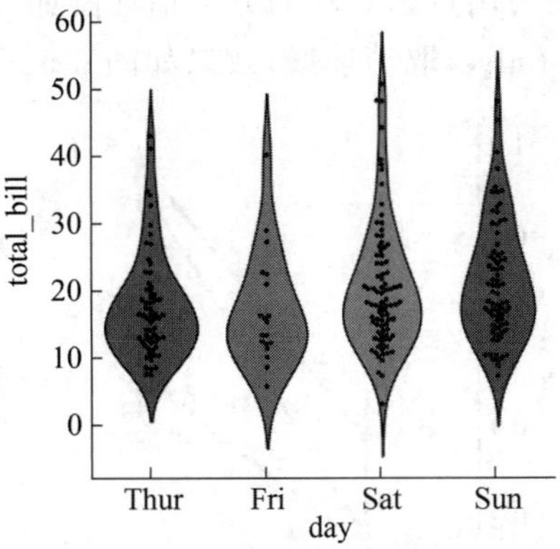

图 6-50 violinplot()与 swarmplot()函数结合，显示数据集中的每个数据个体及总体分布的结果

3. 分类估计图

Seaborn 提供了 barplot()(柱状图)、countplot()(计数图)、pointplot()(点图)函数实现对

数据集中趋势的估计。catplot()函数中参数 kind 的取值范围为{"bar","count","point"}。

柱状图以矩形条表示统计量(平均值、比例、中位数等),矩形条的长短及变化反映了数据的集中趋势,通过误差线体现置信区间。例如,运行如下代码:

```
sns.catplot(x = "sex", y = "survived", hue = "class", kind = "bar", data = titanic)
```

绘制的用柱状图表示的分类估计图如图 6-51 所示。

计数图实际上是柱状图的一种特例,主要用于表示各分类的数据数量,并以柱状图的形式展现。例如,运行如下代码:

```
sns.catplot(x = "deck", kind = "count", palette = "ch:.25", data = titanic)
```

绘制的用计数图表示的分类估计图如图 6-52 所示。

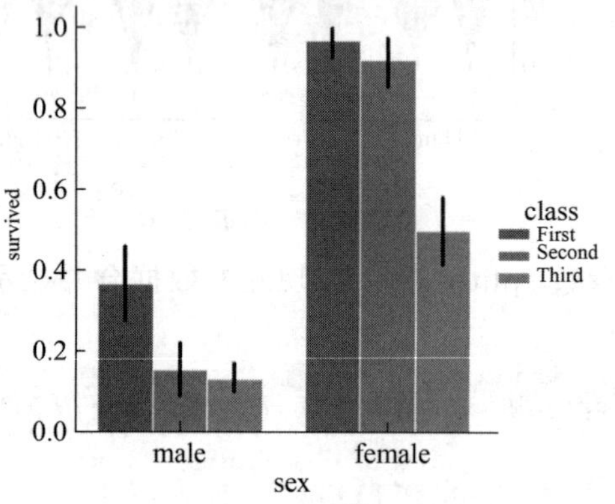

图 6-51 用柱状图表示的分类估计图

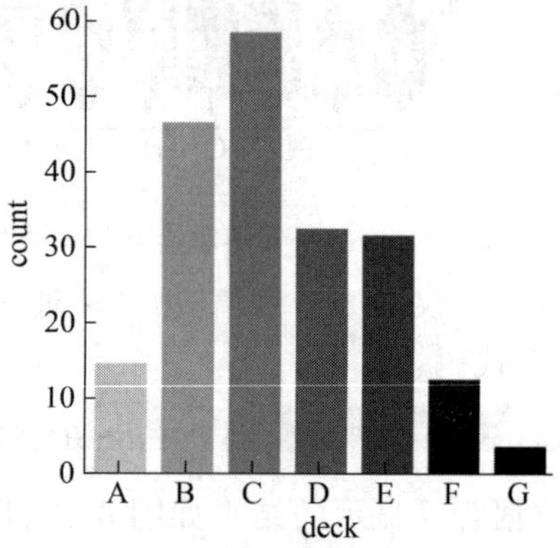

图 6-52 用计数图表示的分类估计图

点图提供了另一种可视化形式,展示数据点的估计值(默认平均值)和置信区间,并连接来自同一 hue 类别的点,通过设置参数 join=False 可以取消连线。例如,运行如下代码:

```
sns.catplot(x = "sex", y = "survived", hue = "class", kind = "point", data = titanic)
```

绘制的用点图表示的分类估计图如图 6-53(a)所示,连线显示同一 hue 类别的点。设置参数 join=False,取消连线,效果如图 6-53(b)所示。

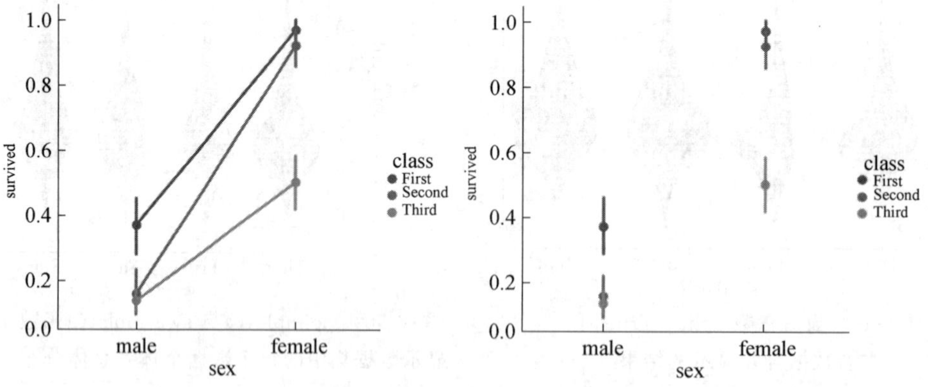

(a) 默认join=True,显示连线

(b)设置参数 join=False,取消连线

图 6-53 用点图表示的分类估计图

虽然分类图没有如关系图一样的 style 参数设置，但是仍然可以通过 markers 和 linestyle 参数实现更加丰富的图形绘制。例如，运行如下代码：

```
sns.catplot(x = "class", y = "survived", hue = "sex", palette = {"male": "g", "female": "m"},
            markers = ["^", "o"], linestyles = ["-", "--"], kind = "point", data = titanic)
```

设置参数 markers 和 linestyle 的绘图结果如图 6-54 所示。

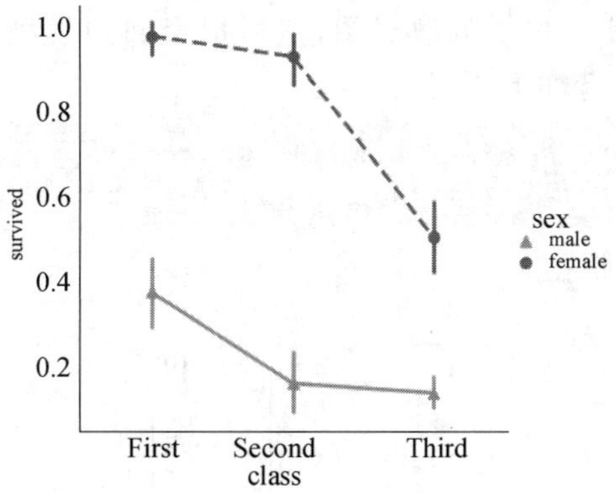

图 6-54　设置参数 markers 和 linestyle 的绘图结果

与 relplot()函数一样，catplot()函数是基于 FacetGrid 类的，因此很容易引入其他维度的变量来实现高维关系的可视化，通过构建多个子图的组合体来表示更加丰富的语义信息。例如，运行如下代码：

```
sns.catplot(x = "day", y = "total_bill", hue = "smoker",
            col = "time", aspect = .7, kind = "swarm", data = tips)
```

使用 catplot()函数绘制的结构化网格图如图 6-55 所示。

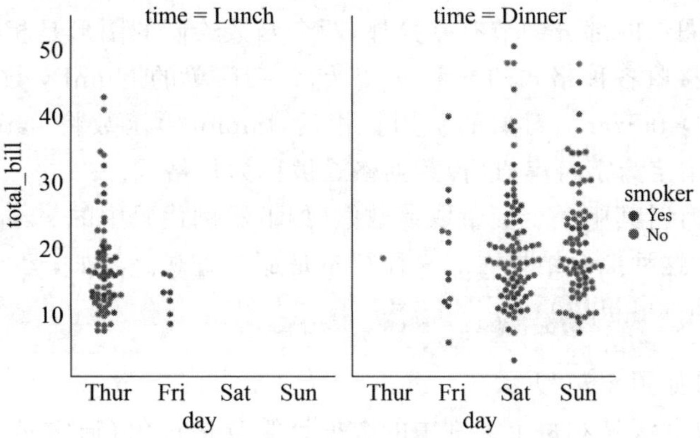

图 6-55　使用 catplot()函数绘制的结构化网格图

6.2.4　回归图

许多数据集包含多个数值型变量，数据分析的目标通常是探究这些变量之间的关系。前面介绍了可以通过显示两个变量的联合分布来展示变量之间的关系，但是，有时使用统计模型来估计两组包含噪声的数据之间的关系更有优势，本节将讨论如何通过绘制线性回归图进行估计。Seaborn 中提供了两个绘制线性回归图的函数：regplot()和 lmplot()，以及一个残差函数 residplot()。

1. regplot()和 lmplot()函数

regplot()函数和 lmplot()函数非常相似，它们共享大部分核心功能。在最简单的调用中，两个函数都绘制了两个变量 x 和 y 的散点图，然后拟合回归模型，绘制回归线和该回归模型的 95%置信区间。例如，运行如下代码：

```
sns.regplot(x = "total_bill", y = "tip", data = tips)
sns.lmplot(x = "total_bill", y = "tip", data = tips)
```

得到的结果如图 6-56 所示。

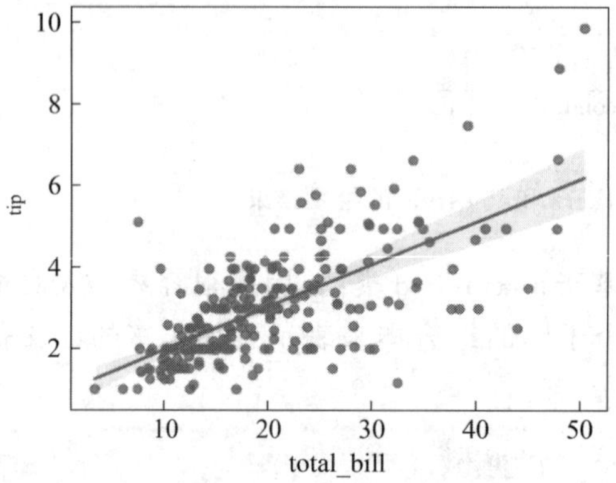

(a) 调用regplot()函数绘制的图形

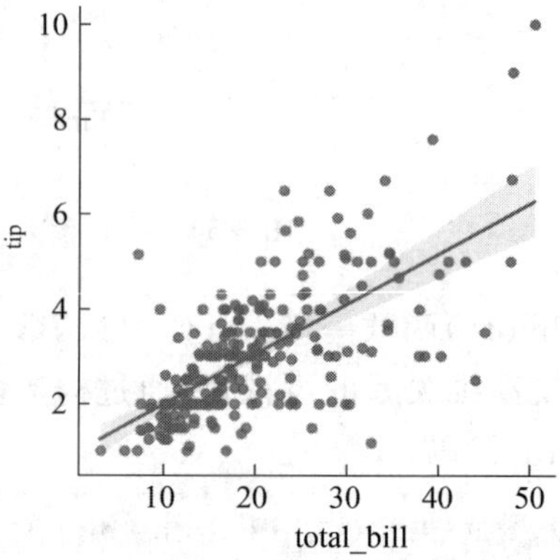

(b) 调用lmplot()函数绘制的图形

图 6-56　regplot()函数和 lmplot()函数的基本使用效果

可以看到，除了图形的部分细节有差异外，两个函数绘制的图形是相同的。两者的主要区别是，regplot()函数接收各种格式的 x 和 y 变量，包括简单的 NumPy 数组、Series 对象，或者传递给 data 变量的 DataFrame 对象的引用。相反，lmplot()函数将 data 变量作为必需的参数，x 和 y 变量必须指定为字符串，这种数据格式被称为长格式。

在实际应用中，有时其中一个变量取离散值(如下示例代码中的 size 表示人数)，虽然仍然可以拟合数据，但是，这种拟合结果看起来往往不是那么直观。例如，运行如下代码：

```
sns.lmplot(x = "size", y = "tip", data = tips)
```

得到的拟合结果如图 6-57 所示。

一个简单的解决办法是对每个类别中的数据计算其估计值(通常是平均值或中位数)，从而绘制出数据的集中趋势以及置信区间。例如，运行如下代码：

```
sns.lmplot(x = "size", y = "tip", data = tips, x_estimator = np.mean)
```

设置参数 x_estimator 的拟合结果如图 6-58 所示。

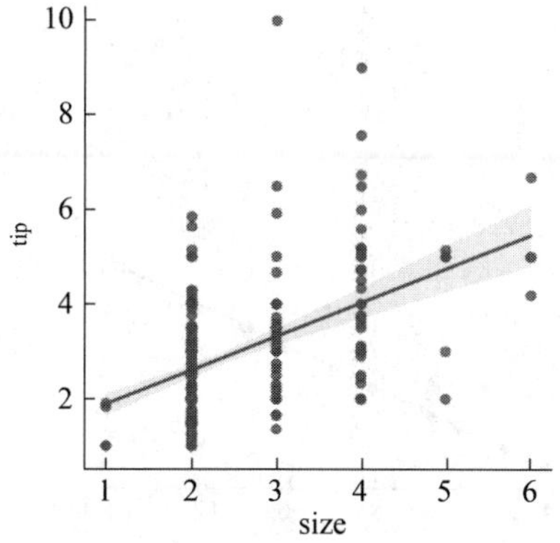

图 6-57 其中一个变量取离散值的拟合结果

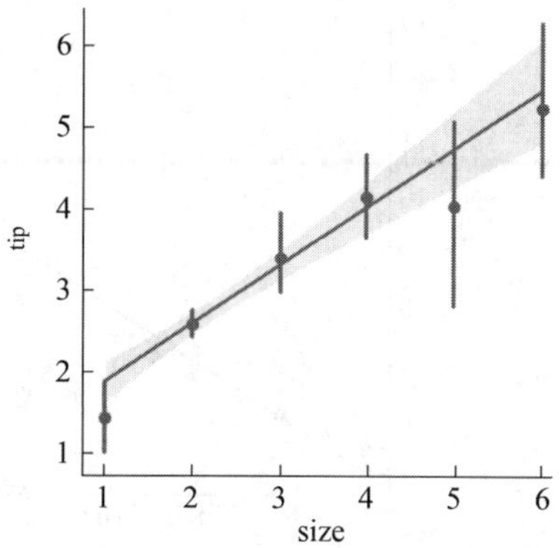

图 6-58 设置参数 x_estimator 的拟合结果

此外,lmplot()函数和 regplot()函数还可以通过设置 order 参数拟合一个多项式回归模型,从而探索数据集中存在的高阶非线性关系,order 参数的默认值为 1。例如,分别运行如下代码:

```
sns.lmplot(x = "x", y = "y", data = anscombe.query("dataset  ==  'II'"), ci = None, scatter_kws =
        {"s": 80})
sns.lmplot(x = "x", y = "y", data = anscombe.query("dataset  ==  'II'"), order = 2, ci = None,
        scatter_kws = {"s": 80})
```

设置参数 order 的多项式回归模型的拟合结果如图 6-59 所示。

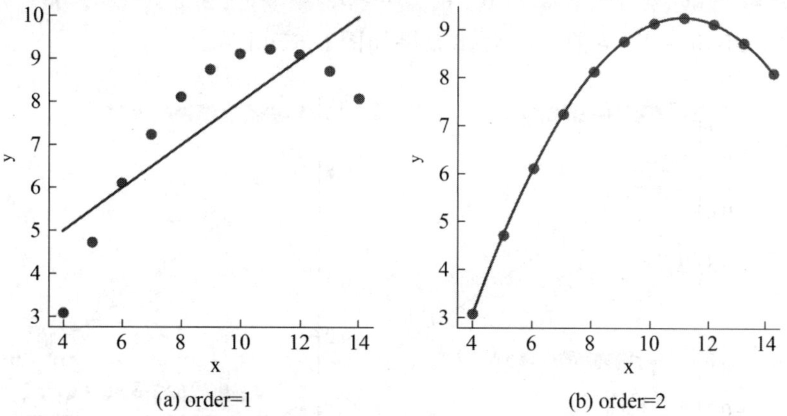

图 6-59 设置参数 order 的多项式回归模型的拟合结果

数据集中存在离群点会对回归模型造成较大影响,可以通过设置 robust=True 来拟合鲁棒回归模型,它使用不同的损失函数来降低相对较大的残差。例如,分别运行如下代码:

```
sns.lmplot(x = "x",y = "y", data = anscombe.query("dataset  ==  'III'"), ci = None, scatter_kws =
        {"s": 80})
sns.lmplot(x = "x",y = "y", data = anscombe.query("dataset  ==  'III'"), robust = True, ci = None,
        scatter_kws = {"s": 80})
```

离群点的处理效果对比如图 6-60 所示。

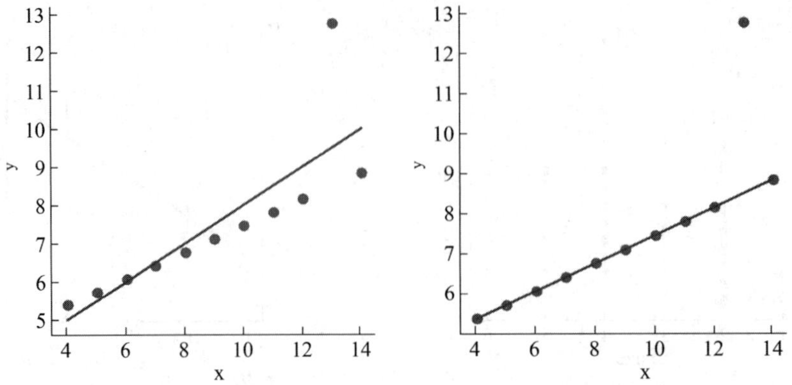

(a) 非鲁棒回归模型　　(b) 鲁棒回归模型

图 6-60　离群点的处理效果对比

当变量 y 是二元变量(例如只能取 0 或 1)时,仍然可以构建简单的回归模型,但结果没有太多的实际意义。这种情况下的解决方案是使用 logistic 参数设置逻辑回归,这样的回归线显示给定 x 值时 $y=1$ 的估计概率。例如,分别运行如下代码:

```
tips["big_tip"] = (tips.tip / tips.total_bill) > .15
sns.lmplot(x="total_bill", y="big_tip", data=tips, y_jitter=.03)

tips["big_tip"] = (tips.tip / tips.total_bill) > .15
sns.lmplot(x="total_bill", y="big_tip", data=tips, logistic=True, y_jitter=.03)
```

设置参数 logistic=True 前后的对比效果如图 6-61 所示。

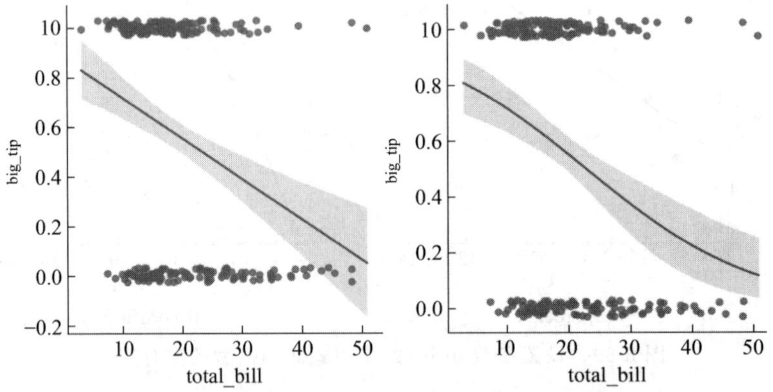

(a) 线性回归　　(b) 逻辑回归

图 6-61　设置参数 logistic=True 前后的对比效果

注意,与简单回归相比,逻辑回归的计算量要大得多(鲁棒回归也是如此),可以关闭回归线周围的置信区间计算(设置参数 ci=None)以实现更快的迭代。

2. 残差函数 residplot()

残差函数 residplot()是一个检查简单回归模型是否适用于数据集的有效工具,它主要用于绘制数据残差的散点图。理想情况下,这些值应该随机分布在 $y=0$ 的周围,并且没有明显模式，即数据分布没有明显规律，如图 6-62 所示。图 6-63 为数据分布有明显模式的情况。例如，运行如下代码：

```
sns.residplot(x = "x",y = "y",data = anscombe.query("dataset ==  'I'"), scatter_kws = {"s", 80})
```

绘制的有效模型的残差图如图 6-62 所示。

如果残差分布有明显规律，说明简单线性回归是不合适的。例如，运行如下代码：

```
sns.residplot(x = "x", y = "y", data = anscombe.query("dataset == 'II'"), scatter_kws = {"s":80})
```

绘制的无效模型的残差图如图 6-63 所示。

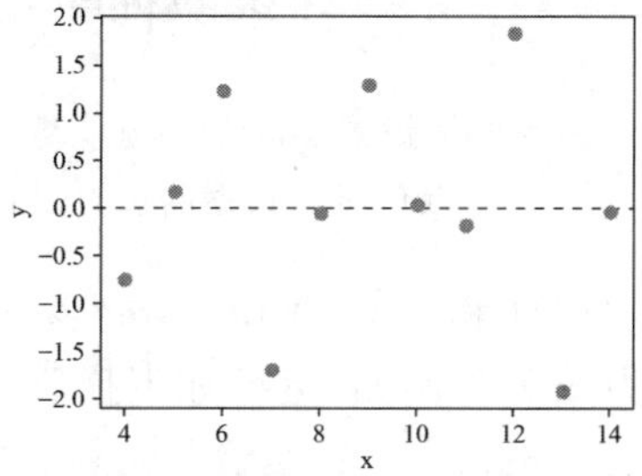

图 6-62　有效模型的残差图

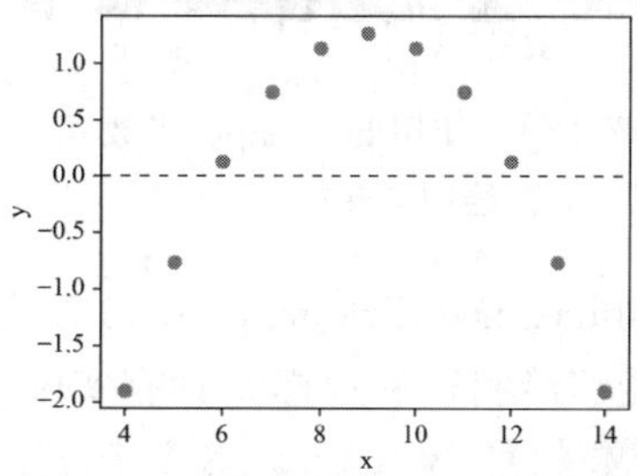

图 6-63　无效模型的残差图

6.2.5　矩阵图

Seaborn 的矩阵图提供了 heatmap()（绘制热力图）和 clustermap()（绘制分层聚类热力图）两个绘图函数。其中，热力图将数据绘制为颜色编码矩阵；分层聚类热力图用于绘制分层聚类的热力图。

回归的高级应用

1. 热力图

heatmap()函数的基本用法如下：

```
uniform_data = np.random.rand(10, 12)
ax = sns.heatmap(uniform_data)
```

绘制的热力图如图 6-64 所示。

可以设置 vmin、vmax 参数进行颜色范围的限制，参数的含义是数据小于或等于 vmin 的数据时，以 vmin 代表的颜色显示，数据大于或等于 vmax 的数据时，以 vmax 代表的颜色显示。例如，运行如下代码：

```
ax = sns.heatmap(uniform_data, vmin = 0, vmax = 0.6)
```

设置 vmin 和 vmax 参数以不同颜色显示数据的热力图如图 6-65 所示。

参数 center 用于指定颜色的中心值，通过该参数可以调整热力图的颜色深浅。例如，绘制以 0 为中心的热力图，代码如下：

```
normal_data = np.random.randn(10, 12)
ax = sns.heatmap(normal_data, center = 0)
```

得到的结果如图 6-66 所示。

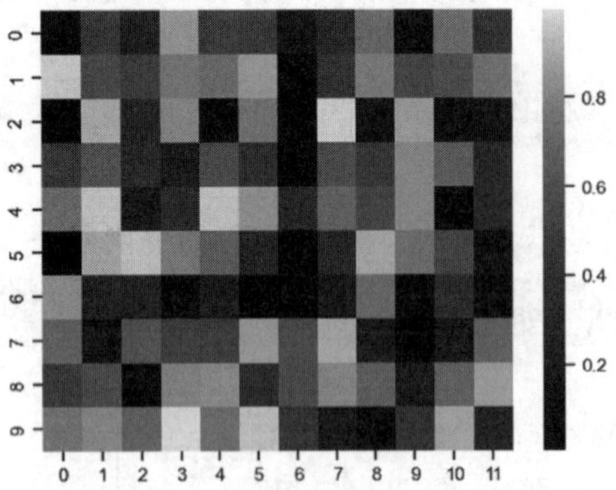

图 6-64　使用 heatmap()函数绘制的热力图

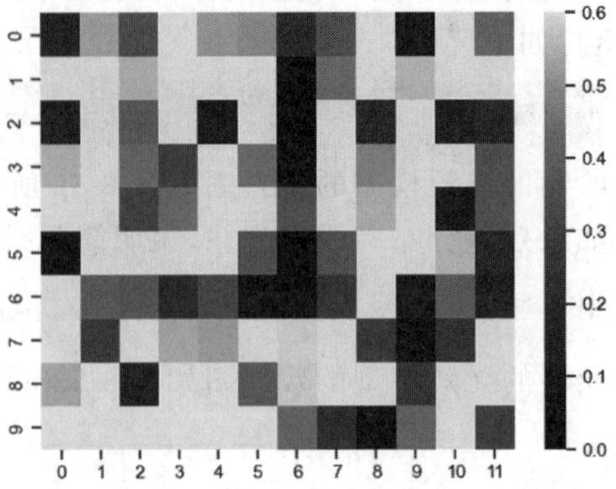

图 6-65　设置 vmin、vmax 参数以不同颜色显示数据的热力图

利用 pandas. DataFrame. pivot()方法可以按照行、列和值对 DataFrame 类型数据进行重构,然后就能够绘制行和列标签具有实际意义的热力图了。例如,运行如下代码:

```
flights = flights.pivot(index = 'month', columns = 'year', values = 'passengers')
ax = sns.heatmap(flights)
```

得到的结果如图 6-67 所示。

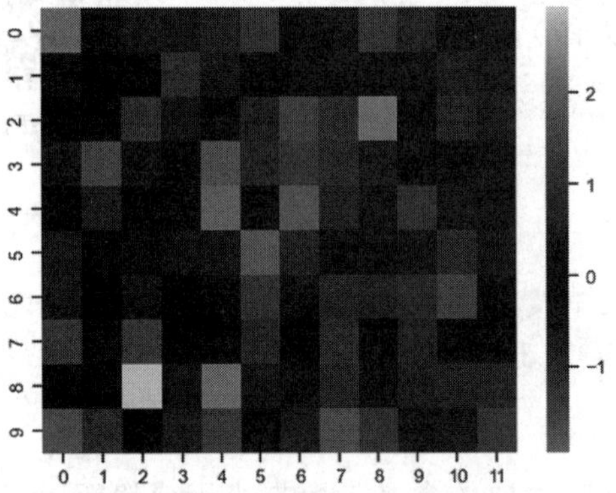

图 6-66　以 0 为中心的热力图

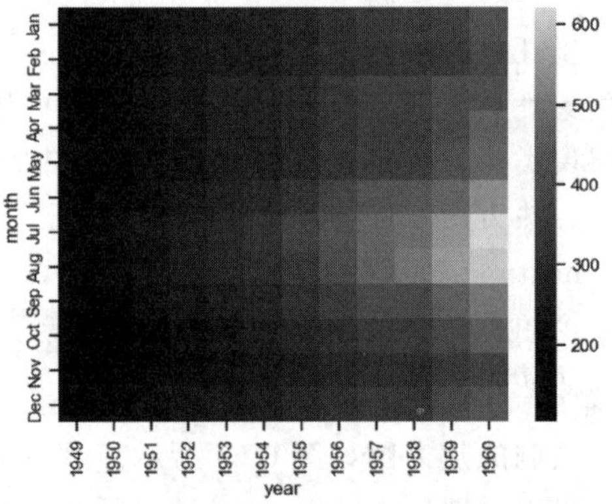

图 6-67　行和列标签具有实际意义的热力图

还可以在每个单元格中标注数据,并通过设置参数 linewidths 在每个单元格之间添加分隔线,使热力图信息更加丰富和清晰美观。例如,运行如下代码:

```
ax = sns.heatmap(flights, annot = True, fmt = "d",linewidths = .5)
```

得到的结果如图 6-68 所示。

此外,还可以对热力图的外观进行一些设置,如使用不同的颜色图、隐藏颜色条等。例如,运行如下代码:

```
ax = sns.heatmap(flights, cmap = "YlGnBu", linewidths = .5,cbar = False)
```

得到的结果如图 6-69 所示。

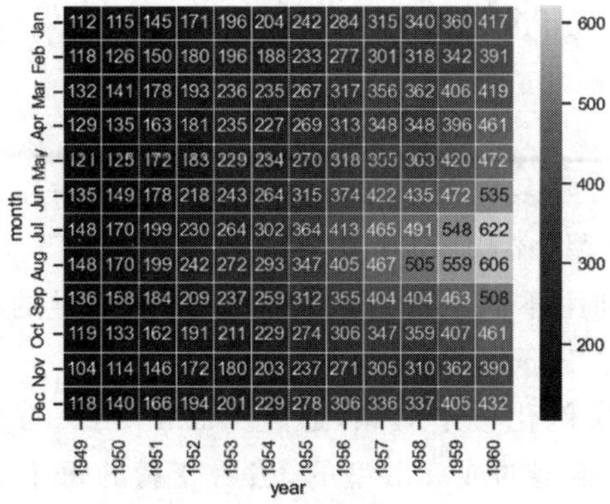

图 6-68 标注数据并添加分隔线的热力图

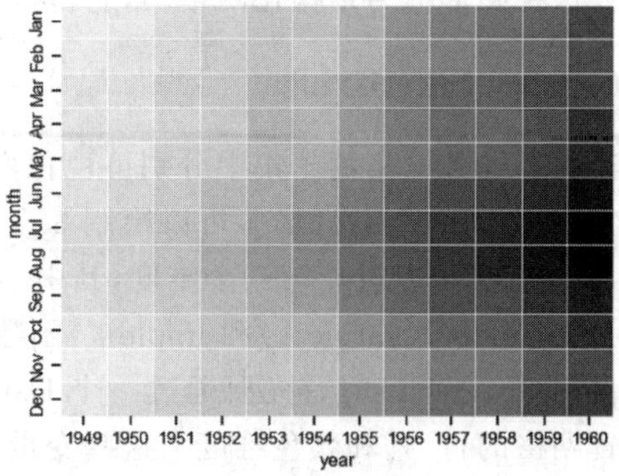

图 6-69 设置颜色图并隐藏颜色条的热力图

2. 分层聚类热力图

clustermap()函数可以根据变量的相关性进行聚类，从而发现热力图数据的潜在结构。clustermap()函数可以通过设置参数 metric 使用不同的相似度度量，默认为欧几里得距离 euclidean，可选距离参数范围为{"braycurtis","canberra","chebyshev","cityblock","correlation","cosine","hamming","jaccard","mahalanobis","minkowski"}等。还可以通过设置参数 method 使用不同的聚类方法，默认为 average 算法，可选值范围为{"single","complete","weighted","centroid","median"}等。另外，还可以设置是否对行数据或列数据进行标准化，参数 standard_scale 对应的值分别为 0 和 1。

clustermap()函数的基本用法如下：

```
g = sns.clustermap(flights, cmap = "YlGnBu",standard_scale = 1)
```

得到的结果如图 6-70 所示。

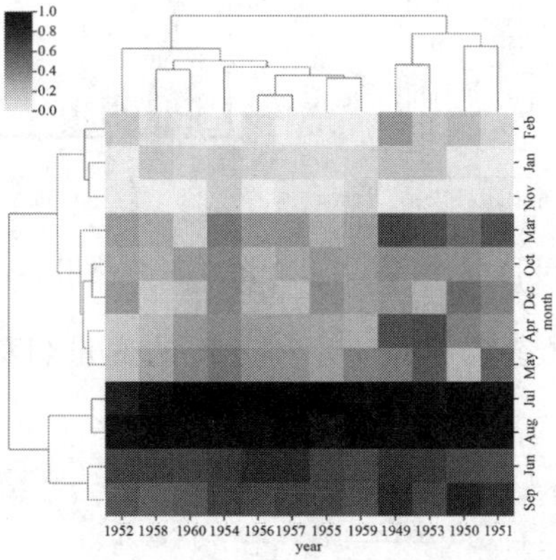

图 6-70 使用 clustermap()函数绘制的分层聚类热力图

6.3 结构化网格图

在探索多维数据时，一种高效的方法是在数据集的不同子集上绘制同一类型图形的多个实例。这种图形称为结构化网格图,它可以快速提取关于复杂数据集的大量信息。

6.3.1 FacetGrid

当需要在数据集的子集中分别可视化变量的分布或多个变量之间的关系时,FacetGrid 对象非常有用。FacetGrid 最多可以绘制 3 个维度的变量:row、col 和 hue。前两个变量表示轴变量,hue 变量可以看作第三个维度,其中不同的类别用不同的颜色绘制。前面介绍过的 relplot()、displot()、catplot()和 lmplot()函数都是基于 FacetGrid 的。

使用 FacetGrid 时首先要通过一个 DataFrame 实例化一个对象,通过 DataFrame 的变量名设置网格的行、列和颜色维度。这些变量应该是分类型的或离散型的,然后变量的每个类别的数据将用于网格图的一个子图。例如,想检查 tips 数据集中午餐和晚餐之间的差异,首先实例化一个 FacetGrid 对象,并指定 col="time",代码如下:

```
tips = sns.load_dataset("tips")
g = sns.FacetGrid(tips, col = "time")
```

得到的结果如图 6-71 所示。

然后使用 FacetGrid.map()方法在这个空白网格上对数据进行可视化。在下面的示例代码中,使用直方图查看每个子集(time=Lunch/Dinner)中小费金额的数据分布。

```
g.map(sns.histplot, "tip")
```

绘图结果如图 6-72 所示。

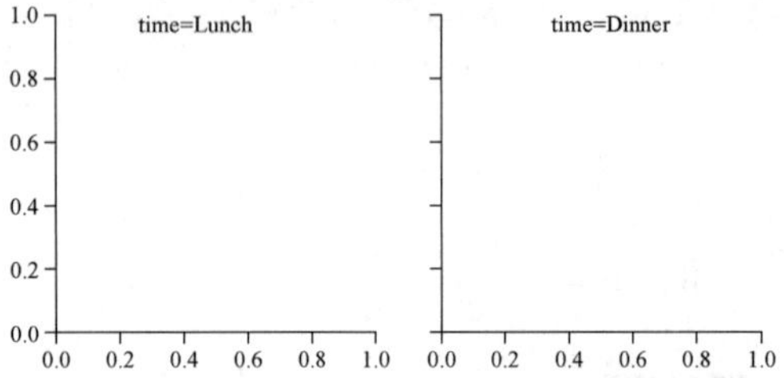

图 6-71 实例化一个 FacetGrid 对象的结果

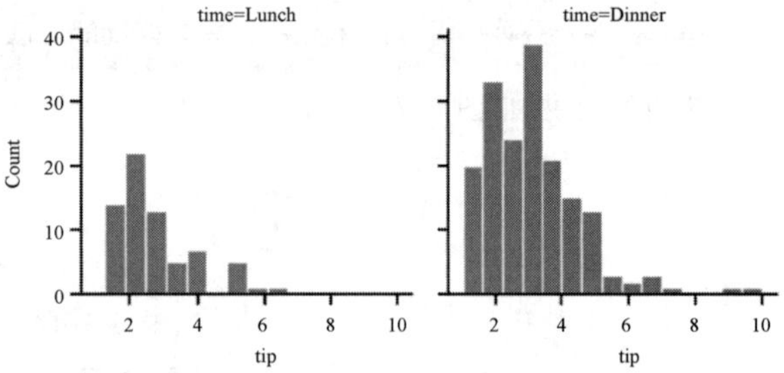

图 6-72 使用 FacetGrid.map()方法的绘图结果

在绘制关系图时,可以设置参数 row、col 和 hue 的变量名称,从而方便地完成图形绘制。例如,运行如下代码:

```
g = sns.FacetGrid(tips, row = "time", col = "sex",
                  hue = "smoker", margin_titles = True)
g.map(sns.scatterplot, "total_bill", "tip", alpha = .7)
g.add_legend()
```

绘图结果如图 6-73 所示。

还可以通过设置子图高度以及纵横比来控制图形的大小。例如,运行如下代码:

```
g = sns.FacetGrid(tips, col = "day", height = 4, aspect = .5)
g.map(sns.barplot, "sex", "total_bill",order = ["Male", "Female"])
```

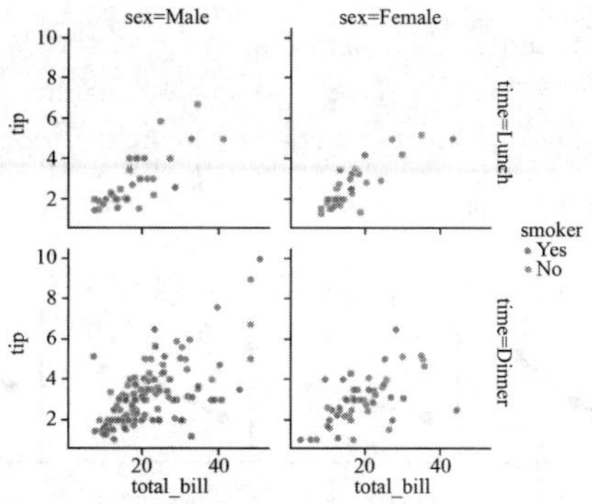

图 6-73　设置参数 row、col 和 hue 的变量名称的绘图结果

绘图结果如图 6-74 所示。

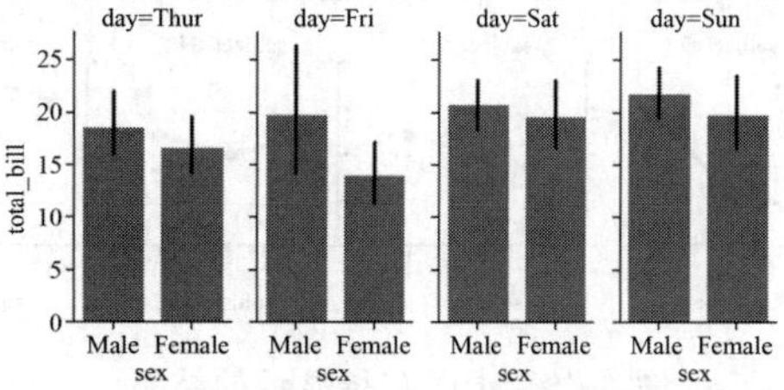

图 6-74　设置子图高度及纵横比的绘图结果

在网格图中，各子图的默认排列顺序是由 DataFrame 中变量的特点决定的，也可以通过设置参数 row_order 或 col_order 指定子图的排列顺序。例如，运行如下代码：

```
ordered_days = tips.day.value_counts().index
g = sns.FacetGrid(tips, row = "day", row_order = ordered_days, height = 1.7, aspect = 4,)
g.map(sns.kdeplot, "total_bill")
```

得到的结果如图 6-75 所示。

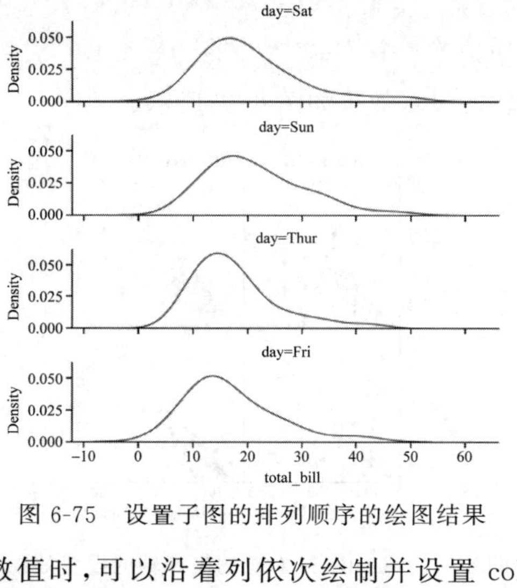

图 6-75　设置子图的排列顺序的绘图结果

当一个变量有多个离散值时，可以沿着列依次绘制并设置 col_wrap 参数对其进行“封装”，使子图跨越多行。在执行此操作时，不能使用 row 参数。例如，运行如下代码：

```
attend = sns.load_dataset("attention").query("subject <= 12")
g = sns.FacetGrid(attend, col = "subject", col_wrap = 4, height = 2, ylim = (0, 10))
g.map(sns.pointplot, "solutions", "score", order = [1, 2, 3], color = ".3", ci = None)
```

子图跨行显示的结果如图 6-76 所示。

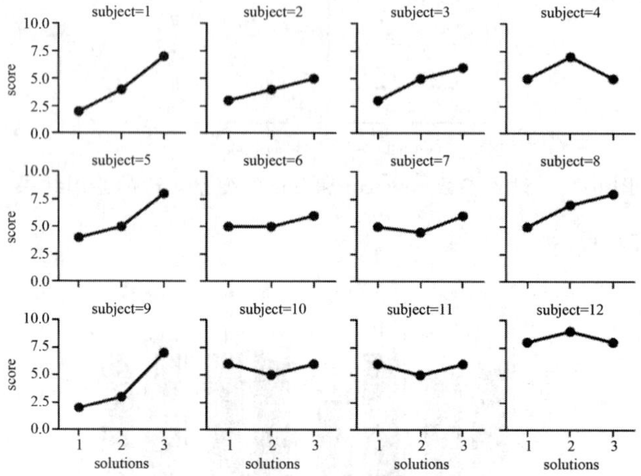

图 6-76　子图跨行显示的结果

FacetGrid 对象上还有许多方法用于在更高的抽象级别上操作图形。常用的方法包括 set()、set_axis_labels()等,利用这些方法可以方便地对坐标轴刻度、标签进行灵活设置。例如,运行如下代码:

```
g = sns.FacetGrid(tips, row = "sex",col = "smoker",
                  margin_titles = True, height = 2.5)
g.map(sns.scatterplot, "total_bill", "tip", color = "#334488")
g.set_axis_labels("Total bill (US Dollars)", "Tip")
g.set(xticks = [10, 30, 50], yticks = [2, 6, 10])
g.figure.subplots_adjust(wspace = .02, hspace = .02)
```

FacetGrid 对象的坐标轴的设置效果如图 6-77 所示。

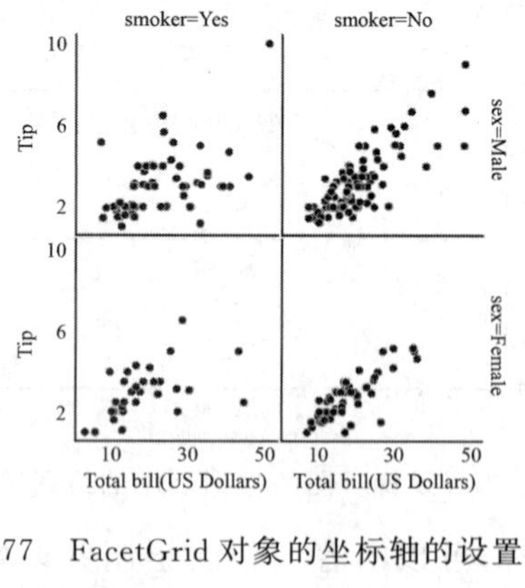

图 6-77　FacetGrid 对象的坐标轴的设置效果

6.3.2　PairGrid

PairGrid 支持使用相同的绘图类型快速绘制网格图。在 PairGrid 中，每一行和每一列都被分配给不同的变量，因此可以显示数据集中每对变量的关系。这种类型的图形有时被称为散点图矩阵，这是最常见的呈现方式，但 PairGrid 不限于绘制散点图。

理解 FacetGrid 和 PairGrid 之间的区别是很重要的。在 FacetGrid 中，每个子图都以其他变量的不同类别为条件，显示相同变量对之间的关系。在 PairGrid 中，每个子图都显示不同变量对之间的关系。使用 PairGrid 可以对数据集中每两个变量之间的关系进行非常快速、高级的总体呈现。PairGrid 的基本用法与 FacetGrid 非常相似：首先初始化网格，然后以参数传递的方式给 map()方法设置一个绘图函数，并在每个子图上调用它。与之相关的还有一个之前介绍过的函数——pairplot()，它以牺牲一些灵活性为代价实现了更便捷的绘图。首先看一个简单的示例，把对角线上的子图设置为直方图，其他位置的子图设置为散点图，具体代码如下：

```
g = sns.PairGrid(iris)
g.map_diag(sns.histplot)
g.map_offdiag(sns.scatterplot)
```

得到的网格图如图 6-78 所示。

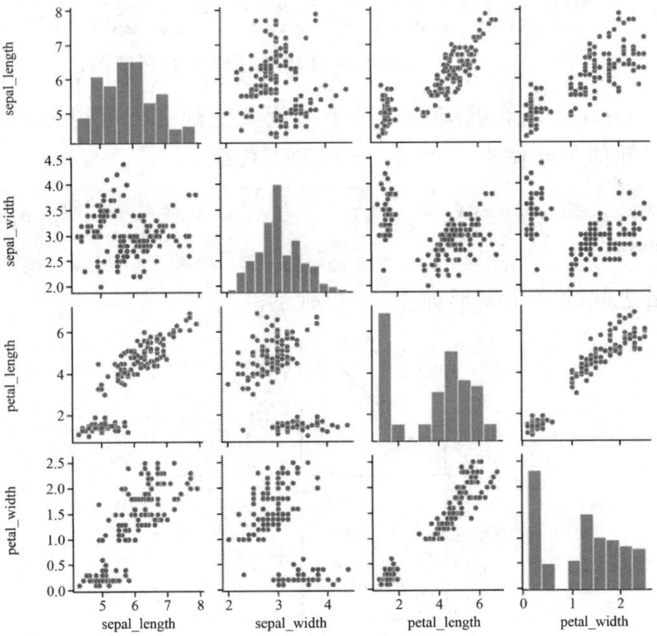

图 6-78　使用 PairGrid 绘制的网格图

与前文介绍过的大多数函数一样，PairGrid 可以通过设置参数 hue 将不同类别的数据用不同颜色进行区分。例如，运行如下代码：

```
g = sns.PairGrid(iris, hue = "species")
g.map_diag(sns.histplot)
g.map_offdiag(sns.scatterplot)
g.add_legend()
```

用不同颜色区分鸢尾花种类的网格图如图 6-79 所示。

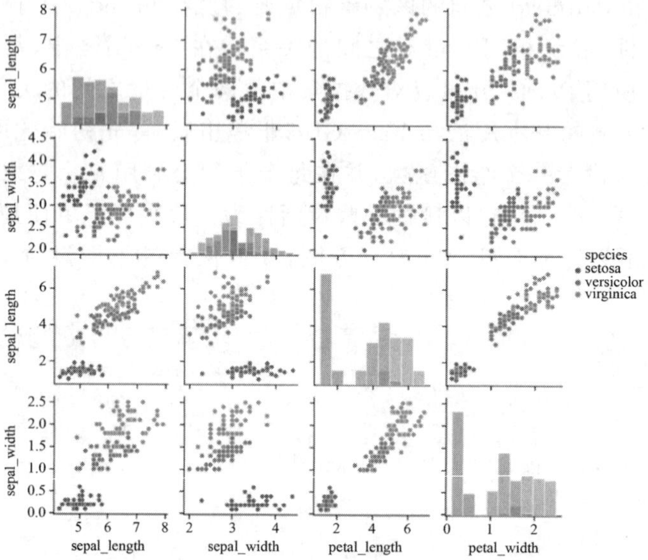

图 6-79　用不同颜色区分鸢尾花种类的网格图

默认情况下，PairGrid 使用数据集中的每个数值型变量进行可视化，也可以通过设置参数 vars 绘制特定变量之间的关系图形。例如，运行如下代码：

```
g = sns.PairGrid(iris, vars = ["sepal_length", "sepal_width"], hue = "species")
g.map(sns.scatterplot)
```

绘制的特定变量之间的关系图形如图 6-80 所示。

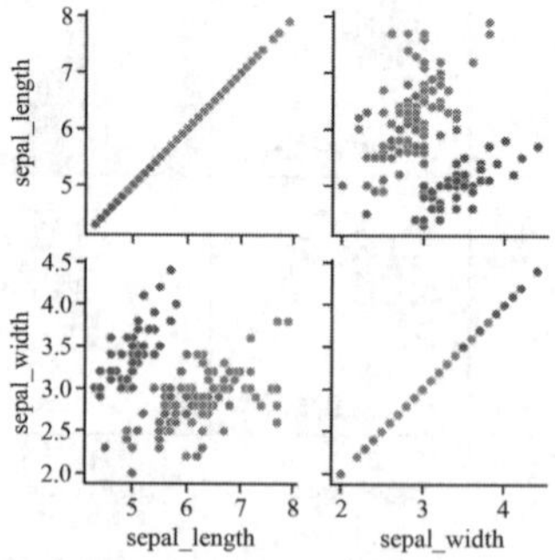

图 6-80　特定变量之间的关系图形

在更复杂的应用中，还可以在上三角、下三角形及对角线上使用不同的绘图函数来突出变量关系的不同方面的特点。例如，运行如下代码：

```
g = sns.PairGrid(iris)
g.map_upper(sns.scatterplot)
g.map_lower(sns.kdeplot)
g.map_diag(sns.kdeplot, lw=3, legend=False)
```

得到的结果如图 6-81 所示。

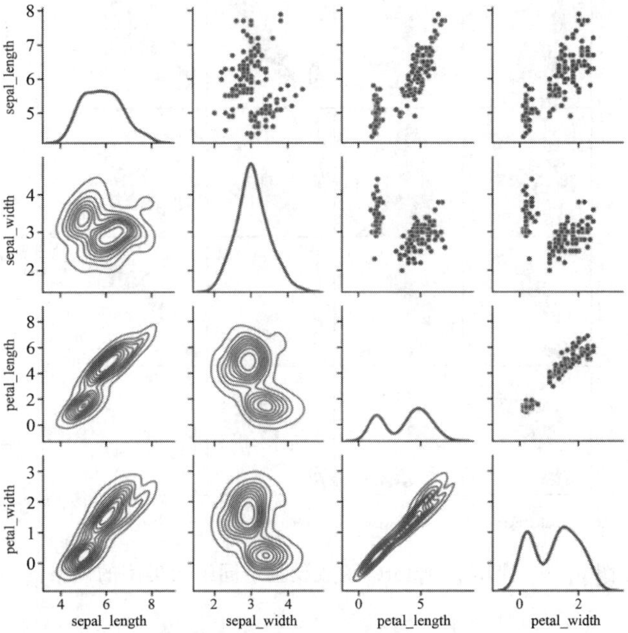

图 6-81 用多种绘图类型突出变量关系的不同方面的特点

实际上,对角线上有恒等关系的正方形网格图只是一种特殊情况,还可以根据需要在行和列中绘制不同变量的非正方形网格图。例如,运行如下代码:

```
g = sns.PairGrid(tips, y_vars=["tip"],
                 x_vars=["total_bill", "size"], height=4)
g.map(sns.regplot, color=".3")
g.set(ylim=(-1, 11), yticks=[0, 5, 10])
```

得到的结果如图 6-82 所示。

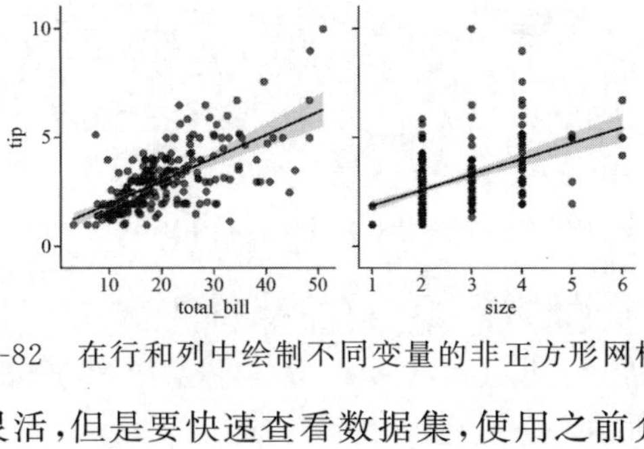

图 6-82 在行和列中绘制不同变量的非正方形网格图

PairGrid 的使用非常灵活,但是要快速查看数据集,使用之前介绍的 pairplot()函数可能更加方便。该函数默认使用散点图和直方图,也可以通过参数 diag_kind 和 kind 灵活设置不同的绘图类型。如下示例代码在对角线上绘制 KDE 图，在非对角线上绘制回归图：

```
sns.pairplot(iris, hue = "species", diag_kind = "kde",
             kind = "reg",height = 2.5)
```

得到的结果如图 6-83 所示。

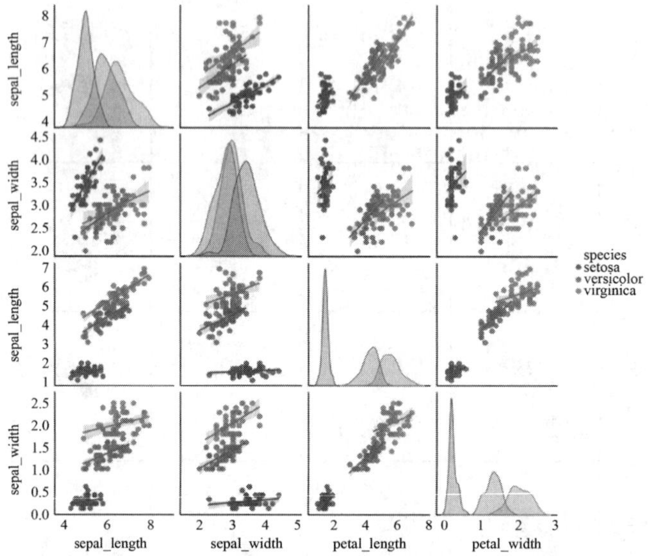

图 6-83　使用 pairplot()函数设置不同绘图类型的网格图

6.4 绘图美化

6.4.1 主题风格设置

Seaborn 预定义了许多绘图主题风格并提供了一个调用接口，用于定制图形的外观。为了便于说明不同主题风格的差异，首先定义一个简单的函数 sinplot()来绘制一些偏移正弦波，代码如下：

```
import numpy as np
import seaborn as sns
import matplotlib.pyplot as plt
def sinplot(flip = 1):
    x = np.linspace(0, 14, 100)
    for i in range(1, 7):
        plt.plot(x, np.sin(x + i * .5) * (7 - i) * flip)
sinplot()
```

得到的结果如图 6-84 所示。

要切换到 Seaborn 默认的主题风格，只需在绘图前调用 set_theme()函数即可。例如，运行如下代码：

```
sns.set_theme()
sinplot()
```

得到的结果如图 6-85 所示。

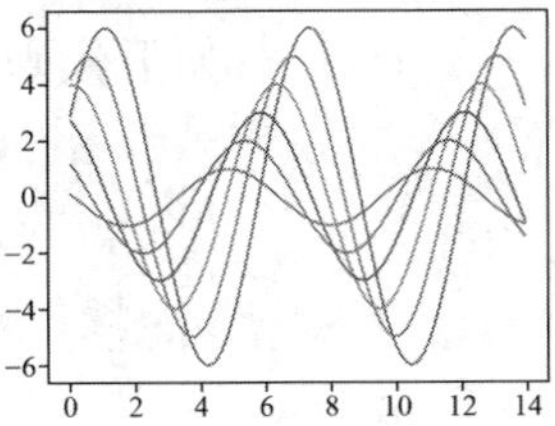

图 6-84　偏移正弦波

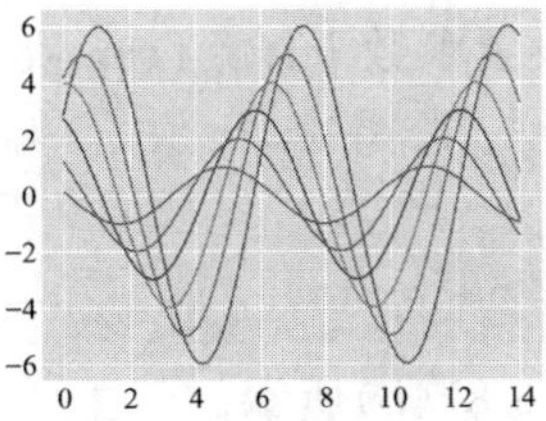

图 6-85　Seaborn 默认主题风格的图形

Seaborn 的主题风格设置模块把 Matplotlib 库中有关图形外观的参数分成两组，一组设置图形的主题，可以称为样式(style)设置，主要包含 axes_style()和 set_style()函数；另一组通过缩放各种图形元素使其与上下文环境更加协调，可以称为环境(context)设置，主要包含 plotting_context()和 set_context()函数。

有 5 个预设的 Seaborn 主题风格：darkgrid、whitegrid、dark、white 和 ticks，用户可以根据应用场景与个人喜好进行选择，默认主题风格是 darkgrid。一般来说，网格有助于更清晰地查看定量信息，而灰色的底色能增强网格线与表示数据的图形的反差。除默认的 darkgrid 主题风格以外，其他 4 种主题风格的效果如图 6-86 所示。

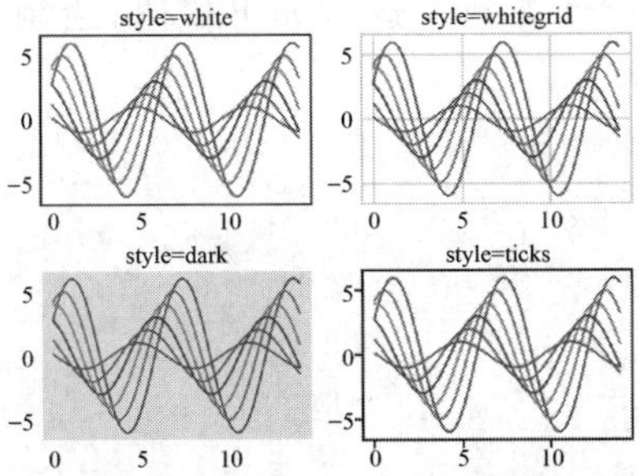

图 6-86　white、whitegrid、dark、ticks 主题风格的效果

需要说明的是，在 with 语句中使用 axes_style()函数可以临时设置绘图参数，代码如下：

```
with sns.axes_style("white"):
    plt.subplot(221).set_title("style = white")
    sinplot()
with sns.axes_style("whitegrid"):
    plt.subplot(222).set_title("style = whitegrid")
    sinplot()
with sns.axes_style("dark"):
    plt.subplot(223).set_title("style = dark")
    sinplot()
```

```
with sns.axes_style("ticks"):
    plt.subplot(224).set_title("style = ticks")
    sinplot()
plt.tight_layout()
```

调用 despine()函数可以隐藏上侧和右侧的边框,如图 6-87(a)所示。如果需要隐藏左侧或下侧的边框,需要设置参数 left=True 或 bottom=True。例如,运行如下代码:

```
sns.set_style("ticks")
sinplot()
sns.despine(left = True,bottom = True)
```

得到的结果如图 6-87(b)所示。

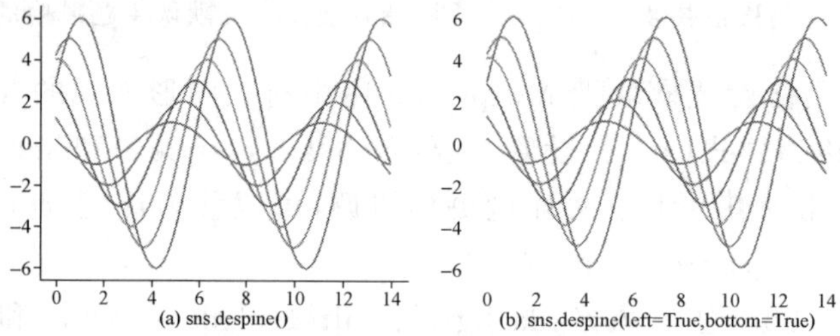

图 6-87　调用 despine()函数的效果

Seaborn 支持的绘图环境主要有 4 种:notebook(默认环境)、paper、talk 和 poster。各种绘图环境最直观的区别在于字体大小不同,其他方面也略有差异。在设置绘图环境之前,首先要调用 set_theme()函数设置默认参数。运行如下代码,绘制图形,4 种绘图环境的具体效果如图 6-88 所示。

```
sns.set_theme()
with sns.plotting_context("paper"):
    plt.subplot(221).set_title("paper")
    sinplot()
with sns.plotting_context("talk"):
    plt.subplot(222).set_title("talk")
    sinplot()
with sns.plotting_context("poster"):
    plt.subplot(223).set_title("poster")
    sinplot()
with sns.plotting_context("notebook"):
    plt.subplot(224).set_title("notebook")
    sinplot()
plt.tight_layout()
```

配置绘图环境的具体参数可以通过查看 sns.plotting_context()函数获取。例如,运行如下代码:

```
sns.plotting_context("paper")
```

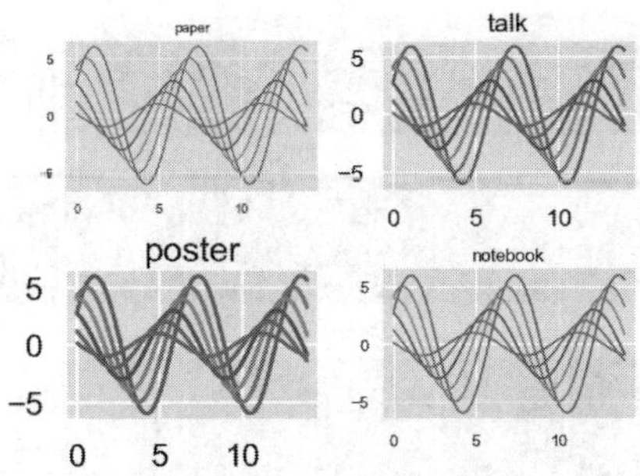

图 6-88 4 种绘图环境的具体效果

返回结果如下：

```
{'axes.linewidth': 1.0,
 'grid.linewidth': 0.8,
 'lines.linewidth': 1.2000000000000002,
 'lines.markersize': 4.800000000000001,
 'patch.linewidth': 0.8,
 'xtick.major.width': 1.0,
 'ytick.major.width': 1.0,
 'xtick.minor.width': 0.8,
 'ytick.minor.width': 0.8,
 'xtick.major.size': 4.800000000000001,
 'ytick.major.size': 4.800000000000001,
 'xtick.minor.size': 3.2,
 'ytick.minor.size': 3.2,
 'font.size': 9.600000000000001,
 'axes.labelsize': 9.600000000000001,
 'axes.titlesize': 9.600000000000001,
 'xtick.labelsize': 8.8,
 'ytick.labelsize': 8.8,
 'legend.fontsize': 8.8,
 'legend.title_fontsize': 9.600000000000001}
```

6.4.2 调色板

配色对于图形的美观和信息呈现的效果都非常重要。计算机中常见的颜色编码方式有 RGB 模式和 HSL 模式。RGB 模式中的 3 个分量(red、green、blue)对应的 3 个整数(范围在 0～255 之间)分别表示红、绿和蓝通道的强度，最终视觉中的颜色是由 3 种色彩分量混合叠加而成的。但要分析颜色的感知属性，最好从色相(hue)、饱和度(saturation)和亮度(lightness)通道来考虑，即 HSL 模式。色相代表人眼能感知的颜色范围，这些颜色分布在一个平面的色相环上，取值范围是 0°～360°，每个角度值可以代表一种颜色，如图 6-89(a)所示。饱和度描述了相同色相、亮度下色彩纯度的变化，取值范围是 0%～100%，数值越大，颜色中的灰色越少，颜色越鲜艳，呈现一种从灰度到纯色的变化效果，如图 6-89(b)所示。亮度的作用是控制色彩的明暗变化，取值范围是 0%～100%，数值越小，色彩越暗，越接近于黑色，数值越大，色彩越亮，越接近于白色，如图 6-89(c)所示。HSL 模式是工业界一种常用的色彩模式。

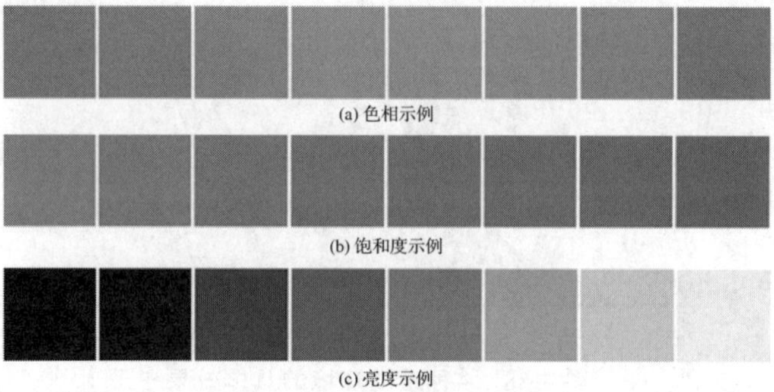

图 6-89　HSL 色彩模式

在图形中使用颜色的一般原则是以不同色相区分类别，以亮度表示数字大小。下面看一个“以色相区分类别”的示例。

在图 6-90 中，左侧图的两类数据元素从视觉上仅通过标记形状的差异进行区分，效果并不直观，相比之下，右侧图中以色相进行区分更加一目了然。

下面来看一个“以亮度表示数字大小”的例子。

在图 6-91 中，左侧图使用基于色相的调色板，很难确定二元分布的形状。相比之下，右侧图中亮度调色板更清楚地表明有两个突出的峰值，亮度的变化有助于查看数据的潜在结构。

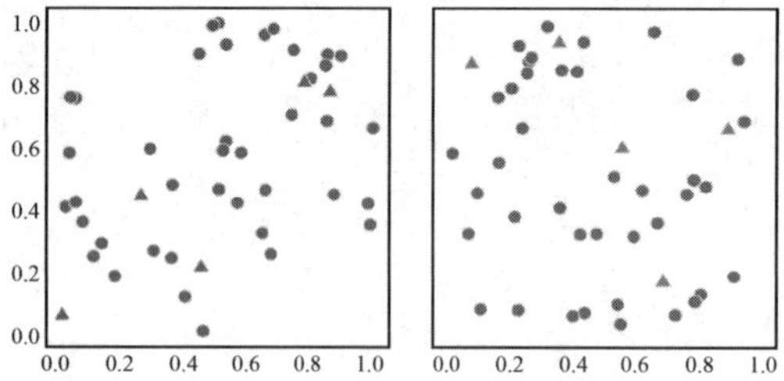

图 6-90　以色相区分类别

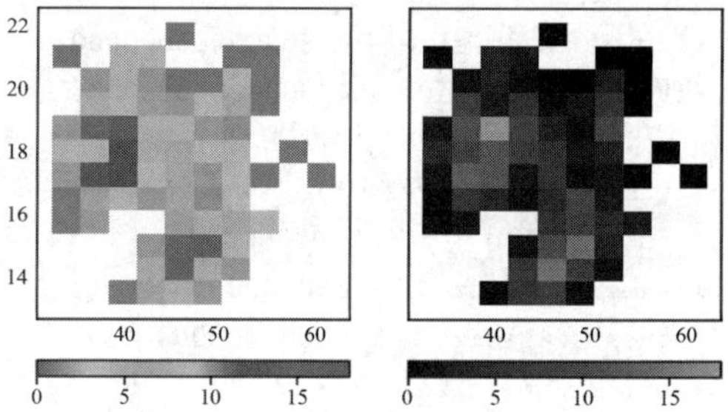

图 6-91　以亮度表示数字大小

这些示例表明，调色板的选择不仅关乎美观，如果使用得当，颜色可以揭示数据中的深层次模式，因此对于特定的数据集和可视化方法，要有针对性地选择合适的调色板。

Seaborn 中，使用调色板最重要的函数是 color_palette()，它为大多数调色板生成方式提供了统一的接口，能够被具有 palette 参数的任何函数调用。color_palette()函数包含两个重要参数。

①“palette”：用于设置调色板，可选项；可以选择 Seaborn 中预定义的调色板（“deep”“muted”“bright”“pastel”“dark”“colorblind”）、Matplotlib 中的 colormap、“husl”和“hls”，还可以自定义调色板或赋值为 None（默认使用当前调色板）。

②“n_colors”：用于设置调色板颜色数量，取值为整数类型，可选项。

为了适应不同数据分析的应用场景，Seaborn 大体上把调色板分为三大类：分类调色板，适用于表示分类数据，进行定性分析；连续调色板，适用于表示数值型数据的变化趋势；发散调色板，适用于表示具有中心性和极值并向两端发散的数据。

Seaborn 中的三类调色板

6.5 本章实训

本章实训

6.6 本章小结

Seaborn 是基于 Matplotlib 的高度抽象的 Python 可视化库。

Seaborn 的绘图功能可以分为 5 个主要模块：关系图、分布图、分类图、回归图、矩阵图，不同类型的图形体现了数据不同方面的特征。各模块中的函数共享许多底层代码，不同函数中的同名参数也具有相似含义，因此可以很容易地在不同的可视化效果之间切换。对于在复杂数据集中同时提取大量信息的需求，可以使用结构化网格图，主要包括 FacetGrid、PairGrid (pairplot()函数)和 JointGrid(jointplot()函数)。外观及美化方面主要包括主题风格和调色板两个模块，它们提供了丰富的函数实现主题样式的定义和颜色的灵活搭配。

关于 Seaborn 的更多示例可以参阅 https://seaborn.pydata.org/examples/index.html。

6.7 本章习题

1. 针对鸢尾花(iris)数据集，通过 Seaborn 绘制相关图形，完成花型尺寸分析，主要包括：

(1)鸢尾花萼片和花瓣的大小关系；

(2)不同种类鸢尾花萼片和花瓣的分布情况；

(3)鸢尾花萼片和花瓣大小的联合分布情况。

2. 针对小费(tips)数据集，通过 Seaborn 绘制相关图形，完成餐厅小费情况分析，主要包括：

(1)小费金额和账单总额的关系；

(2)性别与小费金额的关系；

(3)抽烟与否与小费金额多少的关系；

(4)工作日或周末对小费金额的影响；

(5)午饭或晚饭对小费金额的影响；

(6)就餐人数对小费金额的影响；

(7)性别和抽烟的组合因素对小费金额的影响。

3. 针对泰坦尼克（titanic）数据集，通过 Seaborn 绘制相关图形，完成幸存状况分析，主要包括：

（1）不同乘客仓位等级中幸存乘客和遇难乘客的分布；

（2）幸存乘客和遇难乘客的票价分布；

（3）幸存乘客和遇难乘客的年龄分布；

（4）不同上船港口的乘客仓位等级分布；

（5）幸存乘客和遇难乘客堂兄弟姐妹的数量分布；

（6）幸存乘客和遇难乘客父母子女的数量分布；

（7）单独乘船与否和是否幸存之间的关系；

（8）乘客年龄与船票价格之间的关系；

（9）乘客性别与仓位等级之间的关系；

（10）乘客年龄与仓位等级之间的关系。

第 7 章　SciPy 科学计算

SciPy 是一组专门用于科学计算的 Python 开源库，基于 NumPy，SciPy 提供了许多数学算法和便捷函数。SciPy 包含多个子包(也可以称为模块)，涵盖不同科学计算领域。SciPy 的各个子包及其描述说明如表 7-1 所示：

表 7-1　SciPy 的各个子包及其描述说明

子包名	说明
cluster	聚类算法
constants	物理和数学上常用的常量
fftpack	快速傅里叶变换
integrate	积分和常微分方差求解
interpolate	插值和平滑样条函数
io	输入输出函数
linalg	线性代数
ndimage	*N* 维图像处理
odr	回归正交距离
optimize	优化和寻根例程
signal	信号处理
sparse	稀疏矩阵和相关例程
spatial	空间数据结构和算法
special	特殊函数
stats	统计分布函数

SciPy 的子包需要单独导入，以导入 optimize 包为例，导入方式如下：

```
import scipy.optimize
```

或者

```
from scipy import optimize
```

本章内容不会对全部子包进行介绍，只挑选几个比较重要和常用的包进行讲解和举例说明。

7.1 统计——stats 包

统计是一个非常广泛的领域，stats 包中含有大量的概率分布以及统计函数，包括频率统计、相关性分析、统计检验、核密度度估计等。stats 包提供了 rv_continuous、rv_discrete 和 rv_histogram 三个类作为所有概率分布的基类，如表 7-2 所示。rv_continuous 类是所有连续随机变量类的基类，rv_discrete 类是所有离散随机变量类的基类。换句话说，每个单变量的分布都是 rv_continuous 类或者 rv_discrete 类的子类的对象(实例)。

表 7-2　stats 中的三个基类

基类	说明
rv_continuous	用于子类化的通用连续随机变量类
rv_discrete	用于子类化的通用离散随机变量类
rv_histogram	生成由直方图给出的分布，是 rv_continuous 类的子类

以二项分布 binom 为例，它是 binom_gen 类的一个具体实例。创建 binom 实例的方法如下：

```
binom = binom_gen(name='binom')
class binom_gen(rv_discrete):
    …
```

由此可见，binom 是 binom_gen 类的一个对象，而 binom_gen 类继承自 rv_discrete 类。该过程由 Python 实现，用户无须创建。具体使用时，只需要调用 binom 对象继承的方法即可完成相应的功能，具体调用的格式如下：

```
from scipy import stats
stats.binom.函数名(参数列表)
```

如果导入包的时候直接导入了 binom 对象，则其调用方法如下：

```
from scipy.stats import binom
binom.函数名(参数列表)
```

其他分布变量及其方法的调用格式与 binom 对象的一致，后续章节中将直接使用，不再一一说明。

7.1.1　离散概率分布

离散随机变量的概率分布(probability distribution)用于描述随机变量取不同值的概率，离散概率分布函数也称为概率质量函数(probability mass function)，主要有伯努利分布(Bernoulli distribution)、二项分布(binomial distribution)、泊松分布(Poisson distribution)和几何分布(geometric distribution)等。stats 包提供的常见的离散随机变量的概率分布如表 7-3 所示。

表 7-3 常见的离散随机变量的概率分布

名称	含义
bernoulli	伯努利分布
binom	二项分布
geom	几何分布
hypergeom	超几何分布
poisson	泊松分布
randint	均匀分布
nbinor	负二项分布

scipy.stats 包中提供了离散随机变量对应的方法，本节以二项分布(binom)为例，说明 stats 包中离散概率分布方法的使用方法。

服从二项分布的随机变量 X 表示在 n 次独立的伯努利实验中成功的次数，其中每次实验的成功概率为 p，其概率质量函数如下：

$$f(k)=\binom{n}{k}p^k(1-p)^{n-k}=\frac{n!}{k!(n-k)!}p^k(1-p)^{n-k}$$

其中，$k\in\{0,1,\cdots,n\}$，$0\leqslant p\leqslant 1$。

stats 包中的 binom 对象表示二项分布，binom 对象是 rv_discrete 类的一个实例，常用方法包括生成随机变量的方法 rvs()、计算概率质量函数的方法 pmf()、计算累计分布函数的方法 cdf()等。下面举例说明这些方法的用法。

例 7-1 羊痘是一种传染性极强的绵羊病毒，发病率为 0.001，某农户家里共有 5 000 只绵羊，问该羊群中发病的绵羊的数目为 1 只、2 只、3 只、4 只、5 只的概率？不超过 5 只的概率是多少？

分析该问题可知，发病的概率 $p=0.001$，不发病的概率为 $(1-p)=0.999$，该随机变量 X 服从二项分布，可以利用 stats 包提供的表示二项分布的 binom 对象完成。

(1)求发病的绵羊的数目为 1 只、2 只、3 只、4 只、5 只的概率，代码如下：

```
import numpy as np
from scipy import stats
#第 1 步，定义变量 n 和 p，分别表示绵羊数量和发病的概率
n = 5000 #绵羊总数
p = 0.001 #发病的概率
#定义随机变量 X，表示发病的绵羊的数目，取值为 1～5
X = np.arange(0,6)
#第 2 步，求对应分布的概率：调用概率质量函数 pmf()
#pmf()函数需要传递三个参数，分别是随机变量、变量总数、事件发生的概率(第 1 步已定义)
binom = stats.binom.pmf(X,n,p)
#pmf()函数的返回值为一个列表，列表中每个元素值表示随机变量中对应值的概率，输出返回值
print(binom)
```

运行结果：

[0.00672111 0.0336392 0.08416534 0.14035982 0.17552003 0.17555517]

上述代码利用 np. arange(0,6)函数生成一个序列，范围为[0,5]，表示羊群中发病的绵羊的数目，利用 binom. pmf(k,n,p)函数计算不同数量的羊发病的概率。返回结果显示，羊群中没有羊($X=0$)发病的概率为 0.006 721 11，1 只羊($X=1$)发病的概率为 0.033 639 2，以此类推。当输入 X 为某个具体值时，binom. pmf()函数返回变量 X 对应的概率，例如计算 $X=2$ 时的概率，代码如下：

```
p_2 = stats.binom.pmf(2,n,p)
```

返回值 p_2 为 $X=2$ 的概率，为 0.084 165 34。可以通过可视化的方式观察概率密度函数，在例 7-1(1)的程序基础上添加如下代码：

```
import matplotlib.pyplot as plt
# 中文显示
plt.rcParams['font.sans-serif'] = ['SimHei']

plt.plot(X, binom, marker = 'o', linestyle = 'None')
plt.vlines(X, 0, binom)
#x 轴文本
plt.xlabel('随机变量:羊痘发病的羊的数目')
#y 轴文本
plt.ylabel('发病的概率')
#标题
plt.title('二项分布:n= %i,p= %.2f' %(n,p))
#显示图形
plt.show()
```

可视化结果如图 7-1 所示，从图中可以明确看出随机变量 X 的概率。

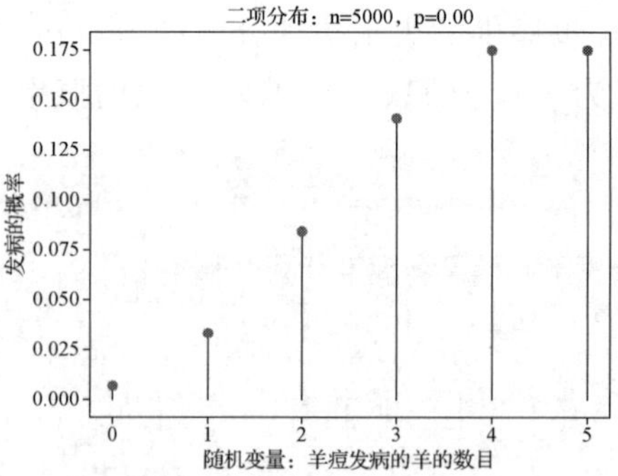

图 7-1　例 7-1 的可视化结果

(2)计算羊群发病的绵羊的数目不超过 5 只的概率，应该是 X 小于或等于 5 的概率之和，即 $p(X=1)+p(X=2)+p(X=3)+p(X=4)+p(X=5)$，由步骤(1)的计算可知，可通过对概率质量函数 pmf()的结果求和得到：

```
p_cdf = sum(binom)
```

求和结果为 p_cdf=0.615 960 669 469 665 99，即羊群中发病的绵羊的数目不超过 5 只的概率约为 0.62。这个累计的概率也可以通过累计分布函数计算。离散随机变量的累计分布函数表示随机变量落在任一区间的概率（本例中随机变量 X 所在的区域为 $X<=5$），stats 包的 binom 对象提供了累计分布函数 binom.cdf(k,n,p)，可以实现 $P(X<=5)$ 的计算，代码如下：

```
k=5 #发病的绵羊的数目不超过5只的概率
p_cdf = st.binom.cdf(k,n,p)
```

该函数的返回结果 p_cdf 与 sum(binom)函数的计算结果相同，这里不再列出。

stats 包中有关离散概率分布的其他方法的内容不再逐一列出，具体请参考官方文档：https://docs.scipy.org/doc/scipy/reference/stats.html。

7.1.2　连续概率分布

在数学中，连续概率分布（continuous probability distribution）是指一个随机变量在其区间内取任何数值时所具有的分布。连续概率分布函数也称为概率密度函数（probability density function），它们是具有连续取值（例如一条实线上的值）的函数。正态分布（normal distribution）、指数分布（exponential distribution）和 β 分布（beta distribution）等都属于连续概率分布。在 stats 包中，常见的连续概率分布如表 7-4 所示。

表 7-4　常见的连续概率分布

名称	含义
beta	β 分布
f	F 分布
gamma	gamma 分布
norm	正态分布
lognorm	对数正态分布
uniform	均匀分布
chi2	卡方分布
cauchy	柯西分布
expon	指数分布
laplace	拉普拉斯分布
rayleigh	瑞利分布

在概率论和统计世界中，正态分布是最重要的连续概率分布，也称为高斯分布，其在现实世界中处处可见。stats 包中的 norm 类对象表示正态分布。本小节以正态分布为例，说明 stats 包中提供的连续概率分布的相关函数的使用方法。

正态分布是一种连续分布，其函数可以在实线上的任意位置取值。正态分布的概率密度函数如下：

$$f(x)=\frac{1}{\sqrt{2\pi\sigma^2}}e^{-\frac{(x-\mu)^2}{2\sigma^2}}$$

其中，x 是一个实数，μ 表示均值，σ^2 表示方差。

stats.norm 中主要的公共方法包括生成服从正态分布的随机变量的方法 rvs()、计算概率密度函数的方法 pdf()、计算累计概率分布的方法 cdf()等。下面将举例说明这些方法的用法。

例 7-2 生成指定分布的随机数，以正态分布为例。

stats.norm 中生成随机变量的函数原型如下：

```
norm.rvs(loc = 0, scale = 1, size = 1, random_state = None)
```

该函数可以通过 loc 和 scale 参数指定随机变量的偏移量和缩放量，对应的是正态分布的期望 μ 和标准差 σ，size 为生成随机数的个数，默认值为 1，表示生成一个服从标准正态分布的随机数。本例以生成 1 000 个服从标准正态分布（$\mu=0,\sigma=1$）的随机变量为例，同时借助 NumPy 库的工具可视化查看生成的数据情况。完整代码如下。

```
# 导入包
import matplotlib.pyplot as plt
import numpy as np
from scipy import stats

# 调用 rvs()方法生成随机变量,并输出相关信息
rv = stats.norm.rvs(size = 1000)
print("数据的维度:",rv.shape)
print("数据的均值:",rv.mean(axis = 0))
print("数据的标准差:",rv.std())

# 可视化,用柱状图查看分布情况
fig,ax = plt.subplots()
n,bins_num,pat = ax.hist(rv,bins = 10,alpha = 0.75)
# 用折线图查看数据的走向
ax.plot(bins_num[:10],n,marker = 'o')
plt.show()
```

运行结果：

数据的维度：(1000,)

数据的均值：−0.018 904 044 349 3

数据的标准差：1.026 986 538 9

生成正态分布的随机数的可视化结果如图 7-2 所示。

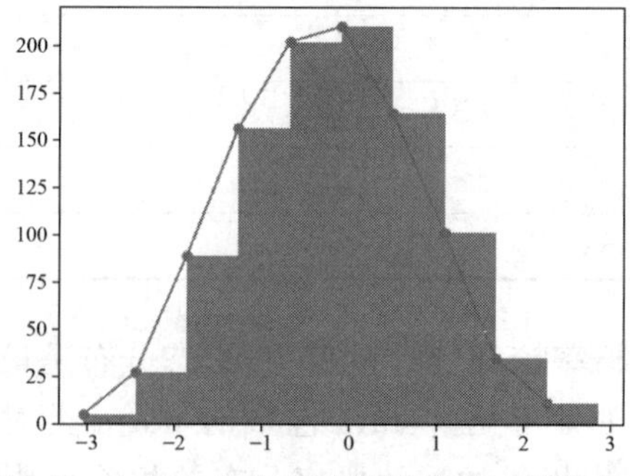

图 7-2 生成正态分布的随机数的可视化结果

从结果可知，生成了 1 000 个均值为 −0.018 904 044 349 3，标准差为 1.026 986 538 9 的随机变量，近似服从标准正态分布，图 7-2 的可视化结果也说明了这一点。改变参数

loc 和 scale 就可以生成需要的随机数，例如，生成 1 000 个均值为 5，标准差为 2 的数据，修改代码如下所示：

```
rv = stats.norm.rvs(loc = 5,scale = 2,size = 1000)
```

scipy.stats 包为每一种离散分布和连续分布都提供了生成对应分布的随机数的方法 rvs()，使用起来非常简单，这里不再举例说明。

例 7-3 计算随机变量的概率密度函数。

服从正态分布的随机变量的概率密度函数可以用 stats.norm.pdf()函数计算，函数原型如下：

```
pdf(x, loc = 0, scale = 1)
```

其中，参数 x 表示样本，loc 表示均值 μ，scale 表示标准差 σ，默认情况下，该函数生成标准正态分布的概率密度函数。例如，计算一个在[－10,10]区间的标准正态分布的概率密度函数，实现代码如下：

```
# 导入包
import numpy as np
from scipy import stats
# 生成样本 X,范围为 - 10～10,间隔为 0.01
X = np.arange( - 10, 10, 0.01)
print("样本数为:", X.shape)
print("样本为:", X)
# 调用 pdf()函数,计算随机变量的概率密度函数
# 默认情况下计算标准正态分布的 pdf()函数.
norm = stats.norm.pdf(X)
print("概率密度函数的大小为:", norm.shape)
print("每个随机变量(样本)对应的概率值为:", norm)
```

运行结果：

样本数为：(2000,)
样本值为：[－10.　　－9.99　－9.98…，　9.97　9.98　9.99]
概率密度函数的大小为：(2000,)
每个随机变量(样本)对应的概率值为：[7.69459863e－23　8.50342145e－23　9.39632453e－23…
1.03819488e－22　9.39632453e－23　8.50342145e－23]

上述代码中，在[－10,10]区间以 0.01 为间隔采样了 2 000 个随机变量，然后调用 pdf()函数计算其概率密度函数。从结果可知，变量 norm 的 shape 为(2000,)，其值为样本 X 中每一个随机变量的概率值(默认服从标准正态分布)，当 $X=-10$ 时，其对应的概率约为 7.7×10^{23}，以此类推。因此，当输入 X 的某个具体值时，返回值为它的概率值，如计算 $X=0.5$ 时的概率，实现代码如下：

```
X0 = 0.5
p = stats.norm.pdf(X0)
print("随机变量取 0.5 时,概率为:",p)
```

运行结果：

随机变量取 0.5 时，概率为:0.352 065 326 764

改变参数 loc 和 scale 的值，即可生成一个一般的正态分布函数，实现代码如下：

```
# 调用 pdf()函数，计算随机变量的概率密度函数
norm = stats.norm.pdf(X, loc = 5, scale = 2)
print("概率密度函数的大小为：", norm.shape)
print("每个随机变量(样本)对应的概率值为：", norm)
```

运行结果：

概率密度函数的大小为：(2000,)

每个随机变量(样本)对应的概率值为：[1.21716027e−13 1.26365460e−13 1.31189216e−13…
9.09802235e−03 8.98556648e−03 8.87427876e−03]

对于同样的样本 X，分布参数不同时，概率密度有不同值。

例 7-4 计算累积分布函数。

连续随机变量的累积分布函数(CDF)是概率密度函数的积分，它给出了小于或等于给定截止值的随机变量的概率，即 $P(X \leqslant x)$。针对例 7-3，若要计算区间[−2,2]的概率，可以使用累积分布函数 stats.norm.cdf(x,loc=0,scale=1)，该函数的参数含义与 pdf()函数的一致，这里不再赘述。注意 $P(-2 \leqslant X \leqslant 2)=P(X \leqslant 2)-P(X \leqslant -2)$。以标准正态分布为例，实现代码如下：

```
X1 = 2
p1 = stats.norm.cdf(X1)
print("X<=2 时的概率为：",p1)
X2 = -2
p2 = stats.norm.cdf(X2)
print("X<=-2 时的概率为：",p2)
print("X 取值范围为[-2,2]时的概率为：",p1 - p2)
```

运行结果：

X<=2 时的概率为:0.977249868052

X<=−2 时的概率为:0.0227501319482

X 取值范围为[−2,2]时的概率为:0.954499736104

可见，随机变量位于−2～2 之间的概率为 95%。概率密度函数及其累积分布函数的可视化代码如下：

```
import matplotlib.pyplot as plt
fig, ax = plt.subplots()
# 例 7-3 中 X 的概率密度曲线
ax.plot(X, norm)
ax.set_title("标准正态分布：mean=0, std=1")
ax.set_xlabel('X-Values')
ax.set_ylabel('PDF(X)')
ax.grid(True)
# 累计分布函数
# 注意这里的子集 px 必须与例 7-3 中 X 的生成方式一致
px = np.arange(X2, X1, 0.01)
pnorm = stats.norm.pdf(px)
```

```
ax.set_ylim(0,0.45)
# 填充
ax.fill_between(px, pnorm, alpha = 0.5, color = 'green')
# 标记 X 在[-2,2]之间的概率值
ax.text(-1, 0.1, round(p1 - p2, 2), fontsize = 20, color = 'red')
plt.show()
```

标准正态分布的可视化结果如图 7-3 所示。

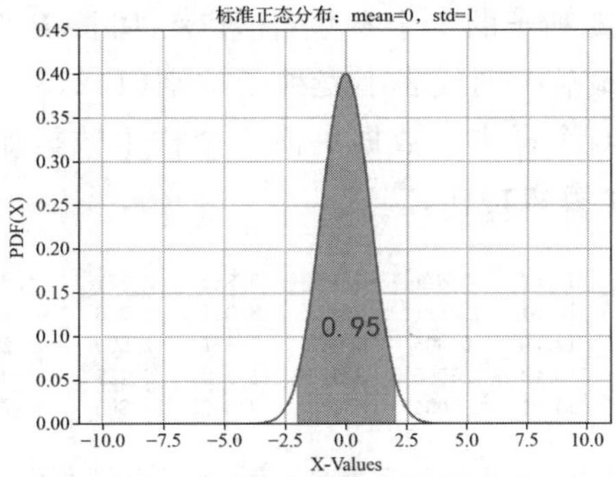

图 7-3　标准正态分布的可视化结果

如图 7-3 所示，生成一个均值为 0，方差为 1 的标准正态分布，横轴表示随机变量 X 的取值，范围为[−10,10]，纵轴表示每一个随机变量 X 对应的概率密度值。用颜色填充的区域为 X 落在[−2,2]之间的累积分布函数，概率值为 0.95。

7.1.3　统计检验

统计检验也称为假设检验(hypothesis testing)，是根据抽样结果，在一定可靠性程度上对一个或多个总体分布的原假设给出拒绝还是不拒绝(予以接受)结论的过程。

scipy.stats 包提供了许多统计检验的方法，包括 T 检验、卡方检验、柯尔莫哥罗夫-斯米尔诺夫检验等。假设检验的步骤如下：

(1)定义零假设(null hypothesis)和定义备择假设(alternative hypothesis)。

定义零假设：$H_0 = \mu_0$

定义备择假设：$H_0 < \mu_1$

确定检验水平：$\alpha = 0.05$

(2)选定检验方法和统计量。

选择和计算检验统计量时，要注意资料类型和实验设计类型及样本量的问题，一般计量资料(小样本量)用 T 检验和 U 检验。这里假定选择 T 检验，统计量 t 如下：

$$t = \frac{\overline{x} - \mu_0}{S_{\overline{x}}}$$

(3)确定 P 值，作出统计推理。

$$P = \frac{\overline{x} - \mu_0}{\frac{\text{sd}}{\sqrt{\text{sample}}}}$$

其中,sd 为总体的标准差,sample 为样本容量。

$P \leqslant \alpha$ 时,拒绝 H_0,接受 H_1;

$P > \alpha$ 时,接受 H_0,无统计学意义或显著性差异。

需要注意的是,假设检验的结论有概率性,无论是拒绝还是接受 H_0,都有可能发生错误。

本小节以 T 检验为例说明这些统计检验方法的用法。

例 7-5 数据集 seeds_dataset.csv 包括 3 种不同品种小麦籽粒几何性状的测定数据,数据集下载链接为 https://archive.ics.uci.edu/dataset/236/seeds。该数据集的说明如下:

数据集中前 7 列对应小麦种子的 7 个参数:面积 A、周长 P、紧凑度 C、籽粒长度、籽粒宽度、不对称系数和核槽长度,最后一列代表小麦种子类别(1,2,3)。数据集中一共有 210 个样本数据,每一种小麦种子有 70 个样本。数据集前 5 个样本数据如图 7-4 所示,表示第一种小麦种子(种子类别为 1)的 7 个参数特征。

1	15.26	14.84	0.871	5.763	3.312	2.221	5.22	1
2	14.88	14.57	0.8811	5.554	3.333	1.018	4.956	1
3	14.29	14.09	0.905	5.291	3.337	2.699	4.825	1
4	13.84	13.94	0.8955	5.324	3.379	2.259	4.805	1
5	16.14	14.99	0.9034	5.658	3.562	1.355	5.175	1

图 7-4 小麦种子数据集示例(前 5 个样本数据)

要求:检验该数据集中 2 号小麦种子的面积均值,通过零假设,假定均值为 18.0,确定检验水平 $\alpha=0.05$。

为了检验 2 号小麦种子的面积均值是不是 18.0,下面选择 T 检验完成该假设检验。scipy.stats 包提供的 ttest_1samp()方法实现了单样本 T 检验(one-samples T test),方法原型如下:

```
scipy.stats.ttest_1samp(a, popmean, axis = 0, nan_policy = 'propagate',alternative = 'two-sided')
```

ttest_1samp()方法实现了对独立观测样本 a 的期望值(均值)等于给定总体均值 popmean 的零假设的检验。各个参数说明如下。

- a:数组,观测样本。
- popmean:浮点数或数组,为零假设中的期望值。如果是数组,那么它必须具有与不包括轴维度相同的形状。

返回值如下。

- statistic:浮点数或数组,t 统计量。
- pvalue:浮点数或数组,双侧概率值。

注意:t=(np.mean(a)-popmean)/se,其中 se 是标准误差。因此,当样本均值大于总体均值时统计量为正,当样本均值小于总体均值时统计量为负。其他参数的说明见官方文档(https://docs.scipy.org/doc/scipy/reference/generated/scipy.stats.ttest_1samp.html#scipy.stats.ttest_1samp)。

例 7-5 的实现代码如下。

```
# 导入包
import numpy as np
```

```
from scipy import stats

# 读取小麦种子数据
file = open(r"./seeds_dataset.csv", "r", encoding = 'utf-8')
seeds_data = file.read()

# 把读入的种子数据由字符串数据转换成二维列表
rows = seeds_data.split('\n')
final_data = []
for row in rows:
    split_list = row.split(',')
    final_data.append(split_list)

# 确定观测样本:2 号种子的面积
area = []
for row in final_data[0:len(final_data)-1]:
    if row[7] == "2":
        area.append(float(row[0]))

# 将列表转换成 ndarray 对象.
area = np.array(area)
# 调用 stats.ttest_1samp()方法完成 T 检验
res = stats.ttest_1samp(a = area, popmean = 18.0)
# 输出结果
print(res)
```

运行结果：

Ttest_1sampResult(statistic=1.9429261635909159,pvalue=0.05610626698442667)

从结果可以看出，双侧概率值 pvalue 的值为 0.056 106 266 984 426 67，大于 0.05，说明总体均值和零假设中的期望值没有显著性差异，可以接受 2 号种子的面积均值为 18.0 的假设；统计量 statistic 为正，说明样本均值大于总体均值。

例 7-6 通过种子的面积来检验小麦种子数据集 seeds_dataset.csv 中 1 号小麦种子和 2 号小麦种子是否来自同一个品种，检验水平 $\alpha=0.05$。

scipy.stats 包提供了解决两个独立样本均值的 T 检验方法，分别是 ttest_ind()方法和 ttest_ind_from_stats()方法。第一个方法要求输入原始样本数据，第二个方法要求输入样本的描述统计量（均值、标准差、样本数等）。针对小麦种子数据集，这里直接使用第一个方法。ttest_ind()方法的原型如下：

```
stats.ttest_ind(a, b, axis = 0, equal_var = True, nan_policy = 'propagate',permutations = None,
random_state = None, alternative = 'two-sided', trim = 0)
```

stats.ttest_ind()方法实现了对两个独立样本具有相同平均（预期）值的零假设的检验。各个参数说明如下。

- a：数组，观测样本 1。

- b:数组,观测样本 2。
- equal_var:布尔值,可选参数。默认值为 True,执行的是标准的两个独立样本的测试,该测试假定总体方差相等。如果该值为 False,则执行 Welch 的 T 检验,该检验不假设总体方差相等。

返回值如下。

- statistic:浮点数或数组,t 统计量。
- pvalue:浮点数或数组,双侧概率值。

其他参数的说明见官方文档(https://docs.scipy.org/doc/scipy/reference/generated/scipy.stats.ttest_ind.html#scipy.stats.ttest_ind)。

注意:

- 统计量计算公式为(np.mean(a)-np.mean(b))/se,其中 se 是标准误差。因此,当统计量为正时,样本 a 的均值大于样本 b 的均值;当统计量为负时,样本 a 的均值小于样本 b 的均值。
- pvalue 量化观察一个或更多极值的概率,假设原假设是真实的,即两个样本来自具有相同总体均值的总体。pvalue 大于所选阈值(如 5%或 1%),表示观察结果不太可能是偶然发生的。因此,不拒绝总体均值相等的原假设。如果 pvalue 小于所选阈值,就有证据拒绝总体均值相等的原假设。

例 7-6 的实现代码如下。

```
import numpy as np
from scipy import stats

# 读取小麦种子数据
file = open(r"seeds_dataset.csv", "r", encoding = 'utf-8')
seeds_data = file.read()

# 把读入的小麦种子数据由字符串数据转换成二维列表
rows = seeds_data.split('\n')
final_data = []
for row in rows:
    split_list = row.split(',')
    final_data.append(split_list)

# 确定观测样本:1 号小麦种子和 2 号小麦种子的面积
area1 = []
area2 = []
for row in final_data[0:len(final_data)-1]:
    if row[7] == "1":
        area1.append(float(row[0]))
    if row[7] == "2":
        area2.append(float(row[1]))
# 将列表转换成 ndarray 对象
area1 = np.array(area1)
area2 = np.array(area2)
```

```
# 调用 ttest_ind()方法,输出结果
res = stats.ttest_ind(area1, area2)
print(res)
```

运行结果:

TtestResult(statistic=-11.054435150111685, pvalue=9.7115162632249441e-21, df=138.0)

由结果可知,pvalue 值远远小于 0.05,说明两个样本的总体均值不相等,即 1 号小麦种子和 2 号小麦种子来自不同的小麦品种(与实际相符)。统计量为负,说明 1 号小麦种子的均值大于 2 号小麦种子的均值。这里 equal_var 选择了默认值,即假定总体方差相等。

本例题也可以使用第二个方法 ttest_ind_from_stats()解决,需要注意的是,scipy.stats 库函数要求输入的样本标准差是总体标准差的无偏统计量,也就是修正样本标准差。原始样本的标准差 $\hat{s}$ 和修正样本标准差 S 的关系如下:

$$S=\sqrt{\frac{n}{n-1}}\hat{s}$$

注:样本的标准差$\hat{s}$的计算公式为:

$$\hat{s}=\sqrt{\frac{\sum_{i=1}^{n}(x_i-\bar{x})^2}{n}}$$

修正样本标准差 S 的计算公式为:

$$S=\sqrt{\frac{\sum_{i=1}^{n}(x_i-\bar{x})^2}{n-2}}$$

利用 ttest_ind_from_stats()方法解决例 7-6 的代码如下。

```
import numpy as np
from scipy import stats

# 读取小麦种子数据
file = open(r"seeds_dataset.csv", "r", encoding = 'utf-8')
seeds_data = file.read()

# 把读入的小麦种子数据由字符串数据转换成二维列表
rows = seeds_data.split('\n')
final_data = []
for row in rows:
    split_list = row.split(',')
    final_data.append(split_list)

# 确定观测样本:1 号小麦种子和 2 号小麦种子的面积
area1 = []
area2 = []
for row in final_data[0:len(final_data) - 1]:
```

```
    if row[7] == "1":
        area1.append(float(row[0]))
    if row[7] == "2":
        area2.append(float(row[1]))
# 将列表转换成 ndarray 对象
area1 = np.array(area1)
area2 = np.array(area2)
# 计算两个样本的统计量:均值、方差、样本量
area1_m = area1.mean()
area1_s = area1.std()
area2_m = area2.mean()
area2_s = area2.std()
num1 = len(area1)
num2 = len(area2)
# 计算修正样本标准差
modified_area1_s = np.sqrt(np.float32(num1)/np.float32(num1 - 1)) * area1_s
modified_area2_s = np.sqrt(np.float32(num2)/np.float32(num2 - 1)) * area2_s
# T 检验
res = stats.ttest_ind_from_stats(mean1 = area1_m, std1 = modified_area1_s,
                                 nobs1 = num1, mean2 = area2_m,
                                 std2 = modified_area2_s, nobs2 = num2)
print(res)
```

运行结果：

Ttest_indResult(statistic=−11.05443561239945, pvalue=9.7114897328996803e−21)

运行结果及分析与方法 ttest_ind()相同,这里不再重复。

7.2 线性代数——linalg 包

线性代数(linear algebra)主要研究线性关系,其核心内容包括线性方程组、矩阵、行列式、方阵的特征值和特征向量等。许多实际问题,如线性规划、电路设计、信息隐藏、计算机图像处理等技术,都可归结为线性问题来解决。SciPy 线性代数包(scipy.linalg)是使用优化的 ATLAS LAPACK 和 BLAS 库构建的,能够进行高效的线性代数运算。本节将从线性方程组、线性最小二乘解等方面对线性代数包 linalg 进行介绍。

7.2.1 解线性方程组

scipy.linalg.solve()函数可用于解形如 $a * X=b$,a 为方阵的线性方程,函数原型如下：

```
scipy.linalg.solve(a, b, sym_pos = False, lower = False, overwrite_a = False, overwrite_b = False,
                   check_finite = True, assume_a = 'gen',transposed = False)
```

主要参数说明如下。

- a:(N,N)数组,是已知方阵。
- b:(N,NRHS)数组,方程右侧的输入数据。

• 该函数的返回值是一个大小为(N,NRHS)的多维数组，是方程的解。需要注意的是：如果矩阵 a 是一个 $N\times N$ 的多维数组，而矩阵 b 是具有 N 个元素的一维数组，尽管两个数组的大小不匹配，但它仍被假定为有效的列向量。这与 numpy.dot()兼容，numpy.dot(A,B)是矩阵乘法函数，但是遇到一维数组时，一维数组可以根据具体情况自动选择充当列向量或行向量，返回的结果仍然是一维数组。

例 7-7　求解线性方程 $a * X=b$，其中 a 为[[6,4,0],[2,−2,0],[0,10,2]]，b 为[4,8,−2]。

分析：已知 a 和 b，求解 X，可以利用 NumPy 库中的 array()方法生成多维数组，然后利用 linalg 包提供的 solve()函数解题。

代码如下：

```
import numpy as np
from scipy import linalg
a = np.array([[6, 4, 0], [2, -2, 0], [0, 10, 2]])
b = np.array([4, 8, -2])
x = linalg.solve(a, b)
print(x)
```

运行结果：

[2.,−2.,9.]

可以利用 numpy.dot()方法验证二者的结果是否一致，代码如下：

```
if np.dot(a, x).all() == b.all():
    print("结果一致")
else:
    print("结果不一致")
```

例 7-8　解下列三元一次方程组

$$\begin{cases}2x+5y+7z=11\\x+6y+4z=9\\2x+y+3z=6\end{cases}$$

分析：按照数学方法，将这个方程组用一个矩阵的形式表示如下。

$$\begin{bmatrix}2&5&7\\1&6&4\\2&1&3\end{bmatrix}\begin{bmatrix}x\\y\\z\end{bmatrix}=\begin{bmatrix}11\\9\\6\end{bmatrix}$$

从方程组的矩阵表示中可知，可将其表示成 $a * X=b$ 的形式，其中 $a=\begin{bmatrix}2&5&7\\1&6&4\\2&1&3\end{bmatrix}$，

$X=\begin{bmatrix}x\\y\\z\end{bmatrix}$，$b=\begin{bmatrix}11\\9\\6\end{bmatrix}$，可以利用 solve()函数求解。

代码如下：

```
import numpy as np
from scipy import linalg
```

```
a = np.array([[2,5,7],[1,6,4],[2,1,3]])
b = np.array([11,9,6])
x = linalg.solve(a,b)
print(x)
```

运行结果：

[2.08333333,0.95833333,0.29166667]

同样，也可以利用 numpy.dot()方法进行验证，这里不再重复。

7.2.2 方程的最小二乘解

最小二乘法（又称最小平方法）是一种数学优化技术，线性最小二乘问题出现在应用数学的许多分支中，它通过最小化误差的平方和寻找数据的最佳函数匹配。利用最小二乘法可以简便地求得未知数据，并使这些求得的数据与实际数据之间误差的平方和最小。SciPy 的线性代数模块 linalg 提供了 lstsq()方法计算方程 $Ax=b$ 的最小二乘解，该方法通过计算能够使 L2－范数 $|b-Ax|$ 最小化的向量 x 来求解等式 $Ax=b$。lstsq()方法的原型如下：

```
scipy.linalg.lstsq(a,b,cond = None, overwrite_a = False, overwrite_b = False,
                   check_finite = True, lapack_driver = None)
```

该方法中参数 a 为方程左侧的数组，维度为(M,N)，b 是方程右侧的数组，维度为$(M,)$或者(M,K)。

函数返回值如下。

- x：数组，维度为$(N,)$或者(N,K)，最小二乘解。
- residues：数组，维度为$(K,)$，是 $b-Ax$ 中每一列的 L2－范数。如果 $M>N$ 并且 nidim(A)==n（如果 b 是一维向量），则返回一个变量，否则返回(0,)形数组。
- rank：int，矩阵 a 的有效等级。
- s：(min(M,N),)ndarray 或 None，矩阵 a 的奇异值，a 的条件数是 $s[0]/s[-1]$。

其他可选参数请自行查阅官方文档：https://docs.scipy.org/doc/scipy/reference/generated/scipy.linalg.lstsq.html#scipy.linalg.lstsq。

本节将通过两个示例，说明该函数的使用方法。

例 7-9 假设有 $x=[1.2,2,3.5,4.5,5,7,8]$，$y=[0.4,1.2,1.7,2.1,3.5,6.0,8.8]$，如果数据满足 $y=a+bx^2$，求满足条件的参数$[a,b]$。

分析：这里需要求解拟合参数 a 和 b。利用 scipy.linalg.lstsq()函数求解，$y=a+bx^2$ 可表示成如下形式。

$$[1 \quad x^2]\begin{bmatrix}a\\b\end{bmatrix}=y$$

需要构造矩阵 $A=[1 \quad x^2]$，x 已知，方法如下：

```
A = x[:,np.newaxis] * * [0,2]
```

A 为一个(7,2)的数组，输出如下：

```
[[ 1. 1.44]
 [ 1. 4. ]
```

```
[ 1. 12.25]
[ 1. 20.25]
[ 1. 25. ]
[ 1. 49. ]
[ 1. 64. ]]
```

利用 scipy. linalg. lstsq()函数求解参数[a,b]的代码如下：

```
import numpy as np
from scipy import linalg

# 已知 x 和 y 的值
x = np.array([1.2, 2, 3.5, 4.5, 5, 7, 8])
y = np.array([0.4, 1.2, 1.7, 2.1, 3.5, 6.0, 8.8])
# 构造矩阵 A
A = x[:,np.newaxis] * * [0,2]
# 调用 lstsq()方法
p, resid, rank, s = linalg.lstsq(A, y)
print(p)
```

运行结果：

```
[0.18270914   0.12743569]
```

由结果可知，$a=0.182\ 709\ 14$，$b=0.127\ 435\ 69$，可视化代码如下：

```
import matplotlib.pyplot as plt
# 绘制真实数据
plt.plot(x, y, 'o', label = 'true data')
# 绘制拟合数据
xx = np.linspace(0, 9, 101)
yy = p[0] + p[1] * xx * * 2
plt.plot(xx, yy, label = 'fitting data: $ y = a + bx^2 $ ')
plt.xlabel('x')
plt.ylabel('y')
plt.legend(framealpha = 1, shadow = True)
plt.grid()
plt.title("A linalg.lstsq() test")
plt.show()
```

可视化结果如图 7-5 所示。

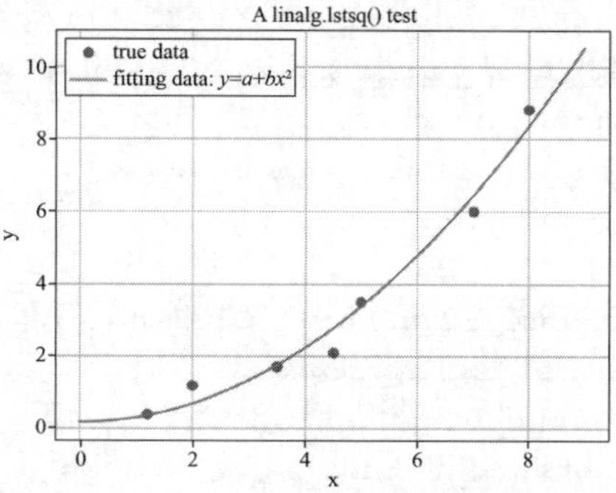

图 7-5　例 7-9 的可视化结果

也可以利用 scipy. linalg. lstsq()方法求解线性回归问题。

例 7-10 表 7-5 描述的是某猪场 10 头育肥猪的 4 个酮体形状的数据资料，试利用 $y=a_0+a_1x_1+a_2x_2+a_3x_3$ 进行瘦肉量 y 对眼肌面积 x_1、腿肉量 x_2、腰肉量 x_3 的多元回归分析。

表 7-5 某猪场育肥猪的数据(meat. csv)

index	y	x_1	x_2	x_3
1	15.02	23.73	5.49	1.21
2	12.62	22.34	4.32	1.35
3	14.86	28.84	5.04	1.92
4	13.98	27.67	4.72	1.49
5	15.91	20.83	5.35	1.56
6	12.47	22.27	4.27	1.50
7	15.8	22.57	5.25	1.85
8	14.32	28.01	4.62	1.51
9	13.76	24.79	4.42	1.51
10	15.18	28.96	5.30	1.66

分析：这里需要求解参数[a0,a1,a2,a3]。$y=a_0+a_1x_1+a_2x_2+a_3x_3$ 可表示成如下形式。

$$\begin{bmatrix} 1 & x_0^0 & x_0^1 & x_0^2 \\ 1 & x_1^0 & x_1^1 & x_1^2 \\ \cdots & \cdots & \cdots & \cdots \\ 1 & x_9^0 & x_9^1 & x_9^2 \end{bmatrix} \begin{bmatrix} a_0 \\ a_1 \\ a_2 \\ a_3 \end{bmatrix} = \begin{bmatrix} y_0 \\ y_1 \\ \cdots \\ y_9 \end{bmatrix}$$

利用 scipy. linalg. lstsq()函数求解参数[a0,a1,a2,a3]的代码如下：

```
import pandas as pd
import numpy as np
from scipy import linalg

# 读取 CSV 文件数据
meat_info = pd.read_csv("meat.csv")
# 观测样本瘦肉量数据 y
y = meat_info['y']
# 观测样本数据 x:眼肌面积 x1、腿肉量 x2、腰肉量 x3
x1 = np.array(meat_info['x1'])
x2 = np.array(meat_info['x2'])
x3 = np.array(meat_info['x3'])
# 构造矩阵 A
A = np.hstack((np.ones((x1.shape[-1],1)),x1[:,np.newaxis],
              x2[:,np.newaxis],x3[:,np.newaxis]))
# 调用 lstsq()方法
p, resid, rank, s = linalg.lstsq(A, y)
print(p)
```

运行结果：

[1.59699271，−0.01304989，2.23365216，1.43027783]

由结果可知，[a0，a1，a2，a3]=[1.596 992 71，−0.013 049 89，2.233 652 16，1.430 277 83]，瘦肉量 y 对眼肌面积 x_1、腿肉量 x_2、腰肉量 x_3 的关系为 $y=1.596\,992\,71-(-0.013\,049\,89x_1)+2.233\,652\,16x_2+1.430\,277\,83x_3$。

7.2.3　特征值和特征向量

求矩阵的特征值、特征向量是线性代数中常见的计算，一般可以通过以下关系找到方阵($\boldsymbol{A}$)的特征值(λ)和特征向量($\boldsymbol{v}$)：

$$\boldsymbol{Av}=\lambda\boldsymbol{v}$$

scipy.linalg 包中提供的 eig()函数可用于计算特征值和特征向量，函数原型如下：

```
scipy.linalg.eig(a, b = None, left = False, right = True, overwrite_a = False, overwrite_b = False,
                check_finite = True, homogeneous_eigvals = False)
```

参数 a 是一个(N，N)维的复数矩阵或实数矩阵，将计算其特征值和特征向量，该函数的返回值为矩阵 $\boldsymbol{A}$ 的特征值和特征向量。

例 7-11　计算矩阵 $\begin{bmatrix}2 & 5 & 7\\1 & 6 & 4\\2 & 1 & 3\end{bmatrix}$ 的特征值和特征向量。

```
import numpy as np
import pandas as pd
from scipy import linalg

A = np.array([[2,5,7],[1,6,4],[2,1,3]])
# 求解特征值和特征向量.
l, v = linalg.eig(A)
print('特征值')
print(l)
print('特征向量')
print(v)
```

运行结果：

```
特征值
[ 9.33118512+0.j -0.97342450+0.j  2.64223938+0.j]
特征向量
[[-0.72467834 -0.86807111  0.28141916]
 [-0.60768209 -0.14743118 -0.76844713]
 [-0.3249058    0.47404283  0.57471059]]
```

注意：如果 $\boldsymbol{A}$ 不是一个(N，N)维的方阵，则程序会报错。例如，假设 $\boldsymbol{A}$ 是一个(3，4)维的矩阵，求解特征值和特征向量的过程如下。

```
import numpy as np
import pandas as pd
from scipy import linalg
```

```
A = np.array([[2,5,7,8],[1,6,4,9],[2,1,3,1]])
# 求解特征值和特征向量.
l, v = linalg.eig(A)
print('特征值')
print(l)

print('特征向量')
print(v)
```

运行结果：

```
ValueError                                Traceback (most recent call last)
<ipython-input-19-678477ab971c> in <module>()
      2 A = np.arrray([[2,5,7,8],[1,6,4,9],[2,1,3,1]])
      3 # 求解
----> 4 l ,v= linalg.eig(A)
      5
      6 print('特征值')

D:/Anaconda3\lib\site-packages\scipy\linalg\decomp.py in eig(a, b, left ,right, overwrite_a, overwrite_b, check_finite, homogeneous_eigvals)
    182         al = _asarray_validated(a, check_finite=check_finite)
    183         if len(a1.shape) != 2 or ar.shape[0] != a1.shape[1]:
--> 184             raise ValueError('expected squrae matrix')
    185         overwrite_a = overwrite_a or (_datecopied(a1, a))
    186         if b is not None;

ValueError: expectd square matrix
```

这里提示值错误(ValueError):expected square matrix,意思是期望输入一个方阵。

如果只需要计算矩阵的特征值,可以调用 linalg.eigvals()函数,参见官方文档。

7.2.4 奇异值分解

奇异值分解(singular value decomposition,SVD)是一种矩阵分解(matrix decomposition)的方法,但是和特征值分解不同,SVD 不要求待分解的矩阵必须是方阵。对于 $m\times n$ 的矩阵 $\boldsymbol{A}$,其 SVD 定义为:

$$\boldsymbol{A}_{m\times n}=\boldsymbol{U}_{m\times m}\boldsymbol{\Sigma}_{m\times n}\boldsymbol{V}_{n\times n}^{\mathrm{T}}$$

其中 $\boldsymbol{U}$ 是一个 $m\times m$ 的方阵,$\boldsymbol{U}$ 里面的正交向量称为左奇异向量,是 $\boldsymbol{A}\boldsymbol{A}^{\mathrm{T}}$ 的特征向量按列组成的矩阵;$\boldsymbol{\Sigma}$ 是一个 $m\times n$ 的矩阵,$\boldsymbol{\Sigma}$ 除对角线外其余元素全为 0,对角线上的每个元素 σ_i 都称为矩阵 $\boldsymbol{A}_{m\times n}$ 的奇异值;$\boldsymbol{V}^{\mathrm{T}}$ 是 $\boldsymbol{V}$ 的转置矩阵,是一个 $n\times n$ 的矩阵,$\boldsymbol{V}^{\mathrm{T}}$ 中的正交向量称为右奇异向量,是 $\boldsymbol{A}^{\mathrm{T}}\boldsymbol{A}$ 的特征向量按列组成的矩阵。$\boldsymbol{U}$ 和 $\boldsymbol{V}$ 都是酉矩阵。

scipy.linalg 包中提供的 svd()函数可完成矩阵的奇异值分解,函数原型如下:

```
scipy.linalg.svd(a, full_matrices = True, compute_uv = True, overwrite_a = False,
                 check_finite = True, lapack_driver = 'gesdd')
```

主要参数说明如下。

- a:待分解的矩阵,大小为 $m\times n$。

• full_matrices：布尔型，可选参数。如果 full_matrices＝True（默认），则 $\boldsymbol{U}$ 和 $\boldsymbol{V}$ 的形状分别为（M,M），（N,N）。如果 full_matrices＝False，则 $\boldsymbol{U}$ 和 $\boldsymbol{V}$ 的形状分别为（M,K）和（K,N），其中 K＝min(M,N)。

返回值如下。

• U：ndarray，具有左奇异向量作为列的酉矩阵。形状为（M,M）或（M,K），取决于参数 full_matrices。

• s：ndarray，奇异值，按非递增顺序排列。形状为（K），K＝min(M,N)。

• Vh：ndarray，具有右奇异向量作为行的酉矩阵。形状为（N,N）或（K,N），取决于参数 full_matrices。

注意：返回值并没有输出矩阵 $\boldsymbol{\Sigma}$，而是直接给出了奇异值。

例 7-12 计算 $\begin{bmatrix}2 & 5 & 7 & 8\\1 & 6 & 4 & 9\\2 & 1 & 3 & 1\end{bmatrix}$ 的 SVD 分解结果。

```
import numpy as np
import pandas as pd
from scipy import linalg

A = np.array([[2,5,7,8],[1,6,4,9],[2,1,3,1]])
print("矩阵 A 的维度为：",A.shape)
u, s, v = linalg.svd(A)
print("u：", u)
print("s：", s)
print("v：", v)
```

运行结果：

```
矩阵 A 的维度为：(3, 4)
u：[[-0.70891698   0.38695368   0.58966394]
  [-0.68264569   -0.58661387   0.43575111]
  [-0.17728955   -0.71144291   0.6800128]]
s：[  16.69166052   3.42877586   0.7949623]
v：[[-0.14708295   0.46836254   -0.49275327   -0.71846875]
  [0.46960763   -0.25474745    0.72811672   -0.4294397]
  [0.77544409    0.43549203   -0.43348567   -0.14533865]
  [0.39562828   -0.72531852   -0.19781414    0.52750438]]
```

上述代码中，参数 full_matrices 的默认值为 True，所以 $\boldsymbol{u}$ 和 $\boldsymbol{v}$ 的维度分别为（3,3）和（4,4）。若设置参数 full_matrices＝False，即修改上述代码为 linalg. svd(A,full_matrices＝False)，则运行结果如下，$\boldsymbol{u}$ 和 $\boldsymbol{v}$ 的维度分别为（3,3）和（3,3）。

```
矩阵 A 的维度为：(3, 4)
u：[[-0.70891698   0.38695368   -0.58966394]
[-0.68264569   -0.58661387   0.43575111]
[-0.17728955    0.71144291   0.6800128]]
s：[  16.69166052   3.42877586   0.7949623]
v：[[-0.14708295   -0.46836254   -0.49275327   -0.71846875]
[ 0.46960763   -0.25474745     0.72811672   -0.4294397   ]
[ 0.77544409    0.43549203   -0.43348567   -0.14533865]]
```

观察结果可以看出，奇异值按照从大到小的顺序减小得特别快。在很多情况下，前 10% 甚至前 1% 的奇异值的和占全部奇异值之和的 99% 以上（本例中，第一个值占奇异值之和的 79.8%）。也就是说，剩下的 90% 甚至 99% 的奇异值几乎没有什么作用。因此，可以用前面 r 个大的奇异值来近似描述矩阵，于是奇异值分解公式可以写成如下形式：

$$\boldsymbol{A}_{m\times n} \approx \boldsymbol{U}_{m\times r}\boldsymbol{\Sigma}_{r\times r}\boldsymbol{V}_{r\times n}^{\mathrm{T}}$$

其中，r 远远小于 m 和 n。这就是 SVD 用于数据降维、压缩等算法的主要原因。

SciPy 的线性代数库 linalg 还提供了几种矩阵分解的方法，包括 LU 分解、Cholesky 分解、QR 分解等，本节没有一一列出，如有需要可以查阅官方文档（https://docs.scipy.org/doc/scipy/tutorial/linalg.html）。

7.3 拟合与优化——optimize 包

优化是指在某些约束条件下，求解目标函数最优解的过程。机器学习、人工智能中的绝大部分问题都会涉及求解优化问题。SciPy 库的 optimize 包提供了许多常用的数值优化算法，主要包括最小化（或最大化）目标函数的函数、非线性问题求解器（支持局部和全局优化算法）、线性规划、最小二乘最小化、曲线拟合和多元方程系统求解等。

7.3.1 非线性方程(组)求解

scipy.optimize 包提供了 fsolve() 函数进行非线性方程（组）的求解。函数原型如下：

```
scipy.optimize.fsolve(func, x0, args = (), fprime = None, full_output = 0, col_deriv = 0, xtol = 1.49012e-08, maxfev = 0, band = None, epsfcn = None, factor = 100, diag = None)
```

该函数的作用是求函数的根。返回由函数 func(x)=0 定义的（非线性）方程的根，并给出初始估计值。

主要参数说明如下。

• func：可调用的函数 f(x, *args)，该函数至少需要传递一个（可能是向量）参数 x，并返回一个相同长度的值。该函数需要用户根据求解的问题自定义。

• x0：一个 ndarray 类型的数组，是 func(x)=0 的根的起始估计值。

返回值如下。

• x：数组，方程的解，或者调用失败时，最后一次迭代的结果。

例 7-13 求方程 $x\cos(x)=4$ 的解。

步骤：

(1)变换方程组的形式，改写成 $f(x)=0$ 的形式，例如针对例 7-13 中的方程，修改为 $x\cos(x)-4=0$，即 $f(x)=x\cos(x)-4$。

(2)实现 func(x) 函数，主要是明确要对哪个方程（组）进行求解。func(x) 函数的定义如下：

```
def func(x):
    return f(x)
```

针对例 7-13 中的非线性方程，func(x) 函数的定义如下：

```
def func(x):
    return x * np.cos(x) - 4
```

(3)设置一个初始解估计值,即给参数 x0 赋值。非线性方程通常有不止一个解,方程在初始解附近按照梯度下降进行求解,从而求得局部最优解。若方程(组)只有唯一一个解,初始值的设置对方程的解没有影响。

(4)由于最终得到的是局部最优解,不一定满足方程,可以使用 np.isclose(func(root),0.0)方法进行验证,如果是方程(组)的近似解,则返回值为 True。

按照以上步骤,对该非线性方程的求解过程如下:

```
from scipy.optimize import fsolve
import numpy as np

# 定义 func(x)函数
def func(x):
    return x * np.cos(x) - 4

# x 初始解为 1 的结果
x_init = 1
root = fsolve(func, x_init)
print("该方程的解为:",root)

# 验证解 root 是不是方程的解
res = np.isclose(func(root), 0.0)
print(res)
```

运行结果:

该方程的解为:[-10.60897682]

[True]

res 为 True,说明-10.608 976 82 是方程的解。

例 7-14　求解方程组 $\begin{cases} x_0\cos(x_1)=4 \\ x_1x_0-x_1=5 \end{cases}$。

分析:例 7-14 的求解步骤与方程的求解步骤一致。

func(x)函数的定义如下:

```
def func(x):
    return [x[0] * np.cos(x[1]) - 4,
            x[1] * x[0] - x[1] - 5]
```

设置解的初始值为[1,1],则例 7-14 的代码如下:

```
from scipy.optimize import fsolve
import numpy as np

# 定义 func(x)函数
def func(x):
    return [x[0] * np.cos(x[1]) - 4,
            x[1] * x[0] - x[1] - 5]
```

```
#设置初始解[x0,x1]=[1,1]
x_init = [1, 1]
root = fsolve(func, x_init)
print("方程组的解:",root)

# 验证 root 是不是方程组的近似解
res = np.isclose(func(root), [0.0, 0.0])
print(res)
```

运行结果：

方程组的解:[6.50409711 0.90841421]

[True True]

从结果可知,设置解的初始值为[1,1]时,求得方程组的解 x_0 为 6.504 097 11,x_1 为 0.908 414 21,经验证其是方程组的解。

若设置 x_init=[1,10],则程序提示如下错误：

方程组的解:[1.20354612 25.12484233]

D:\Anaconda3\lib\site-packages\scipy\optimize\minpack.py:161:RuntimeWarning: The iteration is not making goog progress, as measured by the

improvement from the last ten iterations.

warnings.warn(msg, RuntimeWarning)

array([False,False],dtype=bool)

结果提示运行时错误,迭代没有顺序执行,大概在倒数第 10 次的时候出现异常。同时验证结果为[False,False],说明结果[1.20354612 25.12484233]不满足该方程组。

7.3.2 最小二乘拟合

假设有一组实验数据(x_i,y_i),已知它们之间的函数关系为 $y=f(x)$,通过这些信息,需要确定函数中的一些参数项。例如,如果 f 是一个线性函数 $f(x)=kx+b$,那么参数 k 和 b 就是需要确定的值,得到公式中的 S 函数最小为：

$$S(p) = \sum_{i=1}^{m}[y_i - f(x_i, p)]^2$$

这种算法被称为最小二乘拟合(least squares fitting)。scipy.optimize 包提供了 leastsq()函数,可以快速地使用最小二乘法对数据进行拟合。函数原型如下：

```
scipy.optimize.leastsq(func, x0, args = (), Dfun = None, full_output = 0, col_deriv = 0, ftol = 1.49012e-08, xtol = 1.49012e-08, gtol = 0.0, maxfev = 0, epsfcn = None, factor = 100, diag = None)
```

该函数的作用是最小化一组方程的平方和,即：

$$x=\arg\min_{y}(\mathrm{sum}(\mathrm{func}(y)^2, \mathrm{axis}=0))$$

主要参数说明如下。

- func:可调用的函数,应该接受至少一个参数(长度可能为 N 的向量)并返回 M 个浮点数。它不能返回 NaN,否则拟合可能会失败。M 必须大于或等于 N。
- x0:ndarray,最小化的起始估计值。

• args=()：元组，可选参数，函数的所有其他参数都放在此元组中。

返回值如下。

• x：数组，最小二乘解，或者返回调用失败时最后一次迭代的结果。

最小二乘法拟合函数 leastsq()拟合数据的步骤如下。

(1)定义拟合函数 func(x_0,x)，x_0 为拟合参数初始值；

(2)定义误差函数 error_func=y−f(x_0,x)；

(3)定义拟合的初始值 x_0；

(4)调用 leastsq()函数返回拟合值。

例 7-15　利用 leastsq()函数拟合 1 号小麦种子的面积和籽粒宽度之间的关系。数据集 seeds_dataset.csv 的说明见 7.1.3 小节。

(1)假设定义拟合函数为 $y=ax^2+bx+c$，代码如下：

```
def func(x0, x):
    a,b,c = x0
    return a * x ** 2 + b * x + c
```

(2)定义误差函数，代码如下：

```
def error_func(x0, x, y):
    return np.array(y - func(x0, x))
```

(3)定义拟合的初始值 x_0，即拟合函数中参数 a,b,c 的初始值，例如初始值全为 0，代码如下：

```
x0 = np.array([0.0,0.0,0.0])
```

(4)调用 leastsq()函数返回拟合值，代码如下：

```
fitt = optimize.leastsq(error_func, x0, args = (1 号小麦种子的面积,1 号小麦种子的籽粒宽度))
```

例 7-15 的完整代码如下：

```
import numpy as np
from scipy import optimize,stats

# 读取小麦种子数据
file = open(r"seeds_dataset.csv","r",encoding = 'utf-8')
seeds_data = file.read()

# 把读入的小麦种子数据由字符串数据转换成二维列表
rows = seeds_data.split('\n')
final_data = []
for row in rows:
    split_list = row.split(',')
    final_data.append(split_list)

# 1 号小麦种子的面积和宽度
area = []
width = []
for row in final_data[0:len(final_data)]:
```

```
    if row[7] == "1":
        area.append(float(row[0]))
        width.append(float(row[4]))
    else:
        break

# 列表转换成 ndarray
area = np.array(area)
width = np.array(width)

# 定义拟合函数
def func(x0, x):
    a,b,c = x0
    return a * x ** 2 + b * x + c

# 定义误差函数
def error_func(x0, x, y):
    return np.array(y - func(x0, x))

# 初始化参数 a、b、c 的值
x0 = np.array([0.0,0.0,0.0])
# 调用 leastsq()函数用最小二乘法拟合数据
fitt = optimize.leastsq(error_func, x0, args = (area,width))
# 返回值的第一项为拟合出的参数值
print("a,b,c 的值为:",fitt[0])
```

运行结果：

a,b,c 的值为:[0.00186578　0.07852985　1.73285648]

拟合结果为 $y=0.001\,865\,78x^2+0.078\,529\,85x+1.732\,856\,48$。通过可视化结果查看拟合情况，代码如下：

```
import matplotlib.pyplot as plt

plt.rcParams['font.sans-serif'] = ['SimHei']
plt.rcParams['axes.unicode_minus'] = False

a,b,c = fitt[0]

# 可视化
plt.figure(figsize = (8,6))
plt.scatter(area, width, color = "blue",label = "样本数据", linewidth = 3)
#画样本点
x = np.linspace(10,20,70)

y = a * x ** 2 + b * x + c
plt.plot(x, y, color = "red", label = "拟合曲线", linewidth = 2)
#画拟合曲线
plt.legend()
```

```
plt.xlabel("1 号小麦种子的面积")
plt.ylabel("1 号小麦种子的籽粒宽度")
plt.title("最小二乘法拟合")
plt.show()
```

运行结果如图 7-6 所示。

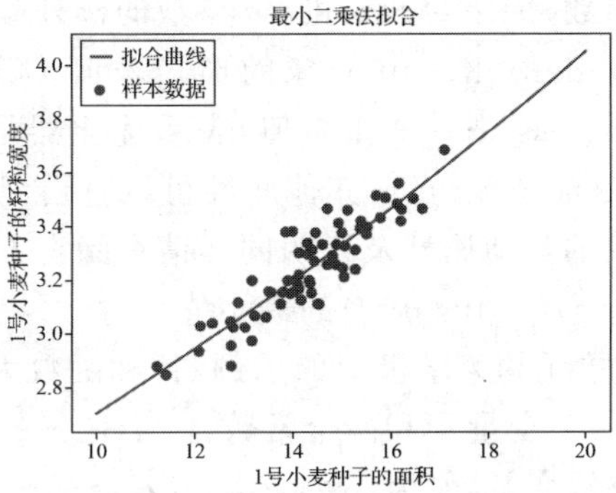

图 7-6 例 7-15 拟合结果可视化

7.3.3 函数局部最小值

scipy.optimize 包提供了 minimize()函数，该函数为一个变量或者多个变量的标量函数提供了无约束和有约束的最小化算法的通用接口。函数原型如下：

```
scipy.optimize.minimize(fun, x0, args = (), method = None, jac = None, hess = None, hessp = None,
bounds = None, constraints = (), tol = None, callback = None, options = None)
```

主要参数说明如下。

• fun：可调用的函数，是要最小化的目标函数。fun(x，* args)－＞float，其中 x 是形状为(*n*,)的一维数组，args 是完全指定函数所需的固定参数的元组。

• x0：ndarray，形状为(*n*,)，初步估计的最小值。大小为(*n*,)的实数元素数组，其中 *n* 是自变量的个数。

• args：元组，可选参数，传递给目标函数(fun)及其导数(jac 和 hess 参数)的额外参数。

• method：str 或可调用的函数，可选参数，计算最小值的算法，包括 Nelder-Mead、Powell、CG、BFGS、L-BFGS-B、SLSQP、Newton-CG 等算法。如果函数调用时没有指定该参数，则默认选择 BFGS、L-BFGS-B、SLSQP 中的一个，这取决于最小值求解问题是否有约束或边界。选择不同的方法，调用 minimize()函数时稍有不同，具体内容请查阅官方文档(https://docs.scipy.org/doc/scipy/reference/generated/scipy.optimize.minimize.html#scipy.optimize.minimize)，其中有对每个方法的详细调用及参数说明。

• constraints：约束定义，{Constraint，dict}或{Constraint，dict}的列表，可选参数，仅适用于 COBYLA、SLSQP 和 trust-constr 两个方法。trust-constr 的约束被定义为指定优化问题约束的单个对象或对象列表。可用的约束是线性约束(linearconstraint)和非线性约束(nonlinearconstraint)。COBYLA 和 SLSQP 的约束被定义为一个字典的列表，每一个字典包含 type、fun、jac、args 等字段，各个字段定义如下。

①type:str 类型,约束类型,为"eq"表示相等,为"ineq"表示不相等。

注意:等式约束意味着约束函数的结果是零,而不等式约束意味着它是非负的(表达式大于或等于 0)。COBYLA 方法只支持不等式约束。

②fun:可调用的函数,该函数用于定义约束。

③jac:可调用的函数,可选参数,只针对 SLSQP 方法。

④args:参数序列,可选参数,传递给 fun 和 jac 参数的额外参数。

返回值为优化结果,以 OptimizeResult 对象的形式表示。OptimizeResult 对象有三个重要的属性:x 是最小值序列,success 是一个布尔值,表示优化器是否成功地退出。message 描述意外终止的原因,fun 表示目标函数的值,其他属性可以查看 OptimizeResult 对象进行了解和使用。OptimizeResult 对象的其他属性及说明同样请查阅官方文档。

例 7-16 计算函数 $f(x)=x^2+40\sin(x)$的最小值。

分析:这是一个单变量函数无约束求极值的示例,目标函数为 $x^2+40\sin(x)$。

解法 1:目标函数中包含一个变量 x 和两个常数,一个是 x 的指数 2,另一个是 $\sin(x)$的系数 40,可以将这两个参数当作常变量,作为 args 参数传入目标函数中,具体代码如下:

```
# 定义目标函数 x**2 + 40 * sin(x)
def fun(args):
    a,b = args
    return lambda x:x ** a + b * np.sin(x)

# 常数 a、b 的值
args = (2,40)
# 估计初始最小值
x0 = np.asarray((0))
# 选择优化函数 SLSQP
res = optimize.minimize(fun(args), x0, method = 'SLSQP')
print(res.success)
print(res.x)
print(res.fun)
```

运行结果:

```
True
[-1.49591909]
-37.65014644453162
```

在运行结果中,True 表明优化器成功退出,x 的最小值为-1.495 919 09,函数最小值为-37.650 146 444 531 62。

解法 2:直接在目标函数中写明函数的参数,具体代码如下:

```
# 定义目标函数
def fun(x):
    return x ** 2 + 40 * np.sin(x)

# 估计初始最小值
x0 = np.asarray((0))
```

```
# 选择优化函数为 SLSQP
res = optimize.minimize(fun, x0, method = 'SLSQP')
print(res.success)
print(res.x)
print(res.fun)
```

该解法的结果与解法 1 的一致。

估计的初始值不同,最终产生的结果也不同,如将最小值改为 2.5,即 x0 = np.asarray((2.5)),同样的程序,变量值和函数值都发生了变化,运行结果如下:

True
[4.48602348]
−18.85513519863618

在运行结果中,True 表明优化器成功退出,但是 x 的最小值为 4.486 023 48,函数最小值为−18.855 135 198 636 18。

用两个初始值求解的函数最小值不一样,很有可能其中一个值是局部最小值,绘制该函数的图形,如图 7-7 所示。

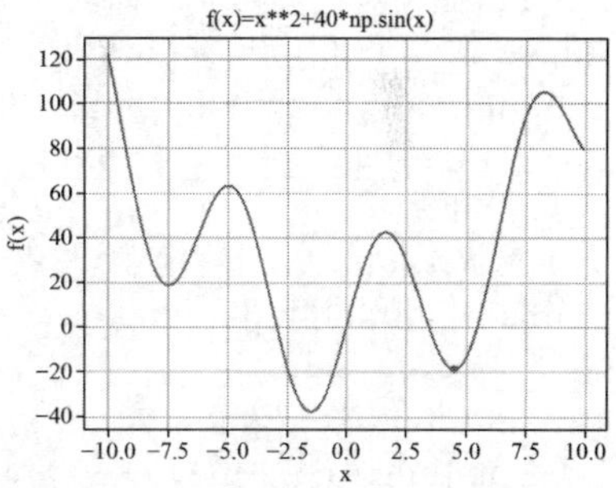

图 7-7　函数局部最小值测试

从图 7-7 中可以看出,该函数有多个极小值。如果初始值设置不当,获得的最小值有可能只是局部最小值。例如,当初始值设为 2.5 时,获得的最小值(图 7-7 中的圆点)就是一个局部最小值,初始值设为 0 时,获得的最小值才是全局最小值。

例 7-17　计算 $2x_1^2-(1+x_2)/(3+x_3)+4x_1$ 的最小值。x_1,x_2,x_3 都在 1～9 之间。

分析:这是一个多变量且有约束求最小值的示例,变量为 x_1,x_2,x_3,取值范围均为 1～9,即最小值 $x_{\min}$ 为 1,最大值 $x_{\max}$ 为 9。约束条件如下。

$$\begin{cases} x_1>x_{\min} \text{ 且 } x_1<x_{\max} \\ x_2>x_{\min} \text{ 且 } x_2<x_{\max} \\ x_3>x_{\min} \text{ 且 } x_3<x_{\max} \end{cases} \quad \text{即} \quad \begin{cases} x_1-x_{\min}>0 \text{ 且 } -x_1+x_{\max}>0 \\ x_2-x_{\min}>0 \text{ 且 } -x_2+x_{\max}>0 \\ x_3-x_{\min}>0 \text{ 且 } -x_3+x_{\max}>0 \end{cases}$$

由此,约束函数可以定义如下:

```
def con(args):
    # 约束条件分为 eq 和 ineq
    # eq表示函数结果等于 0; ineq 表示表达式的值大于或等于 0
    xmin, xmax = args
    cons = ({'type': 'ineq', 'fun': lambda x: x[0] - xmin},
            {'type': 'ineq', 'fun': lambda x: - x[0] + xmax},
            {'type': 'ineq', 'fun': lambda x: x[1] - xmin},
            {'type': 'ineq', 'fun': lambda x: - x[1] + xmax},
            {'type': 'ineq', 'fun': lambda x: x[2] - xmin},
            {'type': 'ineq', 'fun': lambda x: - x[2] + xmax})
    return cons
```

在上述约束条件下，计算目标函数 2 * x1 ** 2－(1＋x2)/(3＋x3)＋4 * x1 的最小值的代码如下：

```
# 定义目标函数
def fun(args):
    a,b,c,d = args
    return lambda x: a * x[0] ** 2 - (b + x[1]) / (c + x[2]) + d * x[0]

# 定义约束函数,字典类型
def con(args):
    # 约束条件分为 eq 和 ineq
    # eq 表示函数结果等于 0 ; ineq 表示表达式的值大于或等于 0
    xmin, xmax = args
    cons = ({'type': 'ineq', 'fun': lambda x: x[0] - xmin},
            {'type': 'ineq', 'fun': lambda x: - x[0] + xmax},
            {'type': 'ineq', 'fun': lambda x: x[1] - xmin},
            {'type': 'ineq', 'fun': lambda x: - x[1] + xmax},
            {'type': 'ineq', 'fun': lambda x: x[2] - xmin},
            {'type': 'ineq', 'fun': lambda x: - x[2] + xmax}
           )
    return cons
# 定义 a、b、c、d 四个常量值,根据目标函数直接指定,也可以在目标函数中直接定义
args = (2,1,3,4)

# 设置参数范围/约束条件
args1 = (1,9) # xmin, xmax
cons = con(args1)

# 设置初始估计值
x0 = np.asarray((5,5,5))

res = optimize.minimize(fun(args), x0, method = 'SLSQP', constraints = cons)
print(res.success)
print(res.x)
print(res.fun)
```

运行结果：

```
True
[1. 9. 1.]
3.5000000000001283
```

从运行结果可知，目标函数的最小值为 3.500 000 000 000 128 3，此时 x_1，x_2，x_3 的取值分别为 1，9，1。目标函数 fun()中不选择 args 参数的方式这里不再列出，请参考例 7-16 中的解法 2 自行完成。

7.3.4 函数全局最小值

全局优化的目的是在可能存在许多局部最小值的情况下，在给定的范围内找到一个函数

的全局最小值。scipy.optimize 包提供了几种计算全局最小值的方法，包括 basinhopping()、brute()、differential_evolution()、shgo()、dual_annealing()、direct()等。本节内容主要介绍 basinhopping()方法，该方法是一个两阶段法，它将全局的步进(stepping)算法和局部最小化(optimiz.minimize)算法结合在一起，步进算法的每一个步长 step 都采用局部最小化算法。函数原型如下：

```
scipy.optimize.basinhopping(func, x0, niter = 100, T = 1.0, stepsize = 0.5, minimizer_kwargs = None, take_step = None, accept_test = None, callback = None, interval = 50, disp = False, niter_success = None, seed = None, *, target_accept_rate = 0.5, stepwise_factor = 0.9)
```

主要参数说明如下。

- func：可调用的函数 f(x, * args)，为待优化的目标函数。args 可以作为一个可选项在字典 minimizer_kwargs 中给出。
- x0：数组，设定迭代的初始值。
- minimizer_kwargs：字典，可选参数，给出传递给函数 scipy.optimize.minimize()的额外的关键字参数。一些重要的可选项如下。
  - ➢ method：str，最小化方法(如 SLSQP)。
  - ➢ args：元组，传递给目标函数(func)及其导数(Jacobian，Hessian)的额外参数。

其他各个参数的说明请查阅官方文档(https://docs.scipy.org/doc/scipy/reference/generated/scipy.optimize.basinhopping.html#scipy.optimize.basinhopping)。

这里以 7.3.3 小节的例 7-16 说明该函数的使用方法。

例 7-18　计算函数 $f(x)=x^2+40\sin(x)$的最小值。具体代码如下：

```
# 定义目标函数
def fun(args):
    a,b = args
    return lambda x:x ** a + b * np.sin(x)

args = (2,40)

# 估计初始最小值，即算法迭代的最小值
x0 = [2.5]
# 设置内部使用的最小化方法，这个参数将传递给 scipy.optimize.minimize()方法
minimizer_kwargs = {"method": "SLSQP"}
res = optimize.basinhopping(fun(args), x0, minimizer_kwargs = minimizer_kwargs, niter = 860)
print(res.x)
print(res.fun)
```

在初始值为 2.5 的情况下，返回全局最小值，运行结果如下：

```
[-1.49592991]
-37.650146446986525
```

basinhopping 算法是一个随机的全局优化器，其内部调用的仍然是局部最小值函数 minimize()，basinhopping 算法只是重复多次调用最小化函数来试图找到目标函数的全局最小值，无法保证它会在指定的迭代次数内找到全局最优值。如果没有获得全局最优值，可以尝试加

大迭代次数，一旦找到最小值，算法会自动停止。例如，选用 BFGS 或者 L-BFGS-B 算法作为最小值方法的时候，并不能在迭代 100 次内找到全局最小值，当设置 niter 值为 860 时，算法返回了全局最小值。请自行修改代码完成测试，这里不再重复代码。

例 7-18 显示了一维最小化问题的解决方法，接下来考虑一个二维最小化问题。

例 7-19 六峰值驼背函数有 6 个局部极小值点，其中(−0.089 8,0.712 6)和(0.089 8,−0.712 6)为全局最小值点，编程实现使用 basinhopping()函数查找最小值的过程。函数表达式如下：

$$f(x,y)=\left(4-2.1x^2+\frac{x^4}{3}\right)x^2+xy+(-4+4y^2)y^2$$

这里通过计算变量的导数来获得梯度信息，加快算法的搜索速度。具体代码如下：

```
import numpy as np
from scipy import optimize

# 定义目标函数
def fun2d(x):
    f = (4 - 2.1 * x[0] ** 2 + x[0] ** 4 / 3) * x[0] ** 2 + x[0] * x[1] +
        (4 * x[1] ** 2 - 4) * x[1] ** 2
    # 计算x[0]和x[1]的导数
    df = np.zeros(2)
    df[0] = x[0] ** 2* (4 * x[0] ** 3 / 3 - 4.2 * x[0]) + 2 * x[0] * (x[0]
            ** 4 / 3 - 2.1 * x[0] ** 2 + 4) + x[1]
    df[1] = x[0] + 8 * x[1] ** 3 + 2 * x[1] * (4 * x[1] ** 2 - 4)
    return f, df
# 设置选择的优化器为 L-BFGS-B
# "jac":返回 True 表示告诉优化器要返回能量和梯度信息(雅克比矩阵)
minimizer_kwargs = {"method":"L-BFGS-B","jac":True}
# 设置迭代最小值
x0 = [1.0,1.0]
# 调用函数查找全局最小值
res = optimize.basinhopping(fun2d, x0, minimizer_kwargs = minimizer_kwargs, niter = 100)

print("目标函数的评估次数:",res.nfev)
print("优化器 L-BFGS-B 执行的次数:",res.nit)
print("目标函数的最优解",res.x)
print("目标函数的值",res.fun)
```

结果显示如下，找到了全局最优解。

目标函数的评估次数 ：988

优化器 L－BFGS－B 执行的次数 ：100

目标函数的最优解 [0.08984201 −0.7126564]

目标函数的值 −1.03162845349

为了证明这样做确实可以加快速度，计算目标函数的导数信息，去掉导数计算部分，修改 fun2d()函数和 minimizer_kwargs 参数如下：

```
def fun2d(x):
    f = (4 - 2.1 * x[0] ** 2 + x[0] ** 4 / 3) * x[0] ** 2 + x[0] * x[1]
        + (4 * x[1] ** 2 - 4) * x[1] ** 2
return f
minimizer_kwargs = {"method":"L-BFGS-B"}
```

其他代码不变，程序运行结果如下：

目标函数的评估次数 ：2970

优化器 L－BFGS－B 执行的次数 ：100

目标函数的最优解 [0.08984202 －0.7126564]

目标函数的值 －1.03162845349

两个结果对比可发现，在不使用梯度信息的情况下，目标函数评估最优解的次数远大于使用梯度信息的情况。basinhopping()函数中其他参数的使用情况请查阅官方文档。

7.4 本章实训

本章实训

7.5 本章小结

Python 科学计算库 SciPy 提供了许多数学算法和便捷函数。本章从数据分析的角度出发，主要介绍了统计、线性代数和拟合与优化三个方面的内容，主要涉及 SciPy 库中 stats、linalg、optimize 包的使用方法。SciPy 库中还有很多其他有用的数据算法和函数，用于解决数学、工程等方面的问题，读者可以根据自己的需求，查询相关文档。

7.6 本章习题

1. 一个服从泊松分布的随机变量 X，表示在具有概率参数(rate parameter)λ 的一段固定时间间隔内事件发生的次数。参数 λ 表示该事件发生的概率。随机变量 X 的平均值和方差都是 λ，概率质量函数如下：

$$P(X=k)=\frac{\lambda^k e^{-\lambda}}{k!}$$

已知某路口发生事故的概率是每天 2 次，那么在此处一天内发生 4 次事故的概率是多少？

2. 求解约束条件下 $f(x)=x_1^2+2x_2^2+3x_3^2+4$ 的最小值，约束条件为

$$\begin{cases} x_1^2-2x_2^2+3x_3^2\geqslant 0 \\ x_1+x_2+x_3^2\leqslant 20 \\ -x_1^2-2x_2^2+8=0 \\ 2x_2^2+3x_3^2=10 \\ x_1,x_2,x_3>0 \end{cases}$$

3.7.3.4 小节介绍了 basinhopping()方法求解六峰值驼背函数最小值的过程。请查阅文档,利用 brute()方法完成对六峰值驼背函数最小值的求解。

4.利用 leastsq()函数拟合 3 号小麦种子(seeds_dataset.csv)的面积和籽粒长度之间的关系。

第 8 章 时间序列数据

人们常用“日升月沉，斗转星移”来表示时间流逝、岁月变迁。客观世界中的事物都是在时间维度上发展变化的。时间度量单位可以是年、月、日、小时，也可以是春、夏、秋、冬。随着时间的变化，任何事物都可以得到一系列依赖于时间的数据，例如，近 10 年塔克拉玛干沙漠的年平均降雨量会形成一组数据；农田里的麦穗从出苗到成熟都会因时间变化而产生一系列数据，这样的系列数据称为时间序列数据（简称为时序数据）。

时间序列数据的顺序及大小都蕴含着客观世界及其变化的信息，表现事物变化的动态过程。例如，按年度排列的棉花产量；按月份排列的家畜的销售额；按天排列的作物病虫害的数量变化；按分钟排列的智能水阀的放水量。时间序列数据分析的意义在于研究某一时间序列数据在长期变动过程中所存在的统计规律性。因此很多科学研究也都基于时间序列数据展开。

8.1 时间序列数据概述

时间序列（time series）数据也称动态数列，是把同一个统计指标的数值根据其发生的时间先后顺序进行排列而生成的数列。

时间序列数据是一种重要的结构化数据，是现实世界中可以采集到的数据，例如：

- 农田中不同时间段的温度、湿度、光照强度；
- 水肥灌溉中每分钟水肥的流速、流量；
- 化学实验中每一时刻微生物的数量、种类；
- 地球上珍稀物种每年的存活量；
- 医学检查中的心电图、血压监测数据。

这些数据都带有时间属性，在用于查询的同时，更多地用于分析、预测和数据挖掘。因此在金融、经济、生态、神经科学等领域，时间序列数据是一种重要的结构化数据。

在农业生产过程中，有很多问题可以通过以往数据，利用一些方法（如回归法）来建立预测模型。但有些问题采集数据不那么容易，数据也不一定表现出有规律的趋势，这时就可以利用某一时间段的数据，来预测问题发展变化的趋势。对于时间序列数据的分析既包含对已有数据的诊断，又包括对未来数据的预测。例如，在智慧农业中根据时间序列数据构建预测模型来模拟农作物生产环境的变化趋势[1]；有研究者基于 MODIS 时间序列数据完成竹林地上生物量的估算[2]；基于对时间序列数据的分析，可以对大葱价格进行预测[3]；在空气质量研究中，利用近三年的城市空气质量的时间序列数据，进行总体情况的分析预测[4]。

进行数据分析之前，首先要准备好时间序列数据集。获取数据集的一种方式是通过开源的数据仓库，例如针对农业领域，时间序列数据集有印度班加罗尔 2010—2018 年每日水果和蔬菜价格数据集。数据集的另一种获取方式是从无结构的数据中构造时间特征，通过处理数据的方法创造时间序列数据。因为虽然时间序列数据在我们身边广泛存在，但在存储的时候，数据之间的依存关系并没有显著体现，所以需要人为构造。例如，天气领域的一些数据是以图片形式存在的，数据分析前要做的是从图片中提取特征，形成时间序列数据。

8.1.1 Python 中的日期和时间数据类型

在 Python 中，用来表示日期(date)和时间(time)数据的数据类型都包含在标准库中，常用的模块有 time、datetime、calendar 等。

date 对象存储年、月、日信息，例如“2022-10-01”表示 2022 年 10 月 1 日。time 对象存储小时、分钟、秒、毫秒信息，例如“09∶30∶00”表示 9 点 30 分。

除此之外，Pandas 库提供了许多内置的时间序列数据处理工具和数据算法，因此可以高效处理非常大的时间序列数据，轻松地进行切片/切块、聚合、对定期/不定期的时间序列数据进行重采样等操作。

8.1.2 几种常用的时间序列

时间序列可以是固定频率的，也可以是不定期的，这种数据的意义主要取决于具体的应用场景，通常有以下几种常用的时间序列。

1. 时间戳(timestamp)

时间戳是指特定的时刻，例如当前时刻，在计算机中就会形成一个特定的数据，这种数据叫作时间戳。这个特定时刻并不是人们日常生活中常描述的可以精确到秒的一个时间，而是一个 float 型数据，表示从格林威治时间 1970 年 1 月 1 日(00∶00∶00 GMT)至当前时刻的总毫秒数。

在 Python 中，时间戳是一串数字，要把它转换为具有一定格式的时间数据(如“2018-08-08 11∶11∶11”)时，需要用到 time 模块。同样，时间数据也可以转换为时间戳。

引入时间戳的主要作用是控制缓存数据的有效期，即防止缓存中存储的旧数据对实时性要求较高的应用产生影响，确保数据的准确性和及时性。最简单、最常见的时间序列数据都是用时间戳进行索引的。

例 8-1

```
# 利用 strptime()函数将时间转换成时间数组
import time
dt = '2022 - 08 - 08 11:11:11'
timeArray = time.strptime(dt, "%Y - %m - %d %H:%M:%S")
print(timeArray)
```

运行结果：

time.struct_time(tm_year=2022, tm_mon=8, tm_mday=8, tm_hour=11, tm_min=11, tm_sec=11, tm_wday=0, tm_yday=220, tm_isdst=-1)

例 8-2

```
# 利用 strftime()函数重新格式化时间
dt_new = time.strftime('%Y-%m-%d - %H:%M:%S', timeArray)
print(dt_new)
```

运行结果：

2022-08-08-11：11：11

2. 时期(period)

时期表示时间区间，通常描述为数日、数月、数季、数年等。例如，2022 年第 3 个季度，1952 年到 2022 年期间。

例 8-3

```
# 导入要用的包
import pandas as pd
# 生成一个从 2022-01 开始，以月为频率的时间构造器
print(pd.Period('2022',freq = 'M'))
```

运行结果：

2022-01

结果表示 2022 年 1 月，时间频率为月。

pd. Period()函数中有两个参数，第一个参数表示一个时间戳，第二个参数 freq 用于指明该时间段的长度。

3. 时间间隔(interval)

还有一种时间序列，通常用于表示实验或过程的持续时间。这个序列中的每个时间点都是相对于特定起始时间的一个度量。例如，从开始实验时算起，每秒钟土壤湿度的变化值，这种时间序列用时间间隔表示，它由起始时间戳和结束时间戳表示的时间间隔共同影响，是由起始时间戳到结束时间戳之间的绝对时间。

时期可以看作时间间隔的特例，可以计算两个日期之间相差的时间。

例 8-4

```
import datetime
d1 = datetime.datetime.strptime('2022-03-05 17:41:20', '%Y-%m-%d %H:%M:%S')
d2 = datetime.datetime.strptime('2022-03-02 17:41:20', '%Y-%m-%d %H:%M:%S')
delta = d1 - d2
print(delta.days)
```

运行结果：

3

运行结果表示 d1 和 d2 两个日期之间相差的时间为 3 天。

8.2 常用的时间序列数据分析工具

时间序列数据的典型应用有数据分析和模拟。对时间序列数据的分析可以采用适当的分

析工具，根据已有的历史数据对未来数据进行预测。常用的时间序列数据分析工具有 Python 内置的模块，也有第三方库。本节将介绍 time 模块、datetime 模块和 Pandas 库。

8.2.1 time 模块

time 模块中只有 time.struct_time 一个类，struct_time 是转换秒数得到的一个结构化的时间对象，可以通过下标或属性名称获取对象的年、月、日、时、分、秒等属性。调用 gmtime()、localtime()、strptime()等方法可以得到 struct_time 对象的实例。

例 8-5

```
import time
st = time.localtime()
print(st)
# 输出时间元组的一项 tm_mon
print("tm_mon = ",st.tm_mon)
# 可利用元组下标获取指定的数据项，下标序号为[0,1,2,3,4,5,6,7,8]
print("st[1] = ",st[1])
```

运行结果：

time.struct_time(tm_year=2022, tm_mon=8, tm_mday=30, tm_hour=20, tm_min=25, tm_sec=45, tm_wday=1, tm_yday=242, tm_isdst=0)

tm_mon = 8

st[1] = 8

从运行结果中可以看出 struct_time 对象中包含的内容，通过调用方法，可以得到想要的实例。例如想要获取月份，可以通过调用元素 tm_mon 得到。

对于获取的示例数据，还需要通过格式转换，得到相应的字符串，以方便后续的处理。常用的方法如下。

- strftime()方法：接收时间元组，并返回可读字符串表示的当前时间。
- strptime()方法：可根据指定的格式把一个时间字符串解析为时间元组。

Python 中时间日期格式化含义如表 8-1 所示。

表 8-1 时间日期格式化含义

通配符	含义
%y	两位数的年份表示(00～99)
%Y	四位数的年份表示(0000～9999)
%m	月份(01～12)
%d	月内的一天(0～31)
%H	24 小时制小时数(0～23)
%I	12 小时制小时数(01～12)
%M	分钟数(00～59)

续表

通配符	含义
%S	秒(00~59)
%a	本地简化星期名称
%A	本地完整星期名称
%b	本地简化月份名称
%B	本地完整月份名称
%c	本地相应的日期表示和时间表示
%j	年内的一天(001~366)
%p	本地 A. M. 或 P. M. 的等价符
%U	一年中的星期数(00~53),星期天为一个星期的开始
%w	星期(0~6),星期天为一个星期的开始
%W	一年中的星期数(00~53),星期一为一个星期的开始
%x	本地相应的日期表示
%X	本地相应的时间表示
%Z	当前时区的名称
%%	%本身

例 8-6

```
import time
# 格式化成 2022-08-31 09:42:51 形式
print('当前时间:',time.strftime("%Y-%m-%d %H:%M:%S", time.localtime()))
# 格式化成 Wed Aug 31 09:42:51 2022 形式
print('当前时间:',time.strftime("%a %b %d %H:%M:%S %Y", time.localtime()))
# 将格式字符串转换为时间戳
a = "Wed Oct 27 19:56:36 2021"
print(time.mktime(time.strptime(a,"%a %b %d %H:%M:%S %Y")))
```

运行结果:

当前时间:2022-08-31 09:44:43

当前时间:Wed Aug 31 09:44:43 2022

1635335796.0

可根据表 8-1,选择所需的通配符,对日期时间使用不同的格式输出。

8.2.2 datetime 模块

datetime 是 Python 处理日期和时间的模块,其作用是对日期和时间类型的数据进行操作。因为它是内置模块，所以使用起来很方便，直接使用 import datetime 导入即可。

在 datetime 模块中包含 5 个类，如表 8-2 所示。

表 8-2　datetime 模块中包含的 5 个类

类名	功能
date	表示以公历形式存储的日期(年、月、日)
time	表示时间(时、分、秒、毫秒)
datetime	表示时间和日期
timedelta	表示两个 datetime 对象的差值
tzinfo	表示时区的相关信息

1. date 类

date 类有 3 个参数：year、month、day，分别表示年、月、日，返回 year-month-day。

例 8-7

```
import datetime
t = datetime.date(2022,7,26)
print(t)
print('年：',t.year,' 月：',t.month,' 日：',t.day)
```

运行结果：

2022-07-26

年：2022　月：7　日：26

date 类中的常用方法如下。

• datetime.date.ctime()：以历元以来的秒为参数，返回一个表示本地时间的字符串。返回格式如 Mon Aug 1 00:00:00 2022。

• datetime.date.isoformat()：返回标准日期格式，如 YYYY-MM-DD。

• datetime.date.strftime(format)：将日期按照给定的 format 参数格式化。

例 8-8

```
import datetime
date = datetime.date(2022,8,30)
date_array = date.ctime()
print(date_array)
day = date.isoformat()
print('该日期的标准格式：',day)
new_date = date.strftime("%a %b %d")
print('该日期的指定格式：',new_date)
```

运行结果：

Tue Aug 30 00:00:00 2022

该日期的标准格式：2022-08-30

该日期的指定格式：Tue Aug 30

从运行结果可以看出，日期有多种显示方法，其中 strftime()方法可根据表 8-1 选择不同的格式化符号，得到各种显示格式。

date 类中还有一些方法，可以对已有日期进行修改和转换，这类方法如下。

- datetime. date. fromtimestamp(timestamp)：根据给定的时间戳，返回一个 date 对象，其作用与 datetime. date. today()方法的作用相同。
- datetime. date. replace(year, month, day)：替换给定日期，但不改变原日期。
- datetime. date. timetuple()：返回日期对应的 time. struct_time 对象。

例 8-9

```
import datetime
date = datetime.date.fromtimestamp(1658051914)
print('指定时间戳所对应的时间对象：',date)
today = datetime.date.today()
print('当前时间：',today)
new_date = date.replace(2022,8,30)
print('原日期：',date)
print('新日期：',new_date)
day = date.timetuple()
print(day)
print("tm_year = ",day.tm_year)
```

运行结果：

指定时间戳所对应的时间对象：2022-07-17

当前时间：2022-09-02

原日期：2022-07-17

新日期：2022-08-30

time. struct_time(tm_year=2022, tm_mon=7, tm_mday=17, tm_hour=0, tm_min=0, tm_sec=0, tm_wday=6, tm_yday=198, tm_isdst=-1)

tm_year = 2022

对于由 timetuple()方法得到的 time. struct_time 对象，也可通过方法调用，获得相应的实例。

还有一些操作方法，在时间序列数据的预处理和清洗中发挥作用。这些方法通过对时间序列数据的截取，获得想要的数据，这些数据可以是计算后的结果，也可以是隐含的信息。这类方法如下。

- datetime. date. isocalendar()：返回一个元组，其中指定日期的年份、第几周和该周的第几个工作日。
- datetime. date. isoweekday()：返回日期是星期几，返回值是[1,2,3,4,5,6,7]，其中 1 表示星期一。
- datetime. date. weekday()：返回日期是星期几，返回值是[0,1,2,3,4,5,6]，其中 0 表示星期一。

例 8-10

```
import datetime
date = datetime.date(2022,1,15)
day = date.isocalendar()
print(day)
print('年份:',day[0])
print('该年份的第 ',day[1],' 周')
print('该周的第 ',day[2],' 个工作日')
day_1 = date.isoweekday()
print('2022.1.15 为星期 ',day_1)
day_2 = date.weekday()
print('2022.1.15 为星期 ',day_2)
```

运行结果:

datetime.IsoCalendarDate(year=2022, week=2, weekday=6)

年份:2022

该年份的第 2 周

该周的第 6 个工作日

2022.1.15 为星期 6

2022.1.15 为星期 5

从运行结果可以看出,对于同一个日期,isoweekday()和 weekday()方法都返回一个整型数据,但是得到的结果不同。

2. time 类

time 类有 5 个参数:hour、minute、second、microsecond、tzinfo,各个参数的含义如下。

• hour:时。

• minute:分。

• second:秒。

• microsecond:微秒。

• tzinfo:返回传递给 time 类的构造方法的 tzinfo 对象,如果该参数未给出,则返回 None。

例 8-11

```
import datetime
time = datetime.time(12,6,9)
print('时:',time.hour,' 分:',time.minute,' 秒:',time.second)
```

运行结果:

时:12 分:6 秒:9

time 类的常用方法如下。

• datetime.time.replace():生成一个新的时间对象,用参数指定的时、分、秒、微秒代替原有对象中的属性(原有对象仍保持不变)。

• datetime.time.strftime(format):按照 format 参数的格式返回时间。

• datetime. time. isoformat()：按照标准格式返回时间。

例 8-12

```
import datetime
time = datetime.time(12,6,9)
new_time = time.replace(13,5,8)
print('原时间：',time)
print('新时间：',new_time)
print('指定格式：',new_time.strftime(" %H %M %S"))
print('标准格式：',new_time.isoformat())
```

运行结果：

原时间：12：06：09

新时间：13：05：08

指定格式：13 05 08

标准格式：13：05：08

这 3 种方法与 date 类中同名方法的用法一致。

• datetime. time. tzname()：返回时区名字。

这种方法用于以字符串形式返回传递的 datetime 对象的时区名称。为了获得确切位置的时区，只需将 datetime. now()函数生成的 datetime 标记传递给 tzname()函数，也可以通过显式添加时区来获取其他位置的时区。

例 8-13

```
import datetime
import pytz
dt = datetime.datetime.now()
# 将返回无 tzinfo()的时区信息
print(dt)
print(dt.tzinfo)
print("时区：", dt.tzname())
# 为亚洲/上海添加时区并获取时区的详细信息
timezone = pytz.timezone("Asia/ShangHai")
mydt = timezone.localize(dt)
print(mydt)
print("Tzinfo:", mydt.tzinfo)
print("时区：", mydt.tzname())
```

运行结果：

2022-09-08 19：44：44.906235

None

时区：None

2022-09-08 19：44：44.906235＋08：00

Tzinfo：Asia/Shanghai

时区：CST

其中，CST 表示亚洲/上海所在位置的时区名称。

3. datetime 类

datetime 类是 date 类和 time 类的综合应用，可以处理年、月、日、时、分、秒等时间数据。

datetime 类有很多参数：year、month、day、hour、minute、second、microsecond、tzinfo，分别返回年、月、日、时、分、秒、微秒、时区信息。

例 8-14

```
import datetime
dt_c = datetime.datetime.today()
print(dt_c)
print('年：',dt_c.year,' 月：',dt_c.month,' 日：',dt_c.day)
print('时：',dt_c.hour,' 分：',dt_c.minute,' 秒：',dt_c.second,' 微秒：',dt_c.microsecond)
print('时区信息：',dt_c.tzinfo)
```

运行结果：

2022-09-02 20：23：54.908927

年：2022　月：9　日：2

时：20　分：23　秒：54　微秒：908927

时区信息：None

datetime 类的常用方法如下。

- datetime. datetime. ctime()：将 datetime. datetime 对象转化成字符串对象输出。
- datetime. datetime. fromtimestamp(timestamp)：将时间戳转化为 datetime 对象。
- datetime. datetime. replace()：返回一个替换后的 datetime 对象。
- datetime. datetime. strftime()：由日期时间格式转化为指定的字符串格式。

例 8-15

```
import datetime
date = datetime.datetime(2022,7,17,17,58,34)
date_array = date.ctime()
print('字符串类型：',date_array)
time = datetime.datetime.fromtimestamp(1658051914)
print('时间戳"1658051914"所对应的 datetime 对象：',time)
new_time = time.replace(2022,8,30,14,12,12)
print('原时间：',time)
print('新时间：',new_time)
new_time2 = new_time.strftime(" %b %d %Y %H：%M：%S")
print('新时间的指定格式：',new_time2)
```

运行结果：

字符串类型：Sun Jul 17 17：58：34 2022

时间戳"1658051914"所对应的 datetime 对象：2022-07-17 17：58：34

原时间：2022-07-17 17：58：34

新时间：2022-08-30 14：12：12

新时间的指定格式：Aug 30 2022 14：12：12

该例所用的方法与 date 类和 time 类的方法类似。

• datetime. datetime. now()：获取当前日期和时间。
• datetime. datetime. now(). date()：获取当前日期时间的日期部分。
• datetime. datetime. now(). time()：获取当前日期时间的时间部分。

例 8-16

```
import datetime
date_time = datetime.datetime.now()
print('当前日期时间:',date_time)
date = datetime.datetime.now().date()
print('日期部分:',date)
time = datetime.datetime.now().time()
print('时间部分:',time)
```

运行结果：

当前日期时间：2022-09-01 14：05：44.117343

日期部分：2022-09-01

时间部分：14：05：44.117343

4. timedelta 类

datetime. timedelta 表示两个时间的差值。

实例化 timedelta 类时其参数默认是 0，具体如下。

• days：时间差的天数。
• seconds：时间差的秒数。
• milliseconds：时间差的毫秒数。
• microseconds：时间差的微秒数。
• minutes：时间差的分钟数。
• hours：时间差的小时数。
• weeks：时间差的周数。

例 8-17

```
from datetime import datetime, timedelta
current_datetime = datetime.now()
print('当前时间:', current_datetime)
# 过去的时间
three_days_before_date = current_datetime - timedelta(days = 3)
print('三天前时间:', three_days_before_date)
# 未来的时间
one_year_future_date = current_datetime + timedelta(days = 365)
four_weeks_future_date = current_datetime + timedelta(weeks = 3)
three_minutes_future_date = current_datetime + timedelta(minutes = 3)
print('一年后时间:', one_year_future_date)
print('三周后时间',four_weeks_future_date)
print('三分钟后时间',three_minutes_future_date)
```

运行结果：

当前时间：2022-08-31 12：35：15.640002

三天前时间：2022-08-28 12：35：15.640002

一年后时间：2023-08-31 12：35：15.640002

三周后时间 2022-09-21 12：35：15.640002

三分钟后时间 2022-08-31 12：38：15.640002

5. tzinfo 类

tzinfo 类是作为时区的类，一般情况下运用得不多。这里要提一下 pytz 模块，在 Python 中用 pytz 模块处理时区信息，可以将本地时间转换为目标时区时间。

例 8-18

```
import pytz
import datetime
dt = datetime.datetime.fromtimestamp(1405938446,pytz.timezone('UTC'))
print(dt.tzinfo)
```

运行结果：

UTC

8.2.3 Pandas 处理时间序列数据

很多时候，用户需要从网上爬取数据，生成 CSV 格式的文件。当从 CSV 文件中导入数据或者导出数据到 CSV 文件中时，DataFrame 对象中对应的时间序列是用字符串形式表示的。除了将前面介绍过的时间转换为字符串的方法外，Python 还提供了第三方库来支持时间序列的处理。

Pandas 库是处理时间序列的利器，Pandas 有着强大的日期数据处理功能，可以按日期筛选数据、按日期显示数据、按日期统计数据。常用的方法有 pd.to_datetime()、pd.to_period()、pd.date_range()、pd.period_range()、resample()等。

1. 定义 timestamp 格式

例 8-19

```
import pandas as pd
# 定义 timestamp
t1 = pd.Timestamp('2021 - 01 - 10')
t2 = pd.Timestamp('2022 - 05 - 20')
print(f't1 = {t1}')
print(f't2 = {t2}')
print(f't1 与 t2 时间间隔:{(t1 - t2).days}天')
```

运行结果：

t1= 2021-01-10 00：00：00

t2= 2022-05-20 00：00：00

t1 与 t2 时间间隔：−495 天

2. 实现 datetime 加/减

对日期和时间进行加/减实际上就是把 datetime 往后或往前计算，得到新的 datetime。加/减可以直接用“＋”和“－”运算符实现。这里会用到 Pandas 库中的 Timedelta 类。

例 8-20

```
import pandas as pd
inte = pd.Timedelta(days = 5, minutes = 50, seconds = 20, milliseconds = 10, microseconds = 10,
                    nanoseconds = 10)
print(inte)
```

运行结果：

5 days 00：50：20.010010010

例 8-21　从当前日期开始往后推 100 天,可以直接用加法运算。

```
# 计算当前时间往后 100 天的日期
import pandas as pd
import datetime
now = datetime.datetime.now()
dt = now + pd.Timedelta(days = 100)
print(dt.strftime('%Y - %m - %d'))
```

运行结果：

2022-11-27

这表示从当前日期(2022 年 8 月 19 日)算起,增加 100 天后的日期为 2022 年 11 月 27 日。

3. 生成一个时间段

可以利用 date_range()方法生成一个时间段,函数原型如下：

```
pd.date_range(start = , end = , periods = , freq = 'D')
```

其中,参数 start、end 和 freq 配合,可以生成在 start 和 end 范围内频率为 freq 的一组时间索引;另一种情况,参数 start、periods 和 freq 配合,能够生成从 start 开始的频率为 freq 的 periods 个时间索引。

date_range()方法中频率的缩写表示如表 8-3 所示。

表 8-3　date_range()方法中频率的缩写表示

缩写	说明	偏移量的类型
D	频率间隔为天,是每个日历日	Day
B	频率间隔为天,是每个工作日	BusinessDay
H	频率间隔为每小时	Hour
T	频率间隔为每分	Minute
S	频率间隔为每秒	Second
ms	频率间隔为每毫秒	Milli
M	频率间隔为每月最后一个工作日	MonthEnd
MS	频率间隔为每月第一个工作日	MonthBegin

例 8-22

```
pd.date_range(start = '20210901', end = '20210924')
```

运行结果：

```
DatetimeIndex(['2021-09-01', '2021-09-02', '2021-09-03', '2021-09-04',
               '2021-09-05', '2021-09-06', '2021-09-07', '2021-09-08',
               '2021-09-09', '2021-09-10', '2021-09-11', '2021-09-12',
               '2021-09-13', '2021-09-14', '2021-09-15', '2021-09-16',
               '2021-09-17', '2021-09-18', '2021-09-19', '2021-09-20',
               '2021-09-21', '2021-09-22', '2021-09-23', '2021-09-24'],
              dtype='datetime64[ns]', freq='D')
```

8.2.4 其他时间处理库

1. statsmodels 库

statsmodels 是 Python 的第三方库，它提供了用于估计各种统计模型以及运行统计测试和统计数据分析的类和函数。

该库为时间序列分解及其可视化提供了一种非常方便的方法。使用这个库，可以轻松地分解任何时间序列并分析其组成部分，例如趋势、季节性组成部分以及残差或噪声。

statsmodels 库的 seasonal_decompose()函数提供了简单或经典的时间序列分解方法。它指定模型是使用加法还是乘法。seasonal_decompose()函数返回一个结果对象。结果对象以数组形式提供对趋势和季节性序列的访问，还提供了对残差的访问，残差是趋势之后的时间序列，并且去除了季节性成分。

2. dateutil 库

想从 Blog(博客)的 RSS(一种遵循 W3C RDF 规范的 XML 格式)中读取日志内容，再根据日期来确定哪些内容是自己需要的，这里需要用到两个功能，一个是不同格式日期的解析，一个是日期的比较。dateutil 库主要有两个函数：parser()和 rrule()。其中，parser()函数的功能是根据字符串解析成 datetime，而 rrule()函数的功能是根据定义的规则生成 datetime。

因为 dateutil 是第三方库，所以需要安装，命令如下：

```
pip install python-dateutil
```

parser()函数可以将表示日期的字符串解析成 datetime，字符串格式有多种，可以用时间日期的英文单词，可以用横线、逗号、空格等作为分隔符。

3. arrow 库

arrow 是一个专门处理时间和日期的轻量级 Python 库，它提供了一种合理、智能的方式来创建、操作、格式化、转换时间和日期。arrow 库为创建、操作、格式化和转换日期、时间和时间戳提供了一种合理且人性化的方法。利用 arrow 库，可以实现和更新 datetime 类型，填补了功能上的空白，并提供了支持许多常见创建场景的智能模块 API。简单地说，它可以帮助用户以更少的导入语句和更少的代码处理日期和时间。感兴趣的读者可以访问 https://arrow.readthedocs.io/，了解更详细的信息。

因为 arrow 是第三方库，所以需要安装，命令如下：

```
pip install arrow
```

接下来就可以轻松使用 arrow 库了。

例 8-23

```
import arrow
# 获取当前时间
utc1 = arrow.utcnow()
print('当前时间：',utc1)
# 调整时间
utc2 = utc1.shift(days = +1, hours = -1)
print('调整后的时间：',utc2)
# 修改时间
utc3 = utc1.replace(hour = 4, minute = 40)
print('修改后的时间：',utc3)
# 转换时区
local = utc1.to('US/Pacific')
print('转换时区为：',local)
# 得文本转为时间对象
print('将文本转为时间对象：',arrow.get('2021-05-11T21:23:58.970460+00:00'))
# 获得时间戳
print('获得时间戳：',local.timestamp)
# 格式化输出
print('格式化：',local.format())
print('指定格式输出：',local.format('YYYY-MM-DD HH:mm:ss'))
```

运行结果：

当前时间：2022-09-08T17：38：32.491869＋00：00

调整后的时间：2022-09-09T16：38：32.491869＋00：00

修改后的时间：2022-09-08T04：40：32.491869＋00：00

转换时区为：2022-09-08T10：38：32.491869－07：00

将文本转为时间对象：2021-05-11T21：23：58.970460＋00：00

获得时间戳：＜bound method Arrow.timestamp of ＜Arrow[2022-09-08T10：38：32.491869－07：00]＞＞

格式化：2022-09-08 10：38：32－07：00

指定格式输出：2022-09-08 10：38：32

8.3 时间序列数据的基本操作

8.3.1 创建时间序列数据

1. Pandas 中的 Series 对象

Pandas 中的 Series 对象是能够保存任何类型数据（整数、字符串、浮点数、Python 对象等）的一维数组。其与一般数组的最大区别在于能够定义灵活的索引。与大多数数组对象相同，创建 Series 对象最直接的方法是用一个一维数组作为实例的参数。

在 Pandas 中，最基本的时间序列数据类型就是以时间戳为索引的 Series 对象。时间戳使用 Timestamp 类(Series 派生的子类)的对象表示，该对象与 datetime 对象具有高度的兼容性，可以直接通过 to_datetime()函数将 datetime 对象转换为 Timestamp 对象。

例 8-24

```
from pandas import Series
from numpy import random
import numpy as np
import pandas as pd
from datetime import datetime
dates = [datetime(2022,1,2), datetime(2022,1,5),datetime(2022,1,7),datetime(2022,1,8),
         datetime(2022,1,9),datetime(2022,1,10)]
ts = Series(np.random.randn(6),index = dates)
print(ts)
```

运行结果：

```
2022-01-02    0.040524
2022-01-05   -1.545752
2022-01-07    0.542760
2022-01-08   -1.473741
2022-01-09    1.693477
2022-01-10   -1.629251
dtype: float64
```

2. 固定频率

Pandas 提供了 date_range()方法，用于生成一个固定频率的 DatetimeIndex 时间索引。函数原型如下：

```
date_range(start = None, end = None, periods = None, freq = None, tz = None, normalize = False,
           name = None, closed = None, * * kwargs)
```

参数说明如下。

- start：表示起始日期，默认为 None。
- end：表示终止日期，默认为 None。
- periods：表示产生时间戳索引值的个数。
- freq：用来指定计时单位。

使用 date_range()方法可以快速创建一个日期范围。

例 8-25

```
x = pd.date_range(start = '2021/2/1', end = '2021/2/28', freq = '5D')
print(x)
```

运行结果：

```
DatetimeIndex(['2021-02-01', '2021-02-06', '2021-02-11', '2021-02-16',
               '2021-02-21', '2021-02-26'],
              dtype='datetime64[ns]', freq='5D')
```

8.3.2　子集选取

Pandas 读取 XLS/XLSX、CSV 文件中的数据时，获取的大多是表格型的二维数据，在 Pandas 中对应的是 DataFrame 数据结构。在处理这类数据时，往往要根据需求先获取数据的子集，如某些列、某些行、行列交叉的部分等。可以说子集选取是一个非常基础、频繁使用的操作，而 DataFrame 数据的子集选取看似简单却有一定的复杂性。

这里涉及几个基本概念。

- 列标签(columns)也叫列名。
- 行标签(index)也叫行索引，默认为(0,1,2,…,N)，与位置序号恰好一致。

因此，子集的选取又包含整行/整列选取、行列交叉选取、按条件筛选、借助函数筛选。

例 8-26

```
# 指定索引为多个日期字符串的列表
date_list = ['2020/6.30','2020/6.1','2021.6.1','2021.4.7','2022.9.1', '2022.1.23']
# 将日期字符串转换为 DatetimeIndex
date_index = pd.to_datetime(date_list)
# 创建以 DatetimeIndex 为索引的 Series 对象
date_se = pd.Series(np.arange(6), index = date_index)
print(date_se)
```

运行结果：

```
2020-06-30    0
2020-06-01    1
2021-06-01    2
2021-04-07    3
2022-09-01    4
2022-01-23    5
dtype: int32
```

8.3.3　索引与切片

TimeSeries 是 Series 类的一个子类，所以与 Series 索引及数据选取方面的方法基本一样；同时 TimeSeries 通过时间序列做索引和切片的方法更便捷；由于时间序列按照时间先后排序，故不用考虑顺序问题。

1. 简单索引

例 8-27

```
import numpy as np
import pandas as pd
from pandas import Series
from datetime import datetime
rng = pd.date_range('2022/1', '2022/3')
ts = pd.Series(np.random.rand(len(rng)), index = rng)
```

```
print(ts.head())
print(ts[0])
```

运行结果：

```
2022-01-01    0.896031
2022-01-02    0.902591
2022-01-03    0.178581
2022-01-04    0.573210
2022-01-05    0.948120
Freq: D, dtype: float64
0.896031195250842
```

2. 时间序列标签索引

例 8-28

```
from datetime import datetime
rng = pd.date_range('2022/1', '2022/3')
ts = pd.Series(np.random.rand(len(rng)), index = rng)
print(ts['2022/1/2'])
print(ts['20220103'])
print(ts['1/10/2022'])
print(ts[datetime(2022,1,20)])
```

运行结果：

```
0.9025909026944346
0.17858111106812002
0.45985833398609
0.5890343430095241
```

3. 切片

切片功能特别实用，可以根据要求方便地对时间序列数据进行筛选。例如，调用某一个月的数据，进行查看或者处理。

例 8-29

```
import numpy as np
import pandas as pd
from pandas import Series
from datetime import datetime
rng = pd.date_range('2022/1', '2022/3', freq = '12h')
ts = pd.Series(np.random.rand(len(rng)), index = rng)
print(ts[:2])
print(ts['2022/1/5':'2022/1/10'])
print(ts['2022/2'].head())
```

运行结果：

```
2022-01-01 00:00:00    0.322044
2022-01-01 12:00:00    0.487610
Freq: 12h, dtype: float64
2022-01-05 00:00:00    0.899475
2022-01-05 12:00:00    0.590659
2022-01-06 00:00:00    0.563981
```

```
2022-01-06  12:00:00     0.202779
2022-01-07  00:00:00     0.545934
2022-01-07  12:00:00     0.745821
2022-01-08  00:00:00     0.525905
2022-01-08  12:00:00     0.635108
2022-01-09  00:00:00     0.661919
2022-01-09  12:00:00     0.371355
2022-01-10  00:00:00     0.599564
2022-01-10  12:00:00     0.350368
Freq: 12h, dtype: float64
2022-02-01  00:00:00     0.670714
2022-02-01  12:00:00     0.858671
2022-02-02  00:00:00     0.733061
2022-02-02  12:00:00     0.375332
2022-02-03  00:00:00     0.231171
Freq: 12h, dtype: float64
```

例 8-29 的代码中使用了三种切片方式,第一种方式是直接按照行数切片,第二种方式是按照索引切片,第三种方式是直接传入月份进行切片。

4. 重复索引的时间序列

有时候,日期数据中有不止一个时间标签,导致的结果是一个时间标签对应多个数据,检查标签和数据是否重复,可以使用 is_unique()方法。

例 8-30

```
import numpy as np
import pandas as pd
from pandas import Series
from datetime import datetime
dates = pd.DatetimeIndex(['1/1/2022','1/2/2022','1/3/2022','1/4/2022',
                          '1/1/2022','1/2/2022'])
ts = pd.Series(np.random.rand(6), index = dates)
print(ts)
print(ts.is_unique,ts.index.is_unique)
```

运行结果:

```
2022-01-01     0.980790
2022-01-02     0.724384
2022-01-03     0.435161
2022-01-04     0.717160
2022-01-01     0.590178
2022-01-02     0.314510
dtype: float64
True False
```

当 index 重复时将返回多个值。

例 8-31

修改例 8-30 中的最后两行语句为如下语句:

```
print(ts['20220101'],type(ts['20220101']))
print(ts['20220104'],type(ts['20220104']))
```

运行结果：

2022-01-01　0.384646

2022-01-01　0.103216

dtype：float64 <class 'pandas. core. series. Series'>

0.3367282090255115<class 'numpy float64'>

8.3.4 时间序列的频率和偏移量

时间序列中存在频率，即日常描述时间时用的每天、每小时。这里的每天、每小时就是度量时间的频率。例如，农田间的传感器每小时传输一次数据，这里的每小时就是时间序列中的频率。

Pandas 中，默认生成的时间序列数据是按天计算的，即频率为"D"。"D"是一个基础频率，用一个字符串的别名表示，如"D"是"day"的别名。频率是由一个基础频率和一个乘数组成的，例如，"5D"表示每 5 天。

例 8-32

```
x = pd.date_range(start = '2022/2/1', end = '2022/2/28', freq = '5D')
print(x)
```

运行结果：

```
DatetimeIndex(['2022-02-01', '2022-02-06', '2022-02-11', '2022-02-16',
               '2022-02-21', '2022-02-26'],
              dtype='datetime64[ns]', freq='5D')
```

每个基础频率后还可以跟一个表示日期偏移量的 DateOffset 对象。如果想要创建一个 DateOffset 对象，则需要先导入 pd. tseries. offsets 模块。

例 8-33

```
from pandas.tseries.offsets import *
x = DateOffset(months = 4, days = 5)
print(x)
```

运行结果：

<DateOffset：days=5，months=4>

还可以使用 offsets 模块提供的偏移量类型创建 DateOffset 对象。例如，创建 14 天 10 小时的偏移量，可以换算为两周零 10 个小时，其中"周"使用 Week 类型表示，"小时"使用 Hour 类型表示，它们之间可以使用加号连接。

例 8-34

```
import pandas as pd
from pandas.tseries.offsets import *
date_offset = Week(2) + Hour(10)
z = pd.date_range('2022/3/1', '2022/3/31', freq = date_offset)
print(z)
```

这里的频率是 14 天 10 小时的偏移量。运行结果：

```
DatetimeIndex(['2022-03-01 00:00:00', '2022-03-15 10:00:00',
               '2022-03-29 20:00:00'],
              dtype='datetime64[ns]', freq='346H')
```

8.3.5　时期及其算术运算

1. 时期对象的创建

Period 类表示一个标准的时间段或时期，如某年、某月、某日、某小时等。

创建 Period 类对象的方式比较简单，只需要在构造方法中以字符串或整数的形式传入一个日期即可。

例 8-35　创建一个可以表示从 2021-01-01 到 2021-12-31 的时期对象。

```
x = pd.Period(2021)
print(x)
```

运行结果：

2021

可以看到形成了一个 Period 实例。

例 8-36　创建一个对象，表示一段从 2022-06-01 到 2022-06-30 的整月时间。

```
y = pd.Period('2021/6')
print(y)
```

运行结果：

2021-06

2. 时期对象的算术运算

Period 对象能够参与算术运算。如果 Period 对象加或者减一个整数，则会根据具体的时间单位进行位移操作。如果具有相同频率的两个 Period 对象进行算术运算，那么计算结果为它们的单位数量。

例 8-37

```
# Period 对象加一个整数
print(x + 1)
other_period = pd.Period(201401, freq = 'M' )
print(y - other_period)
```

运行结果：

2022

<89 * MonthEnds>

如果希望创建多个 Period 对象，且它们是固定出现的，则可以通过 period_range()函数实现。

例 8-38

```
period_index = pd.period_range('2022.1.8', '2022.5.31', freq = 'M')
print(period_index)
```

运行结果：

PeriodIndex(['2022-01','2022-02','2022-03','2022-04','2022-05'],
　　　　　　dtype='period[M]')

上述代码返回一个 PeriodIndex 对象，它是由一组时期对象构成的索引。

除了使用上述方法创建 PeriodIndex 对象外，还可以直接在 PeriodIndex 对象的构造方法中传入一组日期字符串。

例 8-39

```
str_list = ['2020', '2021', '2022']
y = pd.PeriodIndex(str_list, freq = 'Y-DEC')
print(y)
```

运行结果：

PeriodIndex(['2020','2021','2022'], dtype = 'period[Y-DEC]')

例 8-40

```
period_ser = pd.Series(np.arange(5), period_index)
print(period_ser)
```

运行结果：

```
2022-01    0
2022-02    1
2022-03    2
2022-04    3
2022-05    4
Freq：M，dtype：int32
```

8.3.6 时区处理

1. pytz 库的使用

时区是以 UTC 偏移量的形式表示的。在 Python 中，时区信息来自第三方库 pytz，它使 Python 可以使用 Olson 数据库(汇编了世界时区信息)。这对历史数据非常重要，这是因为由于各地政府的各种突发奇想，夏令时转变日期(甚至 UTC 偏移量)已经发生过多次改变了。要从 pytz 库中获取时区对象，可以使用 pytz.timezones()函数。

例 8-41

```
import pytz
tz = pytz.common_timezones[-5:]
print(tz)
```

运行结果：

['US/Eastern', 'US/Hawaii', 'US/Mountain', 'US/Pacific', 'UTC']

2. 时区本地化

默认情况下，Pandas 中的时间序列是单纯(naive)的时区。

例 8-42

```
# 生成范围日期时可以加上时区信息
rng = pd.date_range('3/9/2021 22:29',periods = 5,freq = 'D')
ts = pd.Series(np.random.randn(len(rng)),index = rng)
print(ts)
```

运行结果：

```
2021-03-09 22:29:00   -1.658457
2021-03-10 22:29:00    0.514193
2021-03-11 22:29:00    1.504295
2021-03-12 22:29:00   -2.297042
2021-03-13 22:29:00    1.007043
Freq: D, dtype: float64
```

可以通过 tz_localize()方法为没有时区的时间序列赋予时区。

例 8-43

```
ts_utc = ts.tz_localize('UTC')
print(ts_utc)
```

运行结果：

```
2021-03-09 22:29:00+00:00   -3.058159
2021-03-10 22:29:00+00:00   -0.477388
2021-03-11 22:29:00+00:00    0.409784
2021-03-12 22:29:00+00:00    0.163310
2021-03-13 22:29:00+00:00    0.478280
Freq: D, dtype: float64
```

一旦时间序列被本地化到某个特定时区，就可以用 tz_convert()方法将其转换到其他时区了。

例 8-44

```
ts_eastern = ts_utc.tz_convert('US/Eastern')
print(ts_eastern)
```

运行结果：

```
2021-03-09 17:29:00-05:00   -1.658457
2021-03-10 17:29:00-05:00    0.514193
2021-03-11 17:29:00-05:00    1.504295
2021-03-12 17:29:00-05:00   -2.297042
2021-03-13 17:29:00-05:00    1.007043
Freq: D, dtype: float64
```

例 8-45

```
x = ts_eastern.tz_convert('UTC')
print(x)
```

运行结果：

```
2021-03-09 22:29:00+00:00   -1.658457
2021-03-10 22:29:00+00:00    0.514193
2021-03-11 22:29:00+00:00    1.504295
2021-03-12 22:29:00+00:00   -2.297042
```

2021-03-13 22:29:00+00:00　　1.007043
Freq: D, dtype: float64

tz_localize()和 tz_convert()方法也是 DatetimeIndex 的实例方法。

例 8-46

```
ts.index.tz_localize('Asia/Shanghai')
```

运行结果：

```
DatetimeIndex(['2021-03-09 22:29:00+08:00', '2021-03-10 22:29:00+08:00',
               '2021-03-11 22:29:00+08:00', '2021-03-12 22:29:00+08:00',
               '2021-03-13 22:29:00+08:00'],
              dtype='datetime64[ns, Asia/Shanghai]', freq=None)
```

8.4 重采样及频率转换

8.4.1 重采样简介

时间序列数据的重采样是常用操作，是将时间序列从一个频率变换为另一个频率的过程，简单来说，重采样就是改变频率的过程。

根据频率改变的情况，重采样可以分为降采样和升采样两种。降采样是指从高频率变换到低频率，升采样是指从低频率变换到高频率。例如，原始的采样频率是按天统计，重采样时变为按月统计，这时数据量变少了，这种重采样叫作降采样。相反，如果采样频率由天变为 5 小时，数据量就变多了，这种采样叫作升采样。升采样会产生缺失值，相比而言，降采样更为常用。

重采样常用的库有 Pandas 和 SciPy。本节着重介绍 Pandas 库的重采样方法。

8.4.2 resample()方法

Pandas 库中的 resample()方法是常用的重采样方法。该方法可以将时间序列从一个频率转化为另一个频率，通过修改 period 来指定新的频率。使用该方法时需要注意，处理的对象必须具有索引，而且 index 必须是 datetime 类型。

resample()方法的格式如下：

```
DataFrame.resample(rule, axis = 0, closed = None, label = None, convention = 'start', kind = None,
loffset = None, base = None, on = None, level = None, origin = 'start_day', offset = None)
```

部分参数说明如下。

rule:重采样的规则，指定新的频率。可以是字符串、DateOffset 对象或表示频率的其他对象。例如，'D'表示按天重采样，'M'表示按月重采样，'Q'表示按季度重采样，'A'表示按年重采样。

- axis:指定要应用重新采样的轴，可以是 0(默认值，表示行)或 1(表示列)。
- closed:对于区间边界，指定哪一端是闭合的。默认值是'right'，表示右侧闭合，也可以是'left'(左侧闭合)。

• label:对于汇总的结果,指定使用哪一端的标签。默认值是'right',表示使用右侧的标签,也可以是'left'(左侧标签)。

• convention:对于 resample 时间段边界的规则。默认值是'end',表示使用结束时间戳,也可以是'start'(使用开始时间戳)。

其他参数可以自行查阅。

例 8-47 现有乌鲁木齐 2019—2021 年年度空气质量数据文件 urumuqi.csv,该数据是一个时间序列数据,原有采样频率为天。如果统计数据中不同年份的空气质量,则需要更换采样频率。如果想在此基础上统计不同年份空气质量为优的情况,则需要在读取 CSV 文件的数据后再筛选出空气质量等级为优的数据,以年为新的采样频率来计数。

urumuqi.csv 文件的数据内容如下:

日期,质量等级,AQI 指数,当天 AQI 排名,PM25,PM10,SO_2,NO_2,CO,O_3

2019-01-01,重度污染,206,362,156,230,13,67,2.63,18

2019-01-02,重度污染,211,352,162,243,8,65,2.67,19

2019-01-03,重度污染,211,331,164,244,9,69,2.78,17

……

示例代码如下:

```
import numpy as np
import pandas as pd
df = pd.read_csv("./urumuqi.csv")
# 利用 to_datetime()方法将日期列转换为 datetime 类型
df["日期"] = pd.to_datetime(df["日期"])
# 为该序列创建索引
df.set_index("日期", inplace = True)
print(df.head())
print(df.info())
# 从序列中筛选空气质量等级为优的记录
sel_data = df[df['质量等级'] == "优"].copy()
print(sel_data)
# 以年为频率进行重采样,统计不同年份空气质量为优的次数
count_by_year = sel_data.resample('YE').count()['质量等级']
print(count_by_year)
```

8.5 时间序列数据分析模型

模型是被研究对象的一种抽象,建立数学模型可以反映出生活中的实际问题,同时可以通过数据的变化程度,运用数学理论知识提供解决问题的方法,呈现数据的变化趋势。

时间序列数据分析的主要目的是根据已有的历史数据对未来数据进行预测。

目前时间序列数据分析在诸多领域中都发挥着不可替代的作用,通常需要通过对时间序

列数据拟合适当的分析模型以分析其性质。常见的时间序列数据分析模型有自回归模型(AR 模型)、移动平均模型(MA 模型)、自回归移动平均模型(ARMA 模型)、差分整合移动平均自回归模型(ARIMA 模型),本节着重介绍 ARIMA 模型。

随着科技的飞速发展,应用 ARIMA 模型的领域日渐增多,例如,利用改进优化的 ARIMA 模型对城市 GDP 进行预测[5],对全国生鲜乳价格进行预测[6],对农村就业人数进行分析和预测[7]。

8.5.1 ARIMA 模型的基本原理

在时间序列数据的建模分析方法中,AR 模型与 MA 模型的结构简单,因此这两种模型得到了广泛应用。在此基础上,对 AR 模型与 MA 模型进行综合应用,便得到了 ARMA 模型,对 ARMA 模型进行差分操作即得到了 ARIMA 模型。

ARIMA 模型全称为差分整合移动平均自回归模型(autoregressive integrated moving average model,ARIMA model),是由博克思(Box)和詹金斯(Jenkins)于 20 世纪 70 年代初提出的一种时间序列预测方法,所以又称为 Box-Jenkins 模型或博克思-詹金斯算法。

ARIMA 模型通常用于需求预测和规划中。它适用于处理时间序列数据中随时间变化而不断变化的特征,这些特征导致时间序列呈现非平稳性。这种非平稳性的原因是随机的,而不是确定的。

ARIMA(p,d,q)模型是 ARMA(p,q)模型的扩展,AR 是自回归,p 为自回归项的阶数;MA 为移动平均,q 为移动平均项的阶数,d 为使序列平稳所需的最小差分阶数。

一般的 p 阶自回归模型 AR(p)描述当前值与历史值之间的关系,用变量自身的历史时间数据对自身进行预测,必须满足平稳性的要求。

自回归模型首先需要确定一个阶数 p,表示用几期的历史值来预测当前值。p 阶自回归模型的公式如下:

$$Y_t=\alpha+\beta_1 Y_{t-1}+\beta_2 Y_{t-2}+\cdots+\beta_p Y_{t-p}+\xi_t \tag{8-1}$$

其中,α 是常数项,$\{\beta_1,\cdots,\beta_p\}$是模型参数,$p$ 为阶数,ξ_t 是具备均值为 0、方差为 σ 的白噪声(白噪声是功率谱密度在整个频域内均匀分布的噪声)。

移动平均模型 MA(q)关注的是自回归模型中误差项的累加,能有效地消除预测中的随机波动,q 阶移动平均过程的公式如下:

$$Y_t=\alpha+\xi_t+\varphi_1\xi_{t-1}+\varphi_2\xi_{t-2}+\cdots+\varphi_q\xi_{t-q} \tag{8-2}$$

其中,α 是常数项,$\{\varphi_1,\cdots,\varphi_q\}$是模型参数,$q$ 为阶数,ξ_t 是具备均值为 0、方差为 σ 的白噪声。

将 AR(p)与 MA(q)结合,得到一个一般的自回归移动平均模型 ARMA(p,q),模型公式如下:

$$Y_t=\alpha+\beta_1 Y_{t-1}+\beta_2 Y_{t-2}+\cdots+\beta_p Y_{t-p}+\xi_t+\varphi_1\xi_{t-1}+\varphi_2\xi_{t-2}+\cdots+\varphi_q\xi_{t-q} \tag{8-3}$$

式(8-3)表明:

• 一个随机时间序列可以通过一个自回归移动平均模型表示,即该序列可以由其自身的过去或滞后值以及随机扰动项来解释;

• 如果序列是平稳的,即它的行为并不会随时间的推移而变化,就可以通过该序列过去的行为预测未来的行为。

将 AR 模型、MA 模型和差分法结合,就得到了差分自回归移动平均模型 ARIMA(p、d、

q),其中 d 是需要对数据进行差分的阶数。该模型的原理是将非平稳时间序列转化为平稳时间序列,然后将因变量仅对它的滞后值以及随机误差项的现值和滞后值进行回归所建立的模型。

1. ARIMA 建模流程

(1)获取时间序列数据。

(2)时间序列数据的预处理。时间序列数据的预处理包括两个方面的检验:平稳性检验和白噪声检验。能够适用 ARIMA 模型进行分析预测的时间序列数据必须是平稳非白噪声序列数据。对数据进行平稳性检验是时间序列数据分析的重要步骤,采用 ADF 检验方法,对原始序列数据进行单位根检验。如果序列数据不满足平稳性条件,可以通过差分变换,将非平稳时间序列数据转化为平稳时间序列数据。

(3)确定模型的阶数。分别绘制平稳时间序列数据的自相关图 ACF 和偏自相关图 PACF,通过图形对 p、q 值进行估算,利用 BIC 准则得到最佳的和阶数 p、q。

(4)建立模型。由以上获取的 d、p、q 得到 ARIMA 模型。

(5)用建立的 ARIMA 模型进行预测。

2. 建模过程中涉及的概念

1) 平稳性

平稳性就是要求经由样本时间序列所得到的拟合曲线在未来一段时间内仍能顺着现有的形态惯性地延续下去,平稳性要求序列的均值和方差不发生明显变化。

(1)严平稳。严平稳表示的分布不随时间的改变而改变。如白噪声,无论怎么取值,都是期望为 0,方差为 1。

(2)宽平稳。宽平稳表示期望与相关系数(依赖性)不变。未来某时刻的 t 的值 X_t 就要依赖于它的过去信息,所以需要依赖性。这种依赖性不能有明显的变化。

2) 平稳性检验

粗略地讲,如果一个时间序列数据的均值没有系统变化(无趋势)、方差没有系统变化,且严格消除了周期性变化,就称之为是平稳的。

平稳性检验的主要方法有图形走势观察法和 ADF 校验法。前者在一些具有较为明显趋势的序列中使用较为简便,但对于趋势并不直观的序列仍需借助 ADF 检验才能更为准确地检验其趋势。

在做 ADF 检验时,需要先明白一个概念,也就是要检验的对象——单位根。

在一个自回归过程 $y_t=by_{t-1}+a+\varepsilon_t$ 中,如果滞后项系数 a 为 1,就称为单位根。当单位根存在时,自变量和因变量之间的关系具有欺骗性,因为残差序列的任何误差都不会随样本量(即时期数)的增大而衰减,也就是说,模型中残差的影响是永久的。这种回归又称为伪回归,如果单位根存在,这个过程就是一个随机漫步(random walk)。

ADF 检验就是判断序列是否存在单位根:如果序列平稳,就不存在单位根;否则存在单位根。

- H_0(原假设):序列有单位根($a=1$)。
- H_1(备择假设):序列没有单位根。

如果我们不能拒绝 H_0,就可以说序列是非平稳的,这意味着序列可以是线性的或差分平稳的。

如果得到的显著性检验统计量小于 3 个置信度(10%,5%,1%),则对应有(90%,95%,99%)的把握来拒绝原假设。

给定一个非平稳的时间序列数据,一般需要将它转换为平稳序列数据,再做建模。常用的平稳性转换方法如下。

- 变形(使用 log 函数等)。
- 减去移动平均、指数平均等。
- 差分。

例如,在 ARIMA 模型中就会对数据进行差分转化。区分时间序列数据意味着要找出时间序列数据的连续值之间的差分。差分值形成新的时间序列数据集,可以对其进行测试以发现新的相关性或其他有趣的统计特性。

3)ACF 与 PACF 分析

ACF 是一个完整的自相关函数,可为用户提供具有滞后值的任何序列数据的自相关值。简单来说,它描述了该序列的当前值与其过去值之间的相关程度。时间序列数据可以包含趋势、季节性、周期性和残差等成分,ACF 在寻找相关性时会考虑所有成分。

直观上来说,ACF 描述了一个观测值和另一个观测值之间的自相关性,包括直接和间接的相关性信息。

PACF 是部分自相关函数或者偏自相关函数,它不是找到像 ACF 这样的滞后与当前的相关性,而是找到残差(在去除了之前的滞后导致的已经解释的影响之后仍然存在)与下一个滞后值的相关性。因此,如果残差中有任何可以由下一个滞后建模的隐藏信息,就可能获得良好的相关性,并且在建模时将下一个滞后作为特征。在建模时,不建议保留太多相互关联的特征,因为这会产生多重共线性问题。因此,建模时只需要保留相关功能。

如何根据自相关系数和偏自相关系数来判断 ARIMA 模型中的 AR 过程和 MA 过程的阶数?可以通过规则来定阶,定阶规则如表 8-4 所示。

表 8-4　定阶规则

模型	ACF	PACF
AR(p)	拖尾衰减趋于 0(几何形或者振荡型)	p 阶后截尾
MA(q)	q 阶后截尾	拖尾衰减趋于 0(几何形或者振荡型)
ARMA(p,q)	q 阶拖尾衰减趋于 0(几何形或者振荡型)	p 阶拖尾衰减趋于 0(几何形或者振荡型)

截尾是指时间序列数据的 ACF 或 PACF 在某阶后均为 0 的性质(如 AR 模型的 PACF);拖尾是 ACF 或 PACF 并不在某阶后均为 0 的性质(如 AR 模型的 ACF)。

- 截尾:在大于某个常数 k 后快速趋于 0 为 k 阶截尾。
- 拖尾:始终有非零取值,不会在 k 大于某个常数后恒等于零(或在 0 附近随机波动)。

一旦确定了参数(p,d,q),就可以估算 ARIMA 模型在训练数据集上的准确性,然后使用拟合模型和预测函数预测测试数据集的值。最后交叉检验预测值是否与实际值一致。

4)BIC 准则

BIC 准则(BIC criterion)又称贝叶斯信息准则,用于模型的选择。很多参数估计问题均采用似然函数作为目标函数，当训练数据足够多时，可以不断提高模型精度，但是是以提高模型复杂度为代价的，同时带来一个机器学习中非常普遍的问题——过拟合。所以，模型选择问题在模型复杂度与模型对数据集描述能力(即似然函数)之间寻求最佳平衡。公式为：

$$\mathrm{BIC}=k\ln(n)-2\ln(L) \tag{8-4}$$

其中，k 为模型参数的个数，n 为样本的数量，L 为似然函数。

模型评估标准：BIC 值越低越好。

p 和 q 越大时，参数越多，k 越大。所以要使 k 越小，p 和 q 越小，模型就越好。

L 越大，BIC 的值越小，所以似然函数越大越好。

BIC 是从拟合角度选择一个对现有数据拟合最好的模型，从贝叶斯因子的解释来讲，就是选择边际似然最大的模型。

8.5.2　ARIMA 模型的 Python 实现

ARIMA 模型的实现过程包含以下几步：①获取时间序列数据；②绘制时序图；③平稳性检测；④对数据进行差分，并画出差分后的时序图、自相关图和偏自相关图；⑤进行平稳性检测和白噪声检测；⑥对模型进行定阶，得出 p 与 q 的值；⑦利用得到的 p 和 q 的值建立 ARIMA 模型，并进行预测。

例 8-48　现在以大众 2007—2018 年每月 1 日的销量数据为例，对该时间序列数据利用 ARIMA 模型完成对未来销量的预测。

详细的实现代码如下。

(1)获取时间序列数据。

通过 Pandas 模块的 read_excel()方法读取文件(文件名为 brand_dazhong.xlsx)，只需传入需要读取文件的路径，设置对应的索引为日期，并利用 Pandas 模块的 head()方法读取数据的前 5 行。代码如下：

```
import pandas as pd
import matplotlib.pyplot as plt
#正常显示中文字体为黑体
plt.rcParams['font.sans-serif'] = ['SimHei']
#设置正常显示负号
plt.rcParams['axes.unicode_minus'] = False
import warnings
warnings.filterwarnings("ignore")
data = pd.read_excel('brand_dazhong.xlsx ', index_col = u'日期',header = 0)
print(data.head())
```

读取到的前 5 行数据如图 8-1 所示。

```
            销量
日期
2007-01-01   206
2007-02-01    69
2007-03-01   164
2007-04-01   102
2007-05-01   116
```

图 8-1　读取时间序列数据(前 5 行)

根据以上结果可以看出，大众 2007 年 1—5 月每月 1 日的销量分别为 206、69、164、102、116。

(2)绘制时序图。

时序图可以帮助用户观察数据是否平稳，若个体值要围绕序列均值上下波动，没有明显的上升或下降趋势，则数据是平稳序列。如果出现上升或下降趋势，则数据为不平稳序列。使用 Matplotlib 模块的 plot()方法读取大众销量数据，绘制时序图并进行展示。代码如下：

```
#绘制时序图
data.plot()
plt.show()
```

绘制的销量时序图如图 8-2 所示。

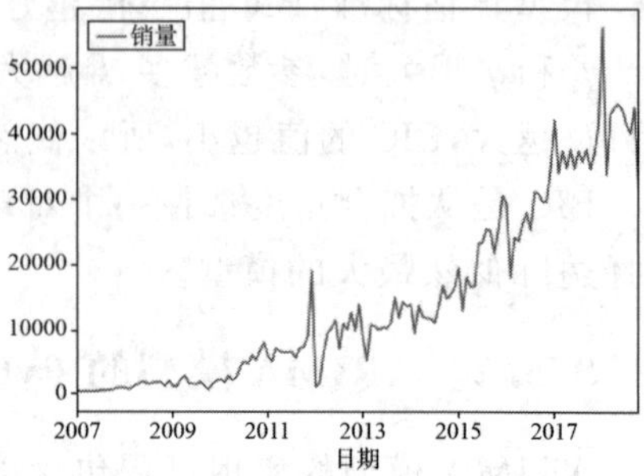

图 8-2　销量时序图

从图 8-2 可以看出，个体值呈现上升趋势，数据不平稳，所以该数据为不平稳序列。

(3)平稳性检测。

对数据进行平稳性检测主要使用的是 statsmodels.tsa.stattools 模块的 adfuller()方法，其返回值依次为统计值，p 值，使用的滞后阶数，本次检测用到的观测值个数，1%、5%、10%标准下的临界值。若统计值均大于 3 种不同检验水平的 3 个临界值，单位检测统计量对应的 p 值显著大于 0.05，则可以判断数据为不平稳序列。代码如下：

```
#平稳性检测
from statsmodels.tsa.stattools import adfuller
print('原始序列的检验结果为：',adfuller(data[u'销量']))
```

运行结果如图 8-3 所示。

```
原始序列的检验结果为： (1.5491748924543867, 0.9976967945668754,
13, 128, {'1%': -3.4825006939887997, '5%': -2.884397984161377,
'10%': -2.578960197753906}, 2406.4609669726183)
```

图 8-3　平稳性检测结果

其中，最后一个数据表示最大信息准则 AIC(maximized information criterion)，它是在进行单位根检验时可能输出的信息准则，用于选择最佳的滞后阶数。

根据运行结果可以看到，数据的统计值均大于 3 种不同检验水平的 3 个临界值，且 p 值大于 0.05，判断数据为不平稳序列，因此需要对数据进行差分。

(4)对数据进行差分，并画出差分后的时序图、自相关图和偏自相关图。

需要对不平稳序列进行差分处理，以达到平稳效果。可以使用 Pandas 库的 diff()函数进行一阶差分并将列名设置为“sale difference”，并绘制对数据进行差分过后的时序图。代码如下：

```
# 定义中文字体为黑体
plt.rcParams['font.sans-serif'] = ['SimHei']
plt.rcParams['axes.unicode_minus'] = False
from statsmodels.graphics.tsaplots import plot_acf,plot_pacf
# 对数据进行差分后得到自相关图和偏自相关图
D_data = data.diff().dropna()
D_data.columns = [u'sale difference']
# 绘制差分后的时序图
D_data.plot()
plt.xlabel('日期')
plt.show()
```

一阶差分后的销量时序图如图 8-4 所示。

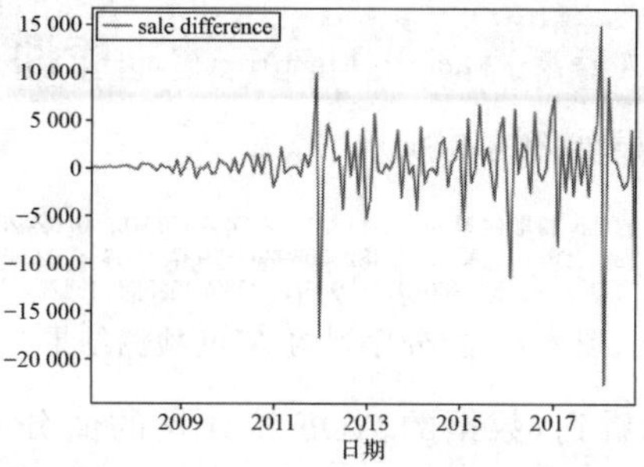

图 8-4　一阶差分后的销量时序图

从图 8-4 可以看出，个体值围绕序列均值上下波动，没有明显的上升或下降趋势，因此一阶差分后的数据为平稳序列。

同时使用 statsmodels. graphics. tsaplots 模块的 plot_acf()方法和 plot_pacf()方法画出差分后的自相关图和偏自相关图。代码如下：

```
plot_acf(D_data)    # 画出自相关图
plt.show()
plot_pacf(D_data)   # 画出偏自相关图
plt.show()
```

自相关图和偏自相关图如图 8-5 和图 8-6 所示，利用自相关图和偏自相关图的拖尾和截尾可以对 ARIMA 模型中的 p 值和 q 值进行估算。

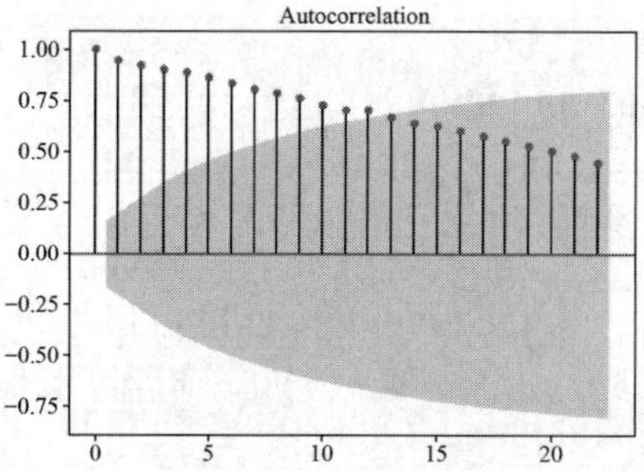

图 8-5　自相关图

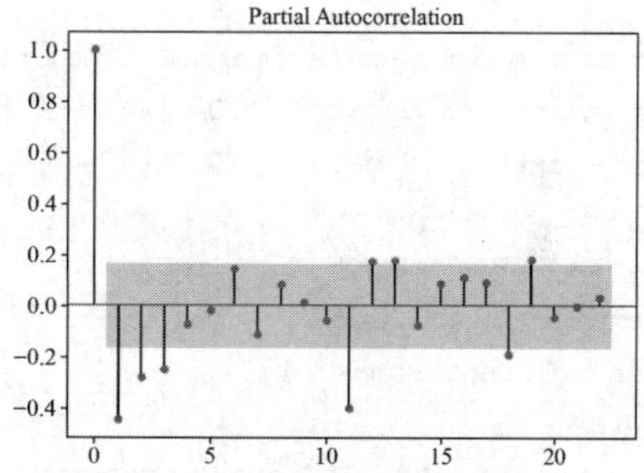

图 8-6　偏自相关图

从图 8-5 可以看出，当 q 为 8 或 9 时，拖尾衰减趋于 0，所以估算 q 值为 8 或 9；从图 8-6 可以看出，当 p 为 1 时，图形沿(0.0)坐标呈振荡性趋势，所以估算 p 值为 1。

(5)进行平稳性 ADF 检测和白噪声检测。

对一阶差分后的数据进行平稳性 ADF 检测，并进行白噪声检测。对数据进行白噪声检测主要使用的是 statsmodels. stats. diagnostic 模块中的 acorr_ljungbox()方法，acorr_ljungbox()方法的返回值为元组，第 1 项为 Ljung−Box 统计量，第 2 项为 p 值，如果 $p<0.05$，则序列为非白噪声序列，否则序列为白噪声序列。代码如下：

```
# 平稳性检测
print(u'差分序列的 ADF 检验结果为：', adfuller(D_data[u'sale difference']))
# 对一阶差分后的序列做白噪声检测
```

```
from statsmodels.stats.diagnostic import acorr_ljungbox
# 返回统计量和 p 值
print(u'差分序列的白噪声检验结果：',acorr_ljungbox(D_data, lags = 1))
```

差分序列的 ADF 检测结果如图 8-7 所示。

```
差分序列的ADF 检验结果为：  (-3.132257457570978, 0.024256277094
698145, 12, 128, {'1%': -3.4825006939887997, '5%': -2.884397984
161377, '10%': -2.578960197753906}, 2389.352588749422)
```

图 8-7　差分序列的 ADF 检测结果

从图 8-7 的运算结果可以看到，数据的 ADF 统计量的值分别小于 3 种不同检验水平的 3 个临界值，且 p 值小于 0.05，因此数据经过一阶差分后为平稳序列。

差分序列的白噪声检测结果如图 8-8 所示。

```
差分序列的白噪声检验结果： (array([27.72174368]), array([1.4007
9347e-07]))
```

图 8-8　差分序列的白噪声检测结果

从图 8-8 的运行结果可以看到，p 值显著小于 0.05，由判定标准可以确定该序列为非白噪声序列。

(6)对模型进行定阶，得出 p 与 q 的值。

由于使用自相关图与偏自相关图只能对 p 值和 q 值进行估算，因此还要采用循环的方法来获取模型的 BIC 值最小时取到的最佳 p 值和 q 值。一般阶数不会超过数据的长度除以 10，因此 p 值与 q 值的取值范围为 0 到数据的长度除以 10，由于数据采用一阶差分后比较平稳，因此模型中 d 为 1。代码如下：

```
from statsmodels.tsa.arima_model import ARIMA
pmax = int(len(D_data) / 10)  # 一般阶数不超过 length/10
qmax = int(len(D_data) / 10)
bic_matrix = []
for p in range(pmax + 1):
  temp = []
  for q in range(qmax + 1):
    try:
      value = ARIMA(D_data, order = (p, 1, q)).fit().bic
      temp.append(value)
    except:
      temp.append(None)
  bic_matrix.append(temp)

# 将其转换成 DataFrame 数据结构
bic_matrix = pd.DataFrame(bic_matrix)
# 先使用 stack()函数展平，然后使用 idxmin(函数)找出最小值的位置
p,q = bic_matrix.stack().astype(float).idxmin()
# BIC 最小时的 p 值和 q 值
print(u'BIC 最小的时 p 值和 q 值：%s, %s' %(p,q))
```

求得最小的 p 值与 q 值分别为 1 和 8。

(7)利用得到的 p 和 q 的值建立 ARIMA 模型，并预测未来 5 个月每月 1 日的销量。

利用得到的 p 和 q 的值建立 ARIMA 模型。利用得到的模型使用 forecast()方法预测未来 5 个月每月 1 日的销量，只需填入向后预测的天数，便可以进行预测。forecast()方法得到的结果为一个数组，其中第一项即为预测的结果。代码如下：

```
# 建立 ARIMA 模型
model = ARIMA(data,order = (p,1,q)).fit()
model.summary()
# 预测未来 5 个月每月 1 日的销量
predictions = model.forecast(5)
# 输出预测结果
pre_result = predictions[0]
print(u'预测结果为：',pre_result)
```

利用 ARIMA 模型进行预测的结果如图 8-9 所示。

```
预测结果为： [39500.27657318 41236.97837674 42127.335732    39349.02316569
 41166.34945884]
```

图 8-9 利用 ARIMA 模型进行预测的结果

本例使用 Python 实现了 ARIMA 模型，使用 Pandas 和 Matplotlib 库，学习了 statsmodels 库的 plot_acf()方法、plot_pacf()方法、adfuller()方法以及 acorr_ljungbox()方法的使用，最后将得到的 p 值和 q 值代入 ARIMA 模型，对未来的销量进行了预测。

8.6 本章实训

本章实训

8.7 本章小结

本章围绕时间序列数据展开，介绍了 Python 中常用的时间序列数据分析工具，并着重讲述了利用 Pandas 对时间序列数据进行处理的方法。同时对典型的时间序列数据分析模型 ARIMA 进行了介绍。

时间序列数据用于跟踪数据随时间的变化。在资源优化、跟踪、预测、商业智能等方面，时间序列数据都发挥了不小的作用。随着深度学习的兴起，针对时间序列数据的处理产生了很多新方法，也衍生出更多的任务，如数据异常检测等。

8.8 本章习题

1. 什么是时间序列数据？查询列举出 1～2 个时间序列数据的应用。

2. 编写代码，使用 date_range()方法，从 2022 年 1 月 1 日到 2 月 1 日的时间序列数据中每隔 6 天取一个数据。

3. 补充空格中的代码，实现对数据第 2 行到第 5 行的切片。

```
rng = pd.date_range('2022/1', '2022/3', freq = '12h')
ts = pd.Series(np.random.rand(len(rng)), index = rng)
print(____________________)
```

4. 时间序列数据中白噪声检测的意义是什么？

5. 查询文献并列举利用 ARIMA 模型能够完成的预测任务。

第9章 OpenCV 图像处理

图是客观世界物体反射或投射光的分布，是客观世界的反映。像是人类视觉系统对图的响应，是人的大脑对图的印象或认识，是人的一种感觉。

图像(image)是图和像的有机结合，既反映物体的客观存在，又体现人的感知因素。图像处理旨在针对特定任务，提升图像的可理解性。

9.1 数字图像处理基础

9.1.1 图像的获取和感知

各类图像都是由“照射源”和形成图像的“场景”元素对光能的反射或吸收相结合而产生的，如图 9-1 所示。

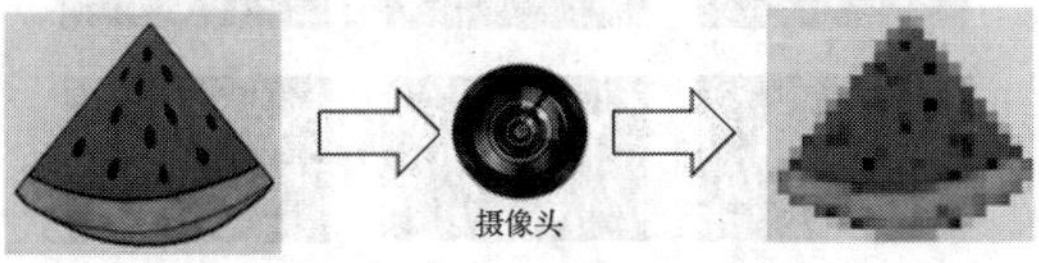

图 9-1 图像的获取过程

9.1.2 图像的数字化

1. 采样

采样是将在空间上连续的图像转换成离散的取样点(像素)集的操作，即把一幅连续图像在空间上分割成 $M \times N$ 个网格，每个网格用一个亮度值表示，一个网格称为一个像素(pixel)，如图 9-2 所示。

采样时需注意采样间隔的选取。若采样间隔选取不合适，除了会出现马赛克，还会发生频率的混叠现象。

采样关系：采样间隔越大，所得图像的像素数越少，空间分辨率越低，质量越差；采样间隔越小，所得图像的像素数越多，空间分辨率越高，图像质量越好，但数据量大。

图 9-3 是从 256 像素×256 像素递减至 16 像素×16 像素的图像效果。

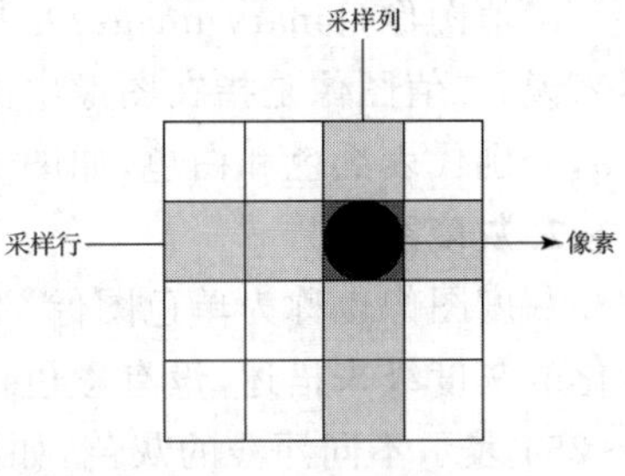

图 9-2 图像的采样

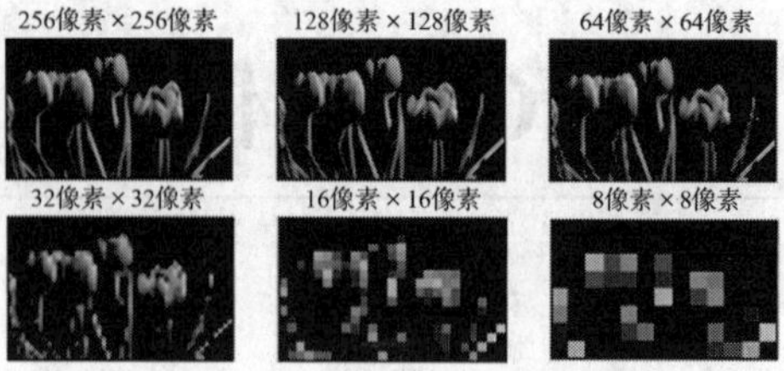

图 9-3　不同像素的图像效果

2. 量化

量化是将各个像素所包含的明暗信息离散化后，用数字来表示图像。一般量化值用整数表示。充分考虑到人眼的识别能力，目前非特殊用途的图像均为 8 位量化，即用灰度级 0～255 描述黑—白，如图 9-4 所示。

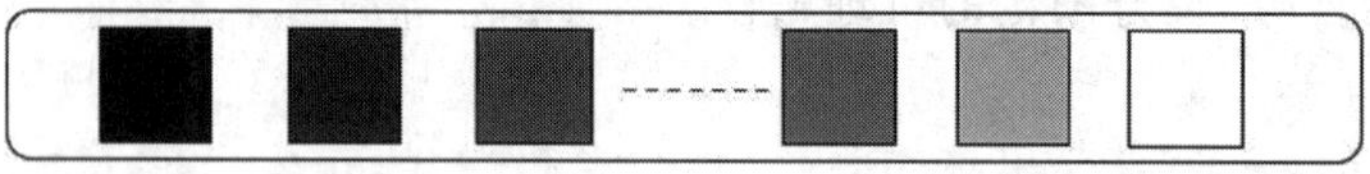

图 9-4　灰度级 0～255

量化关系：量化等级越多，所得图像层次越丰富，灰度分辨率越高，质量越好，但数据量大；量化等级越少，图像层次欠丰富，灰度分辨率越低，质量越差，会出现加轮廓现象，但是数据量小。不同量化等级的图像效果如图 9-5 所示。

图 9-5　不同量化等级的图像效果

9.1.3　数字图像的分类

图像都是由像素构成的，像素表示为图像中的小方格(见图 9-2)，这些小方格都有一个明确的位置和被分配的颜色，这些小方格的颜色和位置就决定了该图像呈现的样子。像素是图像中的最小单位，每个图像都包含一定量的像素，这些像素决定图像在屏幕上所呈现的大小。

1. 二值图像

二值图像(binary image)是指图像的每个像素只有两种可能的取值或灰度等级状态。具体来说，二值图像是指在图像中的灰度等级只有两种，图像中任意像素点的灰度值均为 0 或者 255，分别代表黑色和白色，如图 9-6 所示。

2. 灰度图像

灰度图像也称为单色图像，通常用一个二维数组表示一幅图像，即每个像素的信息由一个量化的灰度级来描述，没有彩色信息。像素值在[0,255]区间取值，0 表示黑色，255 表示白色，1～254 表示不同深浅的灰色，如图 9-7 所示。

图 9-6 二值图像

图 9-7 灰度图像

3. RGB 图像

RGB 图像是指每个像素的信息由 R(红)、G(绿)、B(蓝)三基色构成,其中 R、G、B 是由不同的灰度级来描述的。

RGB 也称为真彩色,是一种彩色图像的表示方法,利用 3 个大小相同的二维数组表示一个像素,3 个数组分别代表 R、G、B 这 3 个分量,通过 3 种基本颜色可以合成任意颜色,如图 9-8 所示。每个像素中的每种颜色分量占 8 位,每一位由[0, 255]中的任意数值表示,一个像素就由 24 位表示,允许的最大值为 2^{24}(16 777 216)。

9.1.4 色彩空间

1. GRAY 色彩空间(灰度空间)

GRAY 色彩空间通常指 8 位灰度图,有 256 个灰度级,像素范围为[0,255]。不同的数值表示不同程度的灰色,像素值越低,灰色越深。0 表示黑色,255 表示白色。GRAY 色彩空间是单通道,常用二维数组表示一幅灰度图像。

2. RGB 色彩空间

人眼能够感受三种不同的颜色:红色、绿色、蓝色,即三基色。自然界常见的大部分颜色都可以通过将三基色按照一定比例混合得到。

RGB 色彩空间中,存在 R(red)、G(green)、B(blue)3 个通道,每个通道色彩值的范围是[0,255],其模型如图 9-9 所示。

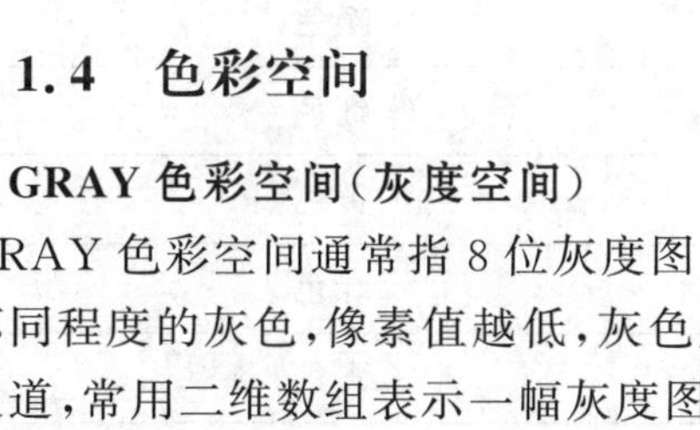

图 9-8 RGB 图像

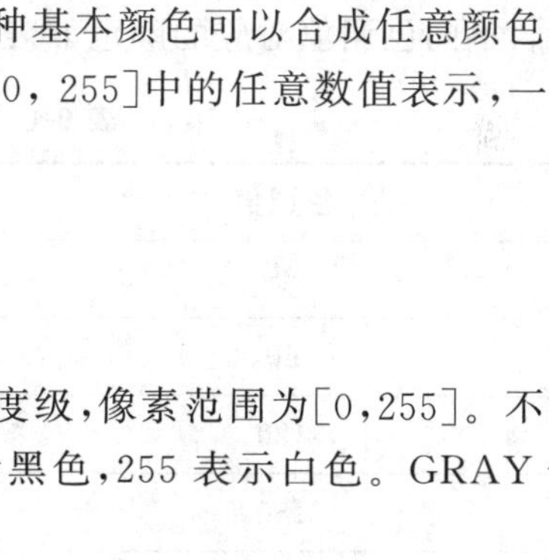

图 9-9 RGB 色彩空间模型

RGB 色彩空间通常用一个三维数组表示一幅 RGB 图像。RGB 色彩空间的通道顺序是 R→G→B。在 OpenCV 中,其通道顺序是 B→G→R。

3. HSV 色彩空间

HSV 色彩空间包含三要素:H 表示色调(hue),S 表示饱和度(saturation),V 表示亮度(value)。

HSV 色彩空间的应用包括偏光矫正、去除阴影、图像分割等。

HSV 色彩空间可以用一个圆锥表示,其模型如图 9-10 所示。

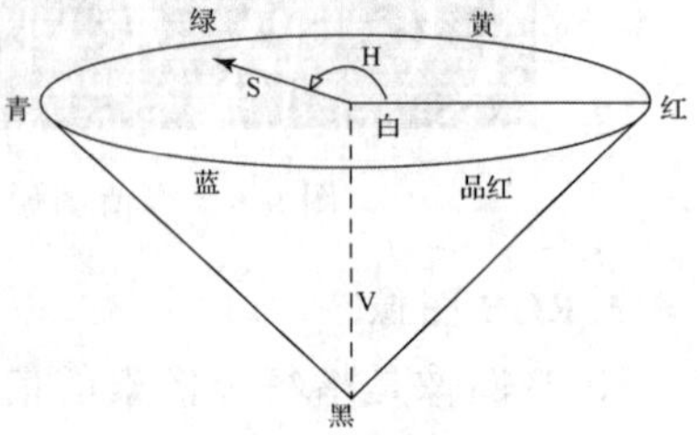

图 9-10　HSV 色彩空间模型

1)色调

色调是色彩的基本属性,就是平常所说的颜色名称。色调与混合光谱中的主要波长相关,不同波长的光表现为不同的颜色,实际体现的是色调的差异。色调的取值区间为[0,360],不同色调值对应的颜色如表 9-1 所示。

表 9-1　不同色调值对应的颜色

色调值	颜色
0	红色
60	黄色
120	绿色
180	青色
240	蓝色
300	品红色

2)饱和度

饱和度是色彩的纯度,通俗地说是颜色的深浅。饱和度越高,色彩越纯;饱和度越低,色彩越灰。饱和度与所加白光的数量成反比。饱和度的取值区间是[0,1],灰色的饱和度是 0。如果颜色的饱和度很低,那么计算所得的色调不可靠。OpenCV 中,饱和度要映射到[0,255]区间。

3)亮度

亮度反映的是人眼能感受到的光的明暗程度。图像中掺入的白色越多,亮度越高。亮度的取值区间是[0,1],OpenCV 中要将其映射到[0,255]区间。

9.2 Python 图像处理库

Python 提供了很多库对图像文件进行操作,比较常用的库有 OpenCV、PIL、pillow、matplotlib、scikit-image 和 ImageIO。下面着重对 OpenCV 和 pillow 库进行介绍。

9.2.1 OpenCV

OpenCV 是开源的计算机视觉和机器学习库，提供了很多图像处理和计算机视觉方面的通用算法。它由一系列 C 语言函数和少量 C++类构成，因此其轻量且高效。OpenCV 可以运行在 Linux、Windows、Android 和 mac OS 操作系统上，同时提供了 Python、Ruby、MATLAB 等语言的接口，其应用非常广泛。

要安装 OpenCV 库，可以使用如下 pip 命令：

```
pip install opencv-python
```

OpenCV 的导入很简单，代码如下：

```
import cv2
```

基于 OpenCV，可以对图像进行读取、显示和保存等操作。下面对 OpenCV 的基本操作进行介绍。

1. 读取图像

OpenCV 提供了用于读取图像的 imread()方法，其语法格式如下：

```
image = cv2.imread (filename,flags)
```

参数说明：

- image：imread()方法的返回值，返回的是读取到的图像。
- filename：要读取的图像的完整文件名。例如要读取当前目录下的 jojo.jpg 文件，则 filename 的值为"jojo.jpg"。

读取 flower.jpg 文件，代码如下：

```
# 导入 OpenCV 库
import cv2
# 读取图像
image = cv2.imread("flower.jpg")
```

2. 显示图像

为了使图像的显示效果更加直观，OpenCV 提供了 imshow()方法，其语法格式如下：

```
cv2.imshow(winname, mat)
```

参数说明：

- winname：显示图像的窗口名称。
- mat：要显示的图像。

显示图像 flower.jpg，代码如下：

```
# 显示图像
cv2.imshow("img1", image)
cv2.waitKey(0)
```

运行结果如图 9-11 所示。

图 9-11　显示图像 flower.jpg

3. 保存图像

OpenCV 提供了用于按照指定路径保存图像的 imwrite()方法，其语法格式如下：

```
cv2.imwrite(filename, img)
```

参数说明：

- filename：保存图像时所用的完整路径。
- img：要保存的图像。

将图像 flower.jpg 读取为灰度图像并保存为 flower2.jpg，代码如下：

```
# flags = 0,读取为灰度图像
img2 = cv2.imread("flower.jpg", flags = 0)
# 保存图像
cv2.imwrite("flower2.jpg", img2)
cv2.imshow("img2",img2)
```

运行结果如图 9-12 所示。

图 9-12　读取并保存图像为 flower2.jpg

9.2.2　基于 pillow 库的图像读取、保存和显示

PIL(Python imaging library)是 Python 的第三方图像处理库，也是公认的 Python 图像处理标准库。自 2011 年以来，由于 PIL 库更新缓慢，目前仅支持 Python 2.7 版本，无法满足 Python 3 版本的使用需求，于是 pillow 库应运而生。

pillow 库是在 PIL 库的基础上开发的一个支持 Python 3 版本的图像处理库，pillow 库在 PIL 库的基础上增加了许多新的特性，是 Python 中较为基础的图像处理库，主要用于图像的基本处理，如裁剪图像、调整图像大小和图像颜色处理等。pillow 库发展至今，已经成为了比 PIL 库更具活力的图像处理库。

pillow 库作为图像处理的常用库，主要有以下特点。

• 支持广泛的格式。pillow 库支持广泛的图像格式，例如 JPEG、PNG、BMP、GIF、PPM、TIFF 等。同时，它也支持图像格式之间的相互转换。总之，pillow 库几乎能够处理任意格式的图像。

• 提供丰富的图像处理功能。pillow 库可用于图像归档，包括创建缩略图、生成预览图像、图像批处理等；它还可用于图像处理，包括调整图像大小、裁剪图像、像素点处理、添加滤镜、图像颜色处理等。

• 配合 GUI 工具使用。pillow 库可以配合 Python GUI（图形用户界面）工具 Tkinter 一起使用。

下面对 pillow 库的图片读取、显示和保存操作进行介绍。

首先导入 pillow 库，代码如下：

```
from PIL import Image
```

1. 读取图像

其语法格式如下：

```
image = Image.open(filepath)
```

使用 pillow 库读取 flower.jpg 文件，代码如下：

```
# 读取图像
image = Image.open('flower.jpg')
```

2. 显示图像

pillow 库提供了用于显示图像的 image.show()方法，其语法格式如下：

```
image.show()
```

使用 pillow 库显示 flower.jpg 文件，代码如下：

```
# 显示图像
image.show()
```

运行结果如图 9-13 所示。

图 9-13　显示图像

3. 保存图像

pillow 库提供了按照指定路径保存图像的 image.save()方法，其语法格式如下：

```
image.save(imagepath_new)
```

参数说明：

• imagepath_new：图像新的完整文件名。

使用 pillow 库读取 flower.jpg 为灰度图像，并将其另保存为 flower3.jpg，代码如下：

```
# 读取为灰度图像
image2 = image.convert("L")
# 显示图像
image2.show()
# 保存图像
image2.save("flower3.jpg")
```

运行结果如图 9-14 所示。

图 9-14　保存图像

9.2.3　其他图像处理库

1. matplotlib 库

matplotlib 库是 Python 中常用的可视化工具之一，可以创建 2D 图表和 3D 图表。它还可以对已经存在的图像文件进行读取、显示和保存操作。

导入 matplotlib 库，代码如下：

```
import matplotlib.pyplot as plt
```

1)读取图像

语法格式如下：

```
image = plt.imread(filename)
```

参数说明：

• image：imread()方法的返回值，返回的是读取到的图像。

• filename：要读取的图像的完整文件名。

使用 matplotlib 库读取 flower.jpg 文件，代码如下：

```
# 读取图像
image = plt.imread("flower.jpg")
```

2)显示图像

语法格式如下：

```
plt.imshow(image)
```

使用 matplotlib 库显示 flower.jpg，代码如下：

```
# 显示图像
plt.imshow(image)
plt.show()
```

运行结果如图 9-15 所示。

图 9-15　显示图像 flower.jpg

3)保存图像

语法格式如下：

```
plt.imsave('newfilename',image)
```

使用 matplotlib 库保存 flower.jpg 为 flower4.jpg，代码如下：

```
# 保存图像
plt.imsave('flower4.jpg', image)
```

运行结果如图 9-16 所示。

图 9-16　保存图像 flower4.jpg

2. scikit-image 库

scikit-image 是一个将图像作为 numpy array 格式处理的 Python 库。该包被导入为 skimage。代码如下：

```
from skimage import io, color
```

(1)读取图像。

语法格式如下：

```
img = io.imread(filepath)
```

使用 scikit-image 库读取 flower.jpg 文件,代码如下:

```
# 读取图像
image = io.imread("flower.jpg")
```

(2)显示图像。

语法格式如下:

```
io.imshow(img)
```

使用 scikit-image 库显示 flower.jpg 文件,代码如下:

```
# 显示图像
io.imshow(flower.jpg)
io.show()
```

运行结果如图 9-17 所示。

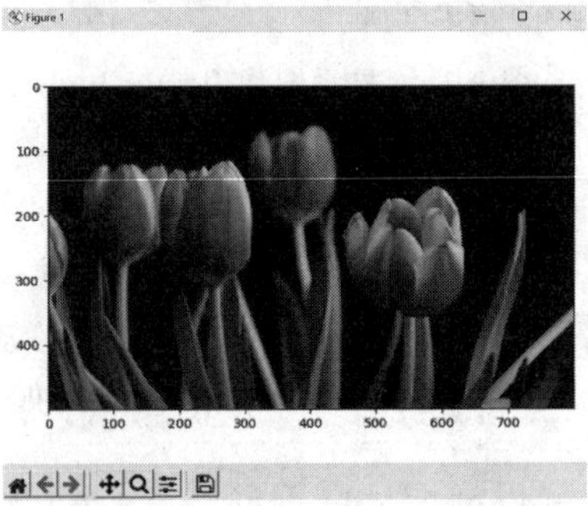

图 9-17　显示图像

(3)保存图像。

语法格式如下:

```
io.imsave('newfilename',img)
```

将 flower.jpg 读取为灰度图像并保存为 flower5.jpg,代码如下:

```
# 读取为灰度图像
img2 = io.imread('flower.jpg', as_gray=True)
# 显示图像
io.imshow(img2)
io.show()
# 保存图像
io.imsave('flower5.jpg', img2)
```

运行结果如图 9-18 所示。

3. ImageIO

ImageIO 是一个 Python 库,它提供了一个简单的接口来读取和写入大量的图像数据,包括动画、图像体积数据和科学格式。ImageIO 是跨平台的,可以运行在 Python 2.x 和 3.x 上,并易于安装。

图 9-18　保存为灰度图像

导入 ImageIO 包，代码如下：

```
import imageio
```

(1)读取图像。

语法格式如下：

```
image = imageio.imread(filepath)
```

读取 flower.jpg 文件，代码如下：

```
# 读取图像
image = imageio.imread("flower.jpg")
```

(2)显示图像。

语法格式如下：

```
plt.imshow(image)
plt.show()
```

显示图像 flower.jpg，代码如下：

```
#读取为灰度图片
img2 = io.imread('flower.jpg', as_gray = True)
#显示图片
io.imshow(img2)
io.show()
# 将灰度图像转换为整数模式
gray_image_int = util.img_as_ubyte(img2)
#保存图片
io.imsave('flower5.jpg', gray_image_int)
```

运行结果如图 9-19 所示。

图 9-19　将灰度图像转换为整数模式

(3)保存图像。

语法格式如下：

```
imageio.imsave('newfilename',image)
```

将 flower.jpg 保存为 flower6.jpg,代码如下：

```
# 保存图像
imageio.imsave("flower6.jpg", image)
```

运行结果如图 9-20 所示。

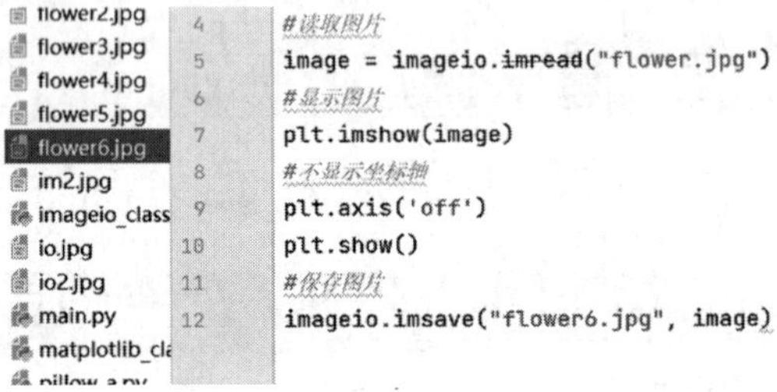

图 9-20　保存 flower6.jpg

9.3 基于 OpenCV 的图像操作

图像基本操作包括 IO 操作、绘制几何图形、色彩处理、形态处理。其中 IO 操作已经在 9.2 节中介绍过,下面介绍其他图像操作。

9.3.1　绘制几何图形

1. 绘制直线

```
cv.line(img,start,end,color,thickness)
```

参数说明：

- img:要绘制直线的图像。
- start,end:分别表示直线的起点和终点。
- color:线条的颜色。
- thickness:线条宽度。

2. 绘制圆形

```
cv.circle(img,centerpoint, r, color, thickness)
```

参数说明：

- img:要绘制圆形的图像。
- centerpoint, r:分别表示圆心和半径。
- color:线条的颜色。形式如(0,255,0),不可以是字符串。

• thickness：线条宽度，为－1 时生成闭合图形并填充颜色。

3. 绘制矩形

```
cv.rectangle(img,leftupper,rightdown,color,thickness)
```

参数说明：

• img：要绘制矩形的图像(矩阵)。

• leftupper，rightdown：分别表示矩形的左上角和右下角坐标。

• color：线条的颜色。

• thickness：线条宽度。

leftupper 和 rightdown 的值必须是 int 类型，不然会报错，新版的 OpenCV 会遇到这样的问题。

4. 向图像中添加文字

```
cv2.putText(img = rgb_frame,text = str(predicted),org = (25,25),
            fontFace = cv2.FONT_HERSHEY_SIMPLEX,
            fontScale = 1, color = (0, 0, 255),thickness = 1)
```

参数说明：

• img：要添加文字的图像。

• text：要写入的文本信息。

• org：文本在图像中的左下角位置的坐标。

• fontFace：字体类型。

• fontscale：字体大小的缩放因子。

文本的字体的取值如下：

fontFace＝cv2.FONT_HERSHEY_SIMPLEX

fontFace＝cv2.FONT_HERSHEY_PLAIN

fontFace＝cv2.FONT_HERSHEY_COMPLEX

fontFace＝cv2.FONT_HERSHEY_TRIPLEX

fontFace＝cv2.FONT_HERSHEY_COMPLEX_SMALL

fontFace＝cv2.FONT_HERSHEY_SCRIPT_SIMPLEX

fontFace＝cv2.FONT_HERSHEY_SCRIPT_COMPLEX

fontFace＝cv2.FONT_ITALIC

5. 绘制几何图形的示例

生成一个全黑的图像，然后在里面绘制几何图形并添加文字，示例代码如下：

```
import numpy as np
import cv2 as cv
import matplotlib.pyplot as plt
# 创建一个空白的图像
img = np.zeros((512, 512, 3), np.uint8)
# 绘制图形
cv.line(img, (0, 0), (511, 511), (255, 0, 0), 5) # 直线
cv.rectangle(img, (384, 0), (510, 128), (0, 255, 0), 3) # 矩形
```

```
cv.circle(img, (447, 63), 63, (0, 0, 255), -1) # 圆形
font = cv.FONT_HERSHEY_SIMPLEX
cv.putText(img, 'OpenCV', (10, 500), font, 4, (255, 255, 255), 2,cv.LINE_AA) # 文字
# 图像展示
plt.imshow(img[:, :, ::-1])
plt.title('picture'), plt.xticks([]), plt.yticks([])
plt.show()
```

运行结果如图 9-21 所示。

图 9-21　在图像中绘制几何图形并添加文字的结果

9.3.2　色彩处理

1. 基础知识

每种色彩空间都有其擅长的领域，所以在进行图像处理的过程中经常需要对图像的色彩空间进行转换。

软件环境：

Python == 3.8.5

opencv-contrib-python == 4.5.5.64

API 接口：

cv.cvtColor(src, code[, dst[, dstCn]]) -> dst

色彩空间也称为颜色模型、颜色空间、色彩模型等，它是图像在计算机内部的一种存储方式。常见的色彩空间包括 RGB、GRAY、XYZ、YCrCb、HSV 等。

OpenCV 提供的色彩空间转换方法如表 9-2 所示。

表 9-2　OpenCV 提供的色彩空间转换方法

方法	作用
cv2.COLOR_BGR2RGB()	将 BGR 色彩空间转换为 RGB 色彩空间
cv2.COLOR_BGR2GRAY()	将 BGR 色彩空间转换为 GRAY 色彩空间
cv2.COLOR_BGR2YCrCb()	将 BGR 色彩空间转换为 YCrCb 色彩空间
cv2.COLOR_BGR2HSV()	将 BGR 色彩空间转换为 HSV 色彩空间

2. 色彩空间转换案例

1)将 BGR 色彩空间转换为 RGB 色彩空间

RGB 色彩空间中，图像的每个像素用一个三元组表示，三元组中的 3 个值依次表示红色、绿色和蓝色，依次对应 R、G、B 通道。

需要注意的是，OpenCV 中默认使用 BGR 色彩空间，它按照 B、G、R 通道的顺序表示图像。

示例代码如下：

```
import cv2
# BGR to RGB
img = cv2.imread('test.jpg')
img_rgb = cv2.cvtColor(img, cv2.COLOR_BGR2RGB)
```

```
cv2.imshow('BGR', img)
cv2.imshow('RGB', img_rgb)
k = cv2.waitKey()
```

运行结果如图 9-22 所示，从结果可以看出，图像的蓝色通道与红色通道出现了很明显的对调，而绿色通道没有很明显的改变。

图 9-22　将 BGR 色彩空间转换为 RGB 色彩空间

2)将 BGR 色彩空间转换为 GRAY 色彩空间

GRAY 色彩空间通常指 8 位灰度图像，其颜色的取值范围为[0,255]，共 256 个灰度级。将 BGR 色彩空间转换为 GRAY 色彩空间的计算公式如下：

$$Gray=0.299R+0.587G+0.114B \tag{9-1}$$

其中，R、G、B 为 RGB 色彩空间中 R、G、B 通道的值。

示例代码如下：

```
import cv2
# BGR to GRAY
img = cv2.imread('test.jpg')
img_gray = cv2.cvtColor(img, cv2.COLOR_BGR2GRAY)
cv2.imshow('BGR', img)
cv2.imshow('GRAY', img_gray)
k = cv2.waitKey()
```

运行结果如图 9-23 所示。

图 9-23　将 BGR 色彩空间转换为 GRAY 色彩空间

3)将 BGR 色彩空间转换为 HSV 色彩空间

HSV 色彩空间使用色调、饱和度、亮度表示图像。

色调 H 表示颜色，用角度表示，取值范围为[0°,360°]，从红光开始按逆时针方向计算。

饱和度 S 表示颜色接近光谱色的程度，或表示光谱色中混入白光的比例。光谱色中白光的比例越低，饱和度越高，颜色越深、越艳。光谱色中的白光比例为 0 时，饱和度达到最高。饱和度的取值范围为[0,1]。

亮度 V 表示颜色的明暗程度，是人眼可感受到的明暗程度，其取值范围为[0,1]。

示例代码如下：

```
import cv2
# BGR to HSV
img = cv2.imread('test.jpg')
img_HSV = cv2.cvtColor(img, cv2.COLOR_BGR2HSV)
cv2.imshow('BGR', img)
cv2.imshow('HSV', img_HSV)
k = cv2.waitKey()
```

运行结果如图 9-24 所示。一般情况下进行彩色图像阈值化处理时经常将图像转换为 HSV 色彩空间。

图 9-24　将 BGR 色彩空间转换为 HSV 色彩空间

4)将 BGR 色彩空间转换为 YCrCb 色彩空间

YCrCb 色彩空间用亮度 Y、红色 Cr、蓝色 Cb 表示图像。从 BGR 色彩空间转换为 YCrCb 色彩空间的计算公式如下：

$$\begin{cases} Y=0.299R+0.587G+0.114B \\ Cr=0.713(R-Y)+delta \\ Cb=0.564(B-Y)+delta \end{cases} \tag{9-2}$$

其中，delta 的取值有 delta=128(8 位图像)、delta=32 767(16 位图像)、delta=0.5(单精度图像)。

示例代码如下：

```
import cv2
# BGR to YCrCb
img = cv2.imread('test.jpg')
img_YCrCb = cv2.cvtColor(img, cv2.COLOR_BGR2YCrCb)
cv2.imshow('BGR', img)
cv2.imshow('GRAY', img_YCrCb)
k = cv2.waitKey()
```

运行结果如图 9-25 所示。

图 9-25　将 BGR 色彩空间转换为 YCrCb 色彩空间

9.3.3　形态处理

1. 基础知识

1)形态学图像

形态学通常指生物学的某个分支,常用来处理动物和植物的形状和结构。现在也将这个词用于图像处理中。形态学图像处理就是使用数学形态学的基本运算,由计算机对图像进行分析,以达到所需结果的一种技术。通俗地理解,形态学操作就是改变物体的形态。形态学操作一般作用于二值图像。

2)灰度图与二值图像转换

读取一张灰度图,然后设置一个全 1 的矩阵,再设定阈值,即二值化的阈值,如 145,则原图像中像素值大于 145 的置为 1,小于 145 的置为 0。如图 9-26 所示,左侧是灰度图,右侧是阈值为 145 的二值图像。

图 9-26　灰度图转换为二值图像

示例代码如下:

```
import cv2
import numpy as np
import matplotlib.pyplot as plt
img = cv2.imread('test.jpg', 0)
param = 145
img_2 = np.ones(img.shape[0:2])
img_2[img < 145] = 0
plt.figure(dpi = 150)
plt.subplot(121)
plt.title("Gray Scale Image")
plt.imshow(img, cmap = 'gray')
plt.subplot(122)
plt.title("Binary Image")
plt.imshow(img_2, cmap = 'gray')
plt.tight_layout()
plt.show()
```

2. 腐蚀和膨胀

假设有两幅图像 B 和 X。若 X 是被处理的对象,而 B 用来处理 X,则称 B 为结构元素(structure element),又形象地称其为刷子。结构元素通常都是一些比较小的图像。

1)腐蚀

把结构元素 B 平移 a 后得到 Ba,若 Ba 包含于 X,则记下这个 a 点,所有满足上述条件的 a 点组成的集合称作 X 被 B 腐蚀(erosion)的结果。腐蚀原理如图 9-27 所示。

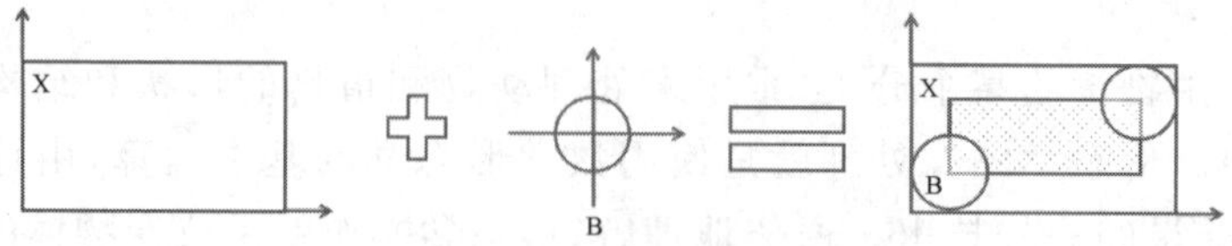

图 9-27 腐蚀原理

其中,X 是被处理的对象,B 是结构元素。对于任意一个在阴影部分的点 a,Ba 包含于 X,所以 X 被 B 腐蚀的结果就是图 9-27 的阴影部分。阴影部分在 X 的范围之内,可以看出比之前的 X 小,是将图像中的目标进行细化的操作结果。OpenCV 中已有现成的腐蚀库供调用,不同程度的腐蚀效果如图 9-28 所示。

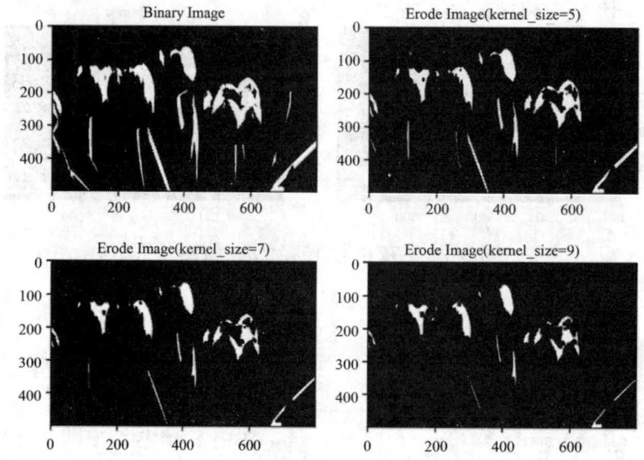

图 9-28 不同程度的腐蚀效果

示例代码如下:

```
import cv2
import numpy as np
import matplotlib.pyplot as plt
# 将图片转成二值图像
def img2binary_img(img):
    param = 145
    binary_img = np.ones(img.shape[0:2])
    binary_img[img<145] = 0
    return binary_img
# 执行腐蚀操作
def img_erode(binary, kernel_size):
    # 可以修改卷积核大小来增加腐蚀效果,卷积核越大,腐蚀效果越强
    kernel = cv2.getStructuringElement(cv2.MORPH_RECT,(kernel_size,kernel_size))
    dst = cv2.erode(binary,kernel)
    return dst
```

```
img = cv2.imread('flower.jpg',0)
binary_img = img2binary_img(img)
erode_img_5 = img_erode(binary_img, 5)
erode_img_7 = img_erode(binary_img, 7)
erode_img_9 = img_erode(binary_img, 9)
plt.figure(dpi = 120)
plt.subplot(221)
plt.title("Binary Image")
plt.imshow(binary_img, cmap = 'gray')
plt.subplot(222)
plt.title("Erode Image(kernel_size = 5)")
plt.imshow(erode_img_5, cmap = 'gray')
plt.subplot(223)
plt.title("Erode Image(kernel_size = 7)")
plt.imshow(erode_img_7, cmap = 'gray')
plt.subplot(224)
plt.title("Erode Image(kernel_size = 9)")
plt.imshow(erode_img_9, cmap = 'gray')
plt.tight_layout()
plt.show()
```

腐蚀之后的图像会变细，且随着滤波器的尺寸改变。滤波器的尺寸越大，腐蚀效果越强，图像就变得越细；滤波器的尺寸越小，腐蚀效果越弱。腐蚀将图像中的高亮区域或白色部分进行缩减细化，其运行结果比原图的高亮区域更小。

2)膨胀

膨胀(dilation)可以看作腐蚀的对偶运算，其定义是：把结构元素 B 平移 a 后得到 Ba，若 Ba 击中 X，则记下这个 a 点。所有满足上述条件的 a 点组成的集合称作 X 被 B 膨胀的结果。膨胀原理如图 9-29 所示。

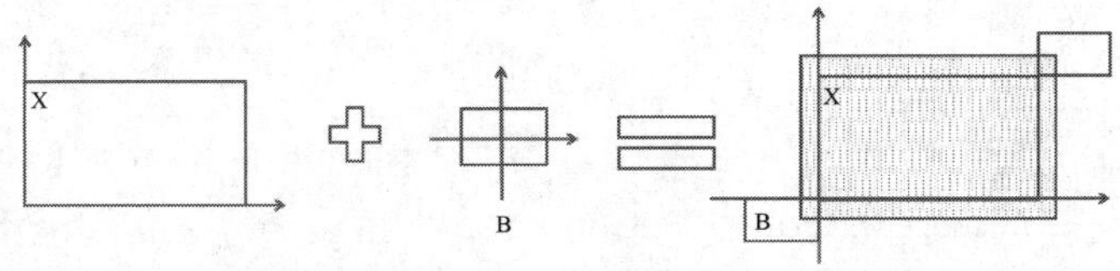

图 9-29　膨胀原理

其中，X 是被处理的对象，B 是结构元素，对于任意一个在阴影部分的点 a，Ba 击中 X，所以 X 被 B 膨胀的结果就是图 9-29 的阴影部分。阴影部分包括 X 的所有区域，就像 X 膨胀了一圈似的。不同程度的膨胀效果如图 9-30 所示。

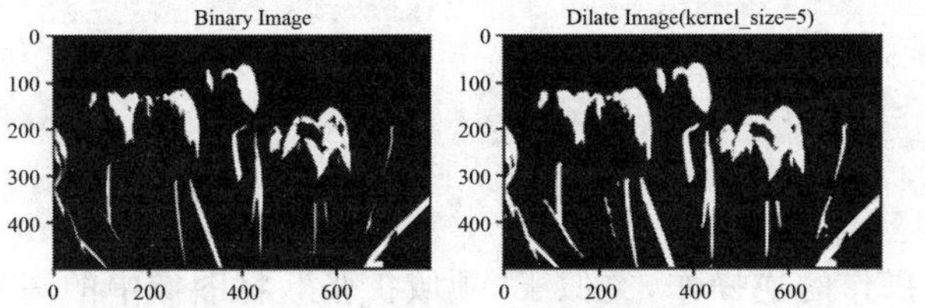

图 9-30　不同程度的膨胀效果

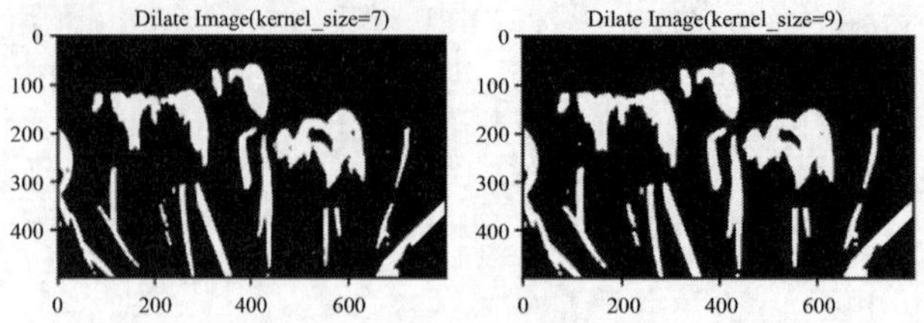

图 9-30　不同程度的膨胀效果(续)

示例代码如下：

```
import cv2
import numpy as np
import matplotlib.pyplot as plt
# 将图片转成二值图像
def img2binary_img(img):
    param = 145
    binary_img = np.ones(img.shape[0:2])
    binary_img[img<145] = 0
    return binary_img
# 执行膨胀操作
def img_dilate(binary, kernel_size):
    # 可以修改卷积核大小来增加膨胀效果,卷积核越大,膨胀效果越强
    kernel = cv2.getStructuringElement(cv2.MORPH_RECT,(kernel_size,kernel_size))
    dst = cv2.dilate(binary,kernel)
    return dst
img = cv2.imread('flower.jpg',0)
binary_img = img2binary_img(img)
erode_img_5 = img_dilate(binary_img, 5)
erode_img_7 = img_dilate(binary_img, 7)
erode_img_9 = img_dilate(binary_img, 9)

plt.figure(dpi = 120)
plt.subplot(221)
plt.title("Binary Image")
plt.imshow(binary_img, cmap = 'gray')
plt.subplot(222)
plt.title("Dilate Image(kernel_size = 5)")
plt.imshow(erode_img_5, cmap = 'gray')
plt.subplot(223)
plt.title("Dilate Image(kernel_size = 7)")
plt.imshow(erode_img_7, cmap = 'gray')
plt.subplot(224)
plt.title("Dilate Image(kernel_size = 9)")
plt.imshow(erode_img_9, cmap = 'gray')
plt.tight_layout()
plt.show()
```

图像膨胀是腐蚀操作的逆操作,类似于“领域扩张”,将图像中的高亮区域或白色部分进行扩张,其运行结果图比原图的高亮区域更大,线条变粗了,主要用于去噪。图像被腐蚀后,去除了噪声，但是会压缩图像。对腐蚀过的图像进行膨胀处理，可以去除噪声，并且保持原有形状。

3. 开操作与闭操作

开操作和闭操作都是基于膨胀和腐蚀操作组合进行的。

开操作：先腐蚀再膨胀。

- 开运算能够除去孤立的小点、毛刺和细小的连接部分，而总的位置和形状不变。
- 开运算是一个基于几何运算的滤波器。
- 结构元素的大小不同将导致滤波效果不同。
- 不同的结构元素的选择导致了不同的分割效果，即提取出不同的特征。

开运算原理如图 9-31 所示。

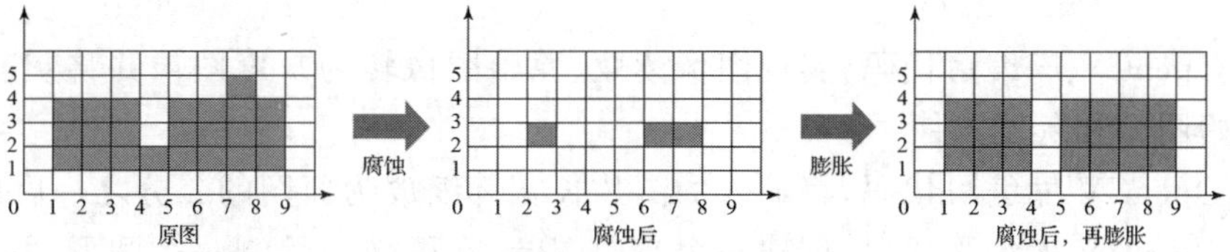

图 9-31　开运算原理

闭操作：先膨胀再腐蚀。

- 闭运算能够填平小湖（小孔），弥合小裂缝，而总的位置和形状不变。
- 闭运算是通过填充图像的凹角来滤波的。
- 结构元素的大小不同将导致滤波效果不同。
- 不同结构元素的选择导致了不同的分割效果。

闭运算原理如图 9-32 所示。

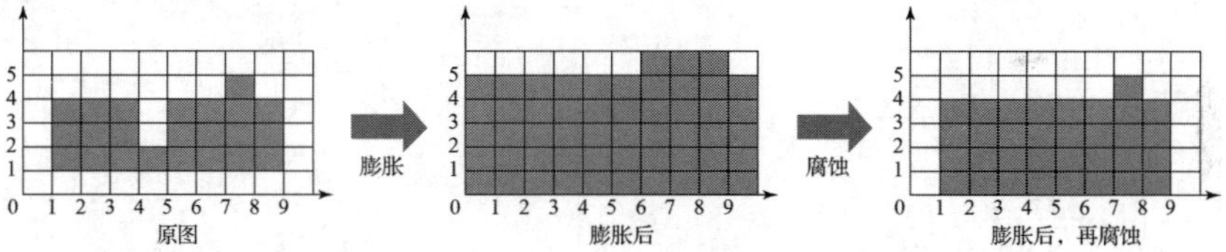

图 9-32　闭运算原理

4. 其他形态学算法

OpenCV 中还提供了处理图像的其他方法。例如，通过 Canny 边缘检测算法实现边界提取，这类似于边缘检测，使用 OpenCV 函数 cv2. Canny()可轻松实现边缘提取。而使用泛洪函数，可以对图像进行空洞填充。此外，在预处理和后处理中，细化、加粗、裁剪等处理方法也经常与上述算法结合使用。

9.4 本章实训

本章实训

9.5 本章小结

本章围绕 OpenCV 库,介绍了数字图像处理的基本概念和 Python 提供的多个图像处理库,重点讲解了基于 OpenCV 库的图像操作方法。

9.6 本章习题

1. 基于 OpenCV 库编写代码,实现图像读取、原始图像转为灰度图像并将灰度图像保存,同时显示原始图像和灰度图像。

2. 基于 OpenCV 库编写代码,将输入的图片长宽都缩放为原图的二分之一后保存。

3. 基于 OpenCV 库编写代码,创建一个空白图像,在图像上绘制一个圆形,并在圆形中添加文字“OpenCV”。

4. 基于 OpenCV 库编写代码,读取图像,将图像二值化(阈值 127),再对图像进行开运算后保存。

5. 基于 OpenCV 库编写代码。参照实训案例实现大豆种子计数。

第 10 章 机器学习概述

机器学习是人工智能学科的重要分支,也是人工智能的核心技术。机器学习的研究目标是使机器智能化,使机器系统能模仿、扩展人类的学习过程。机器学习主要是设计和分析一些让计算机可以自动“学习”的算法,对数据进行自动分析,获取规律,并对未知数据进行预测。机器学习的主要任务有监督学习、无监督学习,以及强化学习。

监督学习是指从已知数据中学习数据中蕴含的规律或者判断规则,借此获取新知识、新技能。无监督学习不需要给数据打标签,它是机器学习的一种训练方式,本质上是一种统计手段,在没有标签的数据里可以发现潜在的一些结构。强化学习与监督学习、无监督学习最大的不同就是不需要大量数据的“喂养”,模型通过自己不停地尝试来学会某些技能。强化学习目前还不够成熟,应用场景也比较局限。

在工程应用中,用 Python 手写代码从头实现一个机器学习算法的可能性非常小,这样不仅耗时耗力,还不一定能够写出构架清晰、稳定性强的模型。更多情况下,开发人员通过分析采集到的数据,根据数据特征选择适合的算法,在工具包中调用算法,调整算法的参数,获取需要的信息,从而实现算法效率和效果之间的平衡。scikit-learn 正是这样一个可以帮助开发人员高效实现机器学习算法应用的工具包。scikit-learn(简写为 sklearn)是一个开源的基于 Python 语言的机器学习工具包,它通过 NumPy、SciPy 和 Matplotlib 等 Python 数值计算库实现高效的算法应用,并且涵盖了几乎所有主流的机器学习算法,例如回归(regression)、分类(classification)、聚类(clustering)、降维(dimensionality reduction)、模型选择(model selection)、数据预处理(preprocessing)等算法。

10.1 scikit-learn 库

10.1.1 scikit-learn 简介

sklearn 自带了大量的数据集,可供用户练习各种机器学习算法。sklearn 集成了数据预处理、数据特征选择、数据特征降维、分类/回归/聚类模型、模型评估等非常全面的算法。

机器学习就像做饭一样,sklearn 提供各种烹饪工具,数据是食材。如何处理好食材、掌握正确的烹饪方式是做出一道美食的制胜法宝。了解和掌握 sklearn 的使用方法是至关重要的。

10.1.2 安装 scikit-learn

操作系统:Windows

包管理器:pip

运行以下代码:

```
pip install -U scikit-learn
```

可以使用以下语句检查 scikit-learn 是否成功安装:

```
# 查看 scikit-learn 的安装位置及其版本
python -m pip show scikit-learn
# 查看所有在虚拟环境中已下载的包
python -m pip freeze
python -c "import sklearn;sklearn.show_versions()"
```

操作系统:Windows

包管理器:conda

运行以下代码:

```
conda install scikit-learn
```

可以使用以下语句检查 scikit-learn 是否成功安装:

```
# 查看 scikit-learn 的安装位置及其版本
conda list scikit-learn
# 查看所有在虚拟环境中已下载的包
conda list
python -c "import sklearn;sklearn.show_versions()"
```

Python 环境在安装源文件时使用默认设置,安装速度很慢,使用国内清华源的安装速度比较快。具体代码如下:

```
pip install xxx -i https://pypi.tuna.tsinghua.edu.cn/simple
```

更多安装方式请参考网址 https://scikit-learn.org.cn/lists/1.html。

10.2 线性回归

10.2.1 线性回归算法

通俗地讲,线性回归算法就是用一条直线较为精确地拟合已知数据之间的关系。对于有 n 个特征的样本 i 而言,它的回归结果可写作如下方程:

$$y^i = w_0 + w_1 x_{i_1} + w_2 x_{i_2} + \cdots + w_n x_{i_n}$$

w 统称为模型的参数,其中 w_0 称为截距,$w_1 \sim w_n$ 称为回归系数。这个表达式和中学时学生无比熟悉的 $y=ax+b$ 有同样的性质。其中 y 是目标变量。如果有 m 个样本,则这个式子也可写作:

$$\mathbf{y} = w_0 + w_1 x_1 + w_2 x_2 + \cdots + w_m x_m$$

其中 $\mathbf{y}$ 是包含 m 个全部样本的回归结果的列向量。这个预测函数的本质就是构建模型,构建模型的核心就是找出拟合误差最小的参数向量 w。

下面具体介绍怎样在代码中实现线性回归算法。

首先，从 sklearn 库中导入线性模型中的线性回归算法。

```
from sklearn import linear_model
```

其次，训练线性回归模型。使用 fit()函数（参数 x 为数据特征，参数 y 为真实结果）导入训练数据。

```
model = linear_model.LinearRegression()
model.fit(x, y)
```

最后，对训练好的模型进行预测。调用 predict()函数（参数 x_为预测值）预测输出结果。

```
model.predict(x_)
```

算法优点如下：

- 思路简单，容易实现，建模迅速，对于数据量小、简单的关系很有效。
- 该算法是许多强大的非线性模型的基础。
- 线性回归模型十分容易理解，结果具有很好的可解释性，有利于用户进行决策分析。

算法缺点如下：

- 对于非线性数据或者数据特征间具有相关性的多项式回归，难以建模。
- 难以很好地表达高度复杂的数据。

10.2.2　用线性回归算法预测糖尿病的影响因素

下面用一个完整的案例来深刻理解一下线性回归模型的用法。

步骤 1　导入数据

```
# 导入数据分析常用包
import numpy as np
import pandas as pd
import matplotlib.pyplot as plt
# 获取糖尿病数据集
from sklearn.datasets import load_diabetes
data_diabetes = load_diabetes()
print(data_diabetes)
```

步骤 2　观察数据集

```
# diabetes 是一个关于糖尿病的数据集，该数据集包括 442 个病人的生理数据及一年以后的病情发展情况
# 为了方便后续处理数据，现在对这个字典形式的数据集进行拆分
data = data_diabetes['data']
target = data_diabetes['target']
feature_names = data_diabetes['feature_names']
#上述三个数据都是 numpy 的一维数据形式，将它们组合成 dataframe，可以更直观地观察数据
df = pd.DataFrame(data,columns = feature_names)
print(df.head())  # 查看前几行数据
```

图 10-1 是部分数据集样本。

	age	sex	bmi	bp	s1	s2	s3	s4	s5	s6
0	0.038076	0.050680	0.061696	0.021872	-0.044223	-0.034821	-0.043401	-0.002592	0.019907	-0.017646
1	-0.001882	-0.044642	-0.051474	-0.026328	-0.008449	-0.019163	0.074412	-0.039493	-0.068332	-0.092204
2	0.085299	0.050680	0.044451	-0.005670	-0.045599	-0.034194	-0.032356	-0.002592	0.002861	-0.025930
3	-0.089063	-0.044642	-0.011595	-0.036656	0.012191	0.024991	-0.036038	0.034309	0.022688	-0.009362
4	0.005383	-0.044642	-0.036385	0.021872	0.003935	0.015596	0.008142	-0.002592	-0.031988	-0.046641

图 10-1　糖尿病数据集样本(部分)

其中各列的含义如下。

• age:年龄。

• sex:性别。

• bmi:身体质量指数(body mass index),是衡量人体是否肥胖和标准体重的重要指标,BMI=体重(单位:kg)÷身高的平方(单位:m),理想的 BMI 为 18.5～23.9。

bp:血压(blood pressure)。

s1,s2,s3,s4,s4,s6:6 种血清的化验数据。

步骤 3　建立模型

```
from sklearn.model_selection import train_test_split
train_X, test_X, train_Y, test_Y = train_test_split(data, target, train_size = 0.8)
from sklearn.linear_model import LinearRegression
model = LinearRegression()
model.fit(train_X, train_Y)
LinearRegression(copy_X = True, fit_intercept = True, n_jobs = 1, normalize = False)
model.score(train_X, train_Y)
```

运行结果:

0.5129

scikit-learn 中使用 score()方法评估模型的好坏。0.51 这个值表示模型效果并不是很好,下面分析一下原因。

平均观察值可定义如下:

$$\bar{\boldsymbol{y}} = \frac{1}{n}\sum_{i=1}^{n}\boldsymbol{y}_i$$

总体离差平方和(sum of squares for total,SST)可定义如下:

$$S_{\text{total}} = \sum_{i}(\boldsymbol{y}_i - \bar{\boldsymbol{y}})^2$$

回归平方和(sum of squares for regression,SSR)可定义如下:

$$S_{\text{reg}} = \sum_{i}(\hat{\boldsymbol{y}}_i - \bar{\boldsymbol{y}})^2$$

其中,$\boldsymbol{y}_i$ 是实际的观察值,$\hat{\boldsymbol{y}}_i$ 是模型预测的输出值。

决定系数 R^2 是回归平方和与总体离差平方和之比,其表达式如下:

$$R^2 = \frac{S_{\text{reg}}}{S_{\text{total}}} = \frac{\sum_{i}(\hat{\boldsymbol{y}}_i - \bar{\boldsymbol{y}})^2}{\sum_{i}(\boldsymbol{y}_i - \bar{\boldsymbol{y}})^2}$$

R^2 的取值在 0～1 之间,其数值大小反映了回归贡献的相对程度的高低,即在因变量 $\boldsymbol{y}$ 的总变异中,回归关系所能解释的百分比。R^2 是最常用的评价回归模型优劣程度的指标。

R^2 越趋近于 1,模型的数据拟合度就越好;反之,R^2 越趋近于 0,模型的数据拟合度越差。

模型评估结果在 0.5 左右，不是很高，说明变量之间的因果关系不是很强。这种情况下，一般会考察单个特征值与结果标签之间的相关关系。

步骤 4　考察单个特征值与结果之间的关系，以图表形式展示

```
# 取出特征值
df.columns
```

运行结果：

Index(['age', 'sex', 'bmi', 'bp', 's1', 's2', 's3', 's4', 's5', 's6'], dtype='object')

步骤 5　对每个特征值循环进行建模训练并作图

```
# 建立画板，作一个 5 行 2 列的图
plt.figure(figsize = (2 * 6, 5 * 5))
for i, col in enumerate(df.columns):  # 枚举
    train_X = df.loc[:, col].values.reshape(-1, 1)
    train_Y = target
    linear_model = LinearRegression()     # 构建模型
    linear_model.fit(train_X, train_Y)     # 训练模型
    score = linear_model.score(train_X, train_Y)     # 评估模型
    axes = plt.subplot(5, 2, i + 1)
    plt.scatter(train_X, train_Y)
    # 画出由每一个特征训练模型得到的拟合直线 y = k * x + b
    k = linear_model.coef_     # 回归系数
    b = linear_model.intercept_    # 截距
    x = np.linspace(train_X.min(), train_X.max(), 100)
    y = k * x + b
    # 作图
    plt.plot(x, y, c = 'red')
    axes.set_title(col + ':' + str(score))
plt.show()
data = data_diabetes['data']
target = data_diabetes['target']
feature_names = data_diabetes['feature_names']
```

每一次循环都取出 dataframe 中的一列数据，是 Series 数据格式，但是线性回归模型要求传入的是一个二维数据，因此利用 reshape()函数修改其形状。以训练数据为 X 轴，以标记为 Y 轴，画出散点图，如图 10-2 所示，可直观地观察每个特征和标记之间的关系。

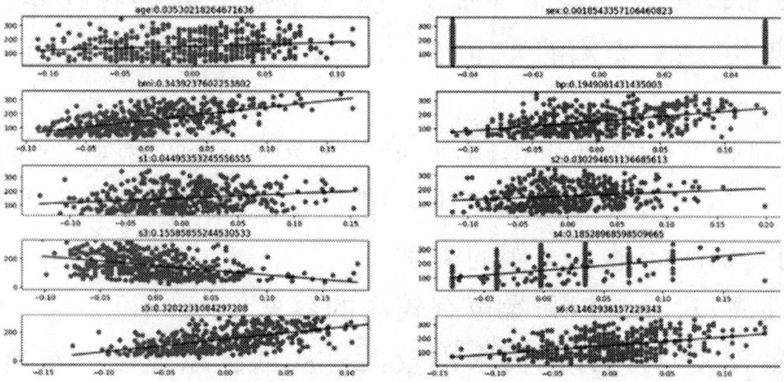

图 10-2　糖尿病特征相互关系散点图

从图 10-2 可以看出，左边第二列中红线的绝对值最大，代表这两个特征之间的相关性最强。

从以上分析可知，单独看所有特征的训练结果并不能得到有效信息，拆分各个特征与指标的关系，可以得到如下结论：bmi 与糖尿病的相关性非常高，bp 也与其有一定的关系，它们之间存在直接关系还是间接关系，有待深入考察。其他血清指标多少都和糖尿病有些关系，有的相关性强，有的相关性弱。

10.3 *k*-近邻分类

10.3.1 *k*-近邻分类算法

k-近邻分类（k-nearest neighbor classification）算法又叫 KNN 分类算法，它是概念极其简单，而效果非常优秀的分类算法，1967 年由 Cover T 和 Hart P 提出。*k*-近邻分类算法的核心思想是未标记样本的类别，由距离其最近的 *k* 个邻居投票决定。假设有一个已经标记的数据集，即已经知道了数据集中每个样本所属的类别，此时有一个未标记的数据样本，需要预测这个数据样本所属的类别。*k*-近邻分类算法的原理是，计算待标记的数据样本和数据集中每个样本的距离，取距离最近的 *k* 个样本。待标记的数据样本所属的类别就由这 *k* 个距离最近的样本投票产生。

假设 X_test 为待标记的数据样本，X_train 为已标记的数据集，算法原理的伪代码如下。

（1）遍历 X_train 中的所有样本，计算其中每个样本与 X_test 的距离，并把距离保存在 Distance 数组中。

（2）对 Distance 数组进行排序，取距离最近的 *k* 个点，记为 X_knn。

（3）在 X_knn 中统计每个类别的个数，即 class0 在 X_knn 中有几个样本，class1 在 X_knn 中有几个样本等。

（4）待标记样本的类别就是在 X_knn 中样本个数最多的那个类别。

其算法参数是 *k*，参数选择需要根据数据来决定。

k-近邻分类算法有 3 个核心要素。

（1）*k* 值：*k* 值的选取涉及距离的量度问题。如果 *k* 的取值太小，好处是近似误差会减小，但同时预测结果对邻近的样本非常敏感，仅由非常近的训练样本决定预测结果，模型变得复杂，容易过拟合。如果 *k* 的取值太大，近似误差会增大，导致分类模糊，即欠拟合。

（2）距离的量度：可以采用欧几里得距离、曼哈顿距离、余弦距离、球面距离等。

（3）分类决策规则：分类结果的确定往往采用多数表决原则，即由输入实例的 *k* 个最邻近的训练实例中多数的类别决定输入实例的类别。

算法优点：准确性高，对异常值和噪声有较高的容忍度。

算法缺点：计算量较大，对内存的需求也较大。从算法原理可以看出，每次对一个未标记样本进行分类时，都需要计算所有距离。

k-近邻分类算法有一些变种,其中之一就是可以增加邻居的权重。默认情况下,在计算距离时,都是使用相同权重。实际上,可以针对不同的邻居指定不同的距离权重,如距离越近,权重越高。可以通过指定算法的 weights 参数来实现。

另外一个变种是使用一定半径内的点取代距离最近的 k 个点。在 scikit-learn 中,RadiusNeighborsClassifier 类实现了这个算法的变种。当数据采样不均匀时,该变种算法可以取得更好的性能。

10.3.2 用 k-近邻分类算法实现鸢尾花分类

Iris 数据集是常用的分类实验数据集,也称为鸢尾花数据集,是一类多重变量分析的数据集。该数据集包含 150 个数据样本,分为 3 类,每类有 50 个数据,每个数据包含 4 个属性。可通过萼片长度、萼片宽度、花瓣长度、花瓣宽度 4 个属性预测鸢尾花属于 Setosa、Versicolour、Virginica 这 3 个类中的哪一类。所用数据可从 http://download.tensorflow.org/data/iris_training.csv 下载。

步骤 1 导入数据

```
from sklearn.datasets import load_iris
iris_data = load_iris()
print(iris_data)
```

步骤 2 观察数据

```
# 获取特征数据
feature_data = iris_data['data']
# 获取标签
target = iris_data['target']
# 获取标签的含义
target_names = iris_data['target_names']
print(feature_data)
print(target)
print(target_names)
# 绘制鸢尾花特征对比图
import matplotlib.pylab as plt
feature_sepal = feature_data[:, :2]
plt.scatter(feature_sepal[:, 0], feature_sepal[:, 1], c=target, cmap=plt.cm.gnuplot)
plt.xlabel('Sepal length')
plt.ylabel('Sepal width')
plt.show()
feature_petal = feature_data[:, 2:]
plt.scatter(feature_petal[:, 0], feature_petal[:, 1], c=target, cmap=plt.cm.gnuplot)
plt.xlabel('Petal length')
plt.ylabel('Petal width')
plt.show()
```

如图 10-3 所示为鸢尾花特征对比图。图 10-3(a)是花瓣宽度与花瓣长度的关系，图 10-3(b)是萼片宽度与萼片长度的关系。

从图 10-3 中可以看出，3 类花的花瓣特征区分明显，萼片特征不易区分。

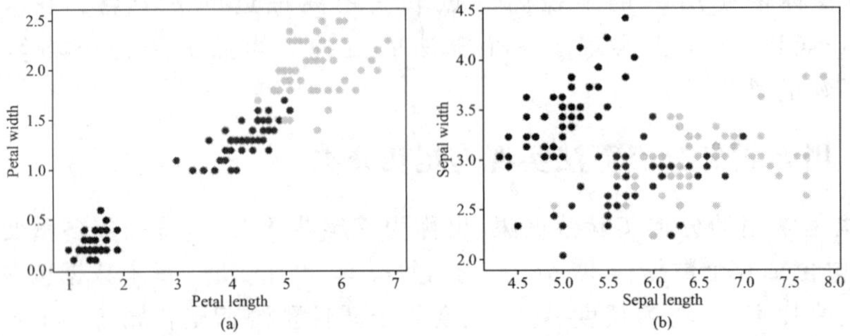

图 10-3　鸢尾花特征对比图

步骤 3　建立模型

```
from sklearn.neighbors import KNeighborsClassifier
from sklearn.preprocessing import StandardScaler
from sklearn.model_selection import train_test_split
# 定义模型
knn = KNeighborsClassifier(n_neighbors = 3)
# 划分数据集
train_feature, test_feature, train_target, test_target = train_test_split(feature_data, target,
test_size = 0.2)
# 标准化特征数据
std = StandardScaler()
train_feature = std.fit_transform(train_feature)
test_feature = std.transform(test_feature)
knn.fit(train_feature, train_target)
print('预测概率:', knn.score(test_feature, test_target))
print('标签位置:', knn.predict(test_feature))
```

输出结果如图 10-4 所示。

图 10-4　输出结果

由结果可知，score 值约为 0.97，表示模型的拟合效果很好。

用 *k*-近邻分类算法实现水果分类

10.4 *k* 均值聚类

10.4.1 *k* 均值算法

聚类是一个将数据集中在某些方面相似的数据样本进行分类组织的过程，聚类技术就是一种发现这种内在结构的技术，聚类技术经常被称为无监督学习算法。

k 均值(K-Means)算法是最著名的聚类分析算法,由于其简洁和高效率的特点,它成为所有聚类算法中得到最广泛应用的。给定一个数据集和需要的聚类数目 k,k 由用户指定,k 均值算法根据某个距离函数反复地把数据分入 k 个聚类中。

算法步骤如下。

(1)从样本中随机抽取 k 个点作为初始质心。

(2)计算每个样本 x_j 到各个质心的距离,将样本划分到距离最近的质心 P 所对应的簇中。

(3)计算每个簇内所有样本的均值,并使用该均值更新簇的质心。

(4)重复步骤(2)与(3),直到达到以下条件之一:①质心的位置变化小于指定的阈值(默认为 0.000 1);②达到最大迭代次数。

评估标准簇内误差平方和(sum of the squared errors,SSE)的计算公式如下:

$$S_{\mathrm{SSE}_{\min}} = \sum_{i=1}^{k} \sum_{j=1}^{m_i} |x_j - P|^2$$

算法优点如下。

(1)原理比较简单,算法容易实现。

(2)当结果簇是密集的,并且簇和簇之间的区别明显时,k 均值算法的效果较好。

(3)参数少,主要需要调整的参数仅仅是簇数 k。

算法缺点如下。

(1)需要预先给定 k 值,很多情况下 k 值的估计是非常困难的。

(2)k 均值算法对初始选取的质心是敏感的,由不同的随机种子得到的聚类结果完全不同,质心对结果影响很大。

(3)对孤立点数据敏感。

(4)数据含有少量噪声就会对平均值造成极大的影响。

(5)采用迭代方法,可能只能得到局部的最优解,而无法得到全局的最优解。

以半圆环形数据为例进行聚类分析,代码如下:

```
import matplotlib.pyplot as plt
from sklearn.cluster import KMeans
from sklearn.datasets import make_moons
# 生成环形数据集
X, Y = make_moons(n_samples = 200, noise = 0.05, random_state = 0)
# 使用 K-Means 算法聚成两类
kmeans = KMeans(n_clusters = 2)
kmeans.fit(X)
Y_pred = kmeans.predict(X)
# 绘制聚类结果图
plt.scatter(X[:, 0], X[:, 1], c = Y_pred, s = 60, edgecolor = 'b')
plt.scatter(kmeans.cluster_centers_[:,0],
kmeans.cluster_centers_[:, 1], marker = 'x',  s = 100,
linewidth = 2, edgecolor = 'k')
plt.xlabel("X")
plt.ylabel("Y")
```

聚类结果如图 10-5 所示。

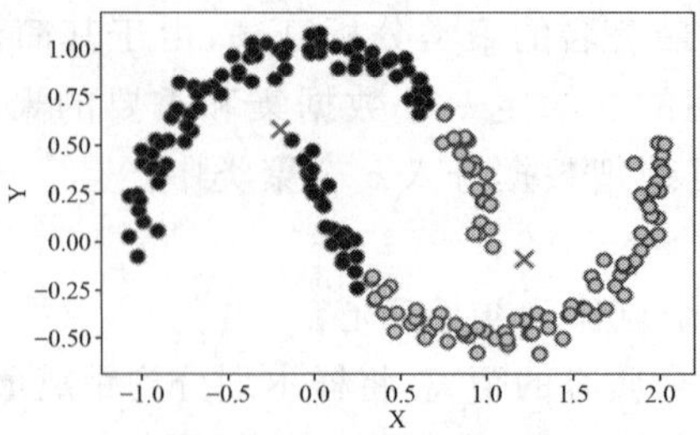

图 10-5　聚类结果

由聚类结果可知，对于半圆环形数据这样的复杂数据集，k 均值算法无法较好地区分两类数据，聚类结果较差。我们需要寻找改进的算法来解决这个问题。

10.4.2　k 值的选取：手肘法

手肘法示意图如图 10-6 所示。

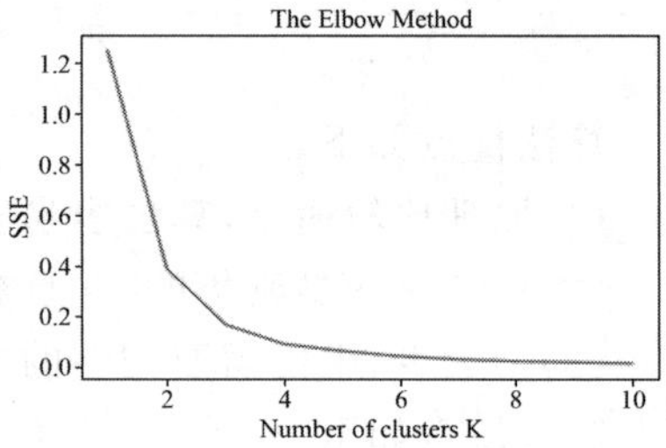

图 10-6　手肘法示意图

手肘法的思想如下。

• 随着聚类数 k 的增大，样本划分会更加精细，每个簇的聚合程度会逐渐提高，那么误差平方和 SSE 自然会逐渐变小。

• 当 k 小于真实聚类数时，由于 k 的增大会大幅增加每个簇的聚合程度，故 SSE 的下降幅度会很大，而当 k 到达真实聚类数时，再增加 k 所得到的聚合程度回报会迅速变小，所以 SSE 的下降幅度会骤减，然后随着 k 值的继续增大而趋于平缓，也就是说 SSE 和 k 的关系图是一个手肘的形状，而这个肘部对应的 k 值就是数据的真实聚类数。

10.4.3　用 k 均值算法对图像聚类

图像在计算机中是以矩阵的形式存在的，我们平常看到的彩图在代码中通常是以 RGB 三维矩阵的形式存在的。接下来采用 k 均值算法对手写数字图像进行聚类。

数字 9 的图片样例如图 10-7 所示。

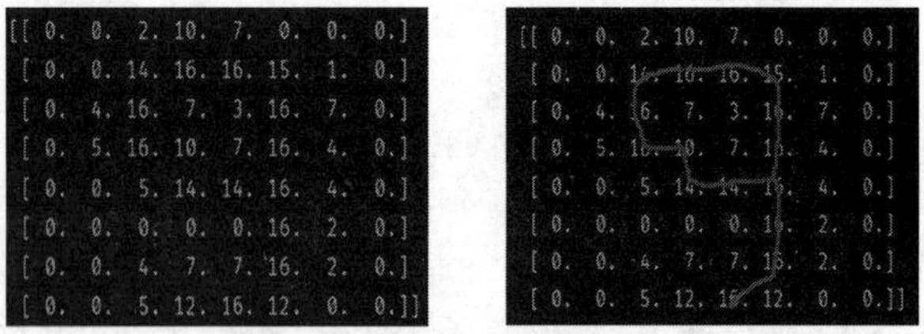

(a) 原图　　(b) 标记图

图 10-7　数字 9 图片样例

代码如下：

```
from sklearn.cluster import KMeans
from sklearn.model_selection import train_test_split
from sklearn import metrics
from sklearn import datasets
# 导入 mnist 数据集
```

```
mnist = datasets.load_digits()
#查看数据集
print(mnist)
# 查看数据集形状
print(mnist.data.shape)
feature, target = mnist.data, mnist.target
# 划分数据集
feature_train, feature_test, target_train, target_test = train_test_split(feature, target,
test_size=0.2)
# 选取 k=10
kmeans = KMeans(n_clusters=3)
kmeans.fit(feature_train)
target_predict = kmeans.predict(feature_test)
print('score: ', metrics.adjusted_rand_score(target_predict, target_test))
```

运行结果如图 10-8 所示。

图 10-8　*k* 均值聚类结果

由图 10-8 可知，score 值只有 0.22，结果不理想，原因是选取的 *k* 值不适用于手写数字识别数据集，下面采用手肘法确定最优 *k* 值。

画 SSE 图像，代码如下：

```
max_k = 20
SSE_arr = []
for k in range(1, max_k):
    kmeans = KMeans(n_clusters=k)
    kmeans.fit(feature_train)
    SSE_arr.append(kmeans.inertia_)
x = range(1, max_k)
plt.xticks(x)
plt.plot(x, SSE_arr, marker='o')
plt.show()
```

运行结果如图 10-9 所示。

图 10-9 是 SSE 随着 *k* 值增大而变化的趋势图，SSE 值越小，表明该簇的离散程度越低，聚类效果越好。在聚类之后进行处理，例如将 SSE 值偏大的簇再次进行划分。也可以在聚类的主过程中使用误差进行簇划分，比如常用的二分 *k* 均值聚类算法，能够在一定程度上解决 *k* 均值算法收敛于局部最优的问题。

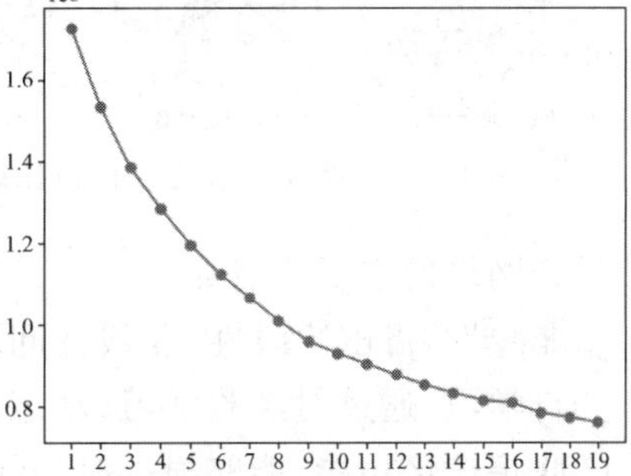

图 10-9　SSE 图像

将 *k* 值设为 11，得到的运行结果如图 10-10 所示。

图 10-10　调整 k 值后的结果

当把 k 值设为 11 时，得到的 score 值均为 0.75。通过观察，SSE 图像基本锁定最优 k 值在 9～14 之间，因为数据集划分的时候是随机的，所以每次得到的 SSE 图像并不是确定的，在实践过程中，我们拿到的实验数据的分布并不等同于真实场景中的数据分布，所以模型尽量要有一定的泛化能力。这里 k 值在 9～14 之间选择即可。

用 k 均值算法对银行客户信息进行聚类分析

数据降维

10.5 人工神经网络

10.5.1 神经网络的基本原理

在人工智能领域，有一个有趣的派别是“仿生学派”，也被称为“飞鸟派”。人工神经网络(artificial neural network，ANN)就属于仿生派的思想，它模拟的是人脑神经的工作机理。人工神经网络起源于 20 世纪 40 年代，在 20 世纪 80 年代逐步兴起，其基本思想是使用计算机模拟人脑的神经网络来实现机器学习。在机器学习领域，人工神经网络一般简称为神经网络或者神经计算，它具有学习能力，而且经常是大量的神经元模型并行工作。神经网络主要包括神经元、拓扑结构、训练规则 3 个要素，可以看作按照一定规则连接起来的由多个神经元构成的系统。各神经元能够根据经验自适应学习，同时还能并行处理。神经网络算法也是深度学习的基础，图 10-11 所示为神经网络的 3 种拓扑结构，它们分别是前馈网络、记忆网络、图网络。

图 10-12 表述了神经网络的工作机理，从输入特征进行权重计算得到隐藏层输出，然后进行激活，得到输出，对输出进行损失计算，然后反向传播，对参数进行修改，最终目的是得到一组新的数据，能对新的数据从输入端输入，得到的输出和我们想要的输出拟合。

图 10-11　神经网络的 3 种拓扑结构

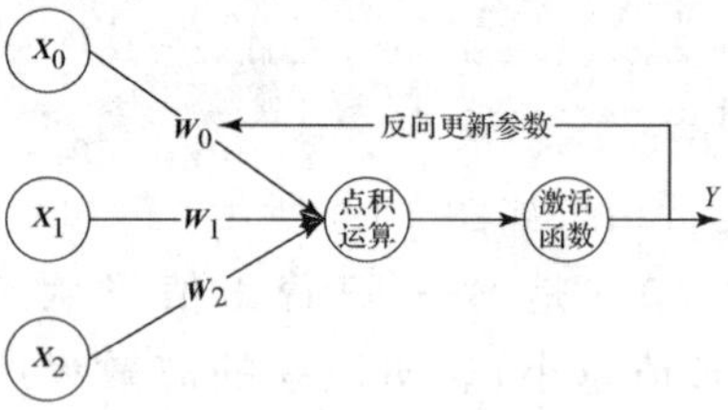

图 10-12　神经网络的工作机理

神经网络的主要优点如下。

①非线性：可解决线性、非线性问题。

②自学习：通过对经验学习，动态调整系统参数。

③联想记忆功能：能够根据时间线，将相关的上下文知识作为输入，例如循环神经网络。

④容错性：也称鲁棒性，结构上是并行操作，能够减少内部神经元的相互影响。

神经网络的主要缺点如下。

①"黑匣子"问题:用户不知道神经网络内部的运行机制。

②耗费时间和算力:神经网络能够解决复杂的非线性问题,相应地,所使用的运算也更复杂,训练和运行时间更长,耗费更多硬件算力。

③需要大量的数据:神经网络结构相对复杂,需要更多数据。第一个神经网络 M-P 模型出现于 1943 年,是由神经生理学家 Warren McCulloch(沃伦·麦卡洛克)和数学家 Walter Pitts(沃尔特·皮茨)共同提出的,并由他们名字的首字母共同命名,如图 10-13 所示。

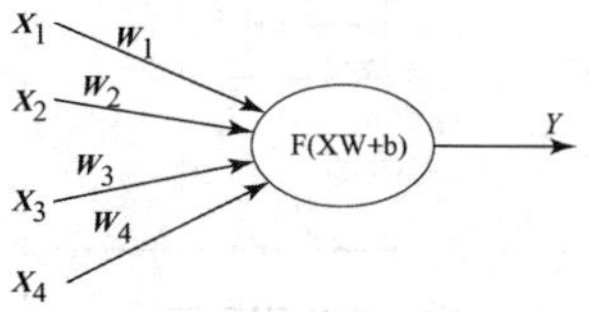

图 10-13　M-P 模型的抽象示意图

对于某一个神经元 i,输入$(x_1, x_2, x_3, \cdots, x_n)$,神经元权值为$(w_{i_1}, w_{i_2}, w_{i_3}, \cdots, w_{i_n})$,用 $\boldsymbol{X}$ 表示输入向量,用 $\boldsymbol{W}$ 表示权重向量,即

$$\boldsymbol{X}=(x_1, x_2, x_3, \cdots, x_n)$$

$$\boldsymbol{W}=\begin{bmatrix} w_{i_1} \\ w_{i_2} \\ w_{i_3} \\ \cdots \\ w_{i_n} \end{bmatrix}$$

神经元的输出:

$$y_i = f(\boldsymbol{XW})$$

通俗来说,神经网络类似于我们高中学的知识,通过一个复杂的函数,根据函数规则把 x 映射到另一个空间中得到对应的 y 值。通过 y 值与真实值的偏差来评估模型的好坏,缩小 y 值与真实值的偏差是深度学习的主要研究方向。

10.5.2　多层前馈神经网络

Rosenblatt(罗森布拉特)在 M-P 模型的基础上给出了两层感知器的收敛定理,提出了具有自学习能力的神经网络模型——感知器模型,神经网络从纯理论走向了实际的工程应用。神经网络的默认方向是从输入到输出,信息可以看成是向前传递的,因此从输入到输出进行信息传递的多层神经网络也称为多层前馈神经网络。

多层前馈神经网络包括全连接前馈网络和卷积神经网络等。通俗来说,多层前馈神经网络就是把单层神经网络做数量的叠加。前馈神经网络可以看作一个函数,通过简单非线性函数的多次复合,实现输入空间到输出空间的复杂映射。即便如此,该映射仍为线性映射。在现实中一个复杂的问题通常都不是线性的,需要做非线性变换,激活函数(非线性)就用来解决这个问题。

为了避免单纯的线性组合,一般在每一层的输出后面都增加一个函数(常见的如 sigmoid、tanh、ReLu 等函数)变换,这个函数称为激活函数,如图 10-14 所示。非线性函数的选择有时也会对模型的拟合效果有影响。在两层神经网络中间加上非线性函数,多层前馈神经网络就会有很强的非线性拟合效果。

由于激活层的存在,输入数据在加权求和后,没有直接向前传送,而是先经过激活运算,再传递到 j 层。激活函数能起到“激活”神经网络的作用。

如图 10-15 所示是一个简单的神经网络结构。

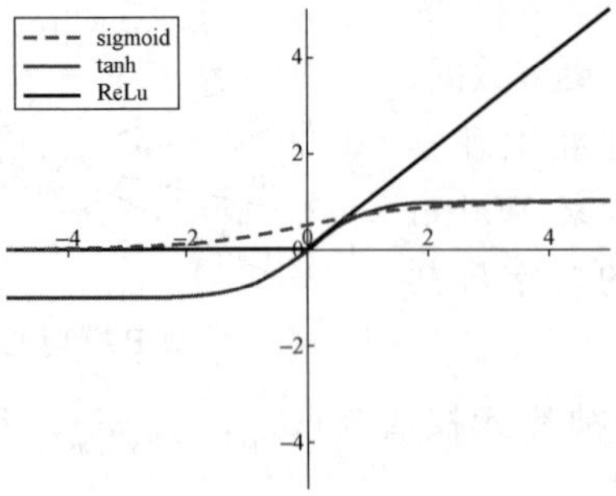

图 10-14　常见的激活函数

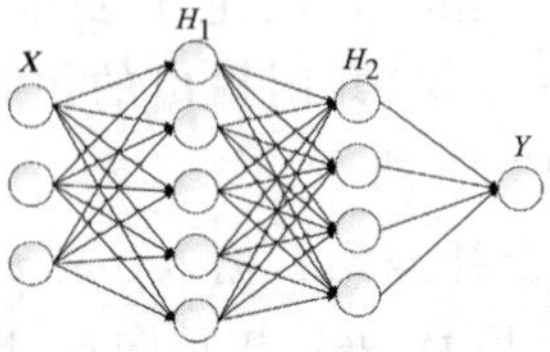

图 10-15　简单的神经网络结构

反向传播(back propagation,BP)算法是一种带有反馈的神经网络反向学习方法。BP 神经网络的学习过程由正向传播和反向传播两部分组成:正向传播完成通常的前向计算,由输入数据运算得到输出结果;反向传播的方向则相反,是将计算得到的误差回送,逐层传递误差,调整神经网络的各个权值。然后神经网络再次进行前向计算,直到神经网络的输出达到期望的误差要求。在图 10-15 中,$\boldsymbol{X}$ 有 3 个特征值($\boldsymbol{X}|\boldsymbol{X}\in(x_1,x_2,x_3)$),$\boldsymbol{H}_1$ 有 5 个值($\boldsymbol{H}_1|\boldsymbol{H}_1\in(\boldsymbol{W}_1^1,\boldsymbol{W}_2^1,\cdots,\boldsymbol{W}_5^1)$),$\boldsymbol{H}_2$ 有 4 个值($\boldsymbol{H}_2|\boldsymbol{H}_2\in(\boldsymbol{W}_1^2,\boldsymbol{W}_2^2,\cdots,\boldsymbol{W}_4^2)$),$\boldsymbol{b}$ 为偏置,Y 有一个值。af()为激活函数(activation functions),则

$$\boldsymbol{O}_1=\mathrm{af}(\boldsymbol{x}_1*\boldsymbol{W}_1^1+\boldsymbol{x}_2*\boldsymbol{W}_1^1+\boldsymbol{x}_3*\boldsymbol{W}_1^1+\boldsymbol{b})$$

用向量表示:

$$\boldsymbol{O}_1=\mathrm{af}(\boldsymbol{X}^{\mathrm{T}}*\boldsymbol{H}_1+b_1)$$

$$\boldsymbol{O}_2=\mathrm{af}(\boldsymbol{O}_1^{\mathrm{T}}*\boldsymbol{H}_2+b_2)$$

$$Y=\mathrm{af}(\boldsymbol{O}_2)$$

$\boldsymbol{O}_1$ 是第一层隐藏层的输出,$\boldsymbol{O}_2$ 是第二层隐藏层的输出,最后得到输出 Y,计算损失函数 Loss,计算梯度反向传播,从而更新参数。反向传播的过程用到了数学的求导方法:

$$\frac{\partial Y}{\partial x}=\frac{\partial Y}{\partial \boldsymbol{O}_2}*\frac{\partial \boldsymbol{O}_2}{\partial \boldsymbol{O}_1}*\frac{\partial \boldsymbol{O}_1}{\partial x}$$

整个过程中要求出所有的 $\boldsymbol{W}$ 参数,其实就是一个链式的求导法则,一层一层地从后向前求导,边求导边更新参数,最终更新第一层的参数,直至模型收敛。

10.5.3　基于 ANN 模型的泰坦尼克号数据集的生存分析

Keras 深度学习框架是一个高级神经网络 API,用 Python 编写,能够在 TensorFlow、CNTK 或 Theano 之上运行,它的开发重点是实现快速实验。

Keras 框架的优点如下。

①允许简单快速的原型设计(用户友好性、模块化和可扩展性)。

②支持卷积网络和循环网络,以及两者的组合。

③在 CPU 和 GPU 上能够无缝运行。

Keras 的安装方法如下。

因为现在的 TensorFlow 中包含 keras，所以直接安装 TensorFlow 即可。在 pycharm 界面执行以下命令：

```
pip install tensorflow==2.3.0
```

安装之后输入如下代码，检查其版本：

```
import tensorflow.keras as keras
import tensorflow as tf
print(tf.__version__)
print(keras.__version__)
```

输出版本号，如图 10-16 所示。

图 10-16 输出版本号

泰坦尼克(Titanic)号是 1912 年 4 月 15 日在大西洋旅程中撞上冰山沉没的一艘皇家邮轮，这次意外造成 2 224 名乘客以及船员中 1 500 多人死亡，泰坦尼克号数据集(titanic_train. csv)就是船上乘客的相关数据。所用数据可在 Gitee 网站(https://gitee. com/starsgod/data_set/blob/master/titanic_train. csv)下载。

步骤 1 处理数据集

```
import pandas as pd
import numpy as np
seed = 7
np.random.seed(seed)
# 载入数据集
df = pd.read_csv("./titanic_train.csv")
# 删除不需要的栏
df = df.drop(["Name", "Ticket", "Cabin"], axis=1)
# 处理缺失数据
df[["Age"]] = df[["Age"]].fillna(value=df[["Age"]].mean())
df[["Fare"]] = df[["Fare"]].fillna(value=df[["Fare"]].mean())
df[["Embarked"]] = df[["Embarked"]].fillna(value=df["Embarked"].value_counts().idxmax())
print(df["Embarked"].value_counts())
print(df["Embarked"].value_counts().idxmax())
# 转换分类数据
df["Sex"] = df["Sex"].map( {"female": 1, "male": 0} ).astype(int)
enbarked_one_hot = pd.get_dummies(df["Embarked"], prefix="Embarked")
df = df.drop("Embarked", axis=1)
df = df.join(enbarked_one_hot)
# 将标签的 survived 栏移至最后
df_survived = df.pop("Survived")
```

```
df["Survived"] = df_survived
print(df.head())
df.head().to_html("Ch6_2_2.html")
# 分割成训练数据集(占 80%)和测试数据集(占 20%)
mask = np.random.rand(len(df)) < 0.8
df_train = df[mask]
df_test = df[~mask]
print("Train:", df_train.shape)
print("Test:", df_test.shape)
# 存储处理后的数据
df_train.to_csv("titanic_train.csv", index=False)
df_test.to_csv("titanic_test.csv", index=False)
```

步骤 2　将数据分割成特征数据和标签数据

```
import numpy as np
import pandas as pd
from tensorflow.keras.models import Sequential
from tensorflow.keras.layers import Dense
seed = 7
np.random.seed(seed)
# 载入 Titanic 的训练数据集和测试数据集
df_train = pd.read_csv("./titanic_train.csv")
df_test = pd.read_csv("./titanic_test.csv")
dataset_train = df_train.values
dataset_test = df_test.values
#分割成特征数据和标签数据
X_train = dataset_train[:, 0:9]
Y_train = dataset_train[:, 9]
X_test = dataset_test[:, 0:9]
Y_test = dataset_test[:, 9]
```

步骤 3　数据标准化

```
X_train -= X_train.mean(axis=0)
X_train /= X_train.std(axis=0)
X_test -= X_test.mean(axis=0)
X_test /= X_test.std(axis=0)
```

步骤 4　定义模型并编译模型

```
model = Sequential()
model.add(Dense(11, input_dim=X_train.shape[1], activation="relu"))
model.add(Dense(11, activation="relu"))
model.add(Dense(1, activation="sigmoid"))
# 编译模型
model.compile(loss="binary_crossentropy", optimizer="adam",metrics=["accuracy"])
```

步骤 5 训练模型并评估模型

```
print("Training …")
history = model.fit(X_train, Y_train, epochs = 18, batch_size = 10, verbose = 0, validation_split = 0.2)
print("\nTesting …")
loss, accuracy = model.evaluate(X_train, Y_train, verbose = 0)
print("训练数据集的准确度 = {:.2f}".format(accuracy))
loss, accuracy = model.evaluate(X_test, Y_test, verbose = 0)
print("测试数据集的准确度 = {:.2f}".format(accuracy))
# 显示图表来分析模型的训练过程
import matplotlib.pyplot as plt
# 显示训练损失和验证损失
loss = history.history["loss"]
epochs = range(1, len(loss) + 1)
val_loss = history.history["val_loss"]
plt.plot(epochs, loss, "b-", label = "Training Loss")
plt.plot(epochs, val_loss, "r--", label = "Validation Loss")
plt.title("Training and Validation Loss")
plt.xlabel("Epochs")
plt.ylabel("Loss")
plt.legend()
plt.show()
# 显示训练损失和验证准确度
acc = history.history["accuracy"]
epochs = range(1, len(acc) + 1)
val_acc = history.history["val_accuracy"]
plt.plot(epochs, acc, "b-", label = "Training Acc")
plt.plot(epochs, val_acc, "r--", label = "Validation Acc")
plt.title("Training and Validation Accuracy")
plt.xlabel("Epochs")
plt.ylabel("Accuracy")
plt.legend()
plt.show()
```

步骤 6 存储模型

```
print("Saving Model: titanic.h5 …")
model.save("titanic.h5")
```

步骤 7 调用训练好的模型

```
import numpy as np
import pandas as pd
from tensorflow.keras.models import Sequential
from tensorflow.keras.models import load_model
seed = 7
np.random.seed(seed)
# 载入 Titanic 的测试数据集
df_test = pd.read_csv("./titanic_test.csv")
```

```
dataset_test = df_test.values
# 分割成特征数据和标签数据
X_test = dataset_test[:, 0:9]
Y_test = dataset_test[:, 9]
# 特征标准化
X_test -= X_test.mean(axis=0)
X_test /= X_test.std(axis=0)
# 建立 Keras 的 Sequential 模型
model = Sequential()
model = load_model("titanic.h5")
# 编译模型
model.compile(loss="binary_crossentropy", optimizer="adam", metrics=["accuracy"])
# 评估模型
print("\nTesting …")
loss, accuracy = model.evaluate(X_test, Y_test, verbose=0)
print("测试数据集的准确度 = {:.2f}".format(accuracy))
# 计算分类的预测值
print("\nPredicting …")
Y_pred = model.predict_classes(X_test)
print(Y_pred[:,0])
print(Y_test.astype(int))
# 显示混淆矩阵
tb = pd.crosstab(Y_test.astype(int), Y_pred[:,0], rownames=["label"], colnames=["predict"])
print(tb)
tb.to_html("Ch6_2_4.html")
```

图 10-17 所示为模型准确率的结果，随着 epoch 的增加，模型逐渐拟合，最后在训练数据集和验证数据集上准确率都达到 100%。模型拟合效果很好。

图 10-18 所示为模型损失，随着 epoch 增大，损失越来越小，最终接近 0。从图中可以看出这个训练过程是正常的。

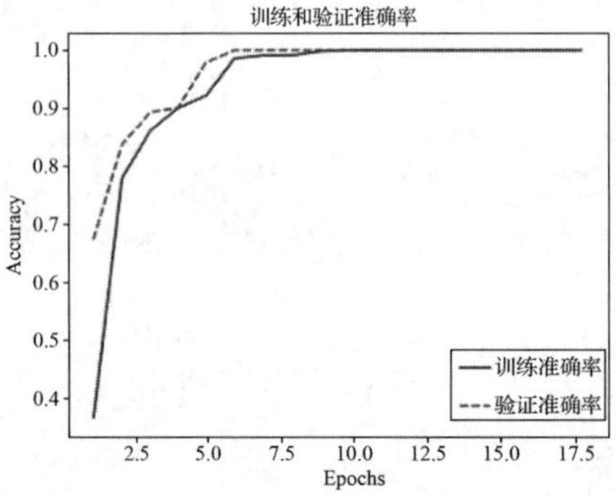

图 10-17　模型准确率的结果

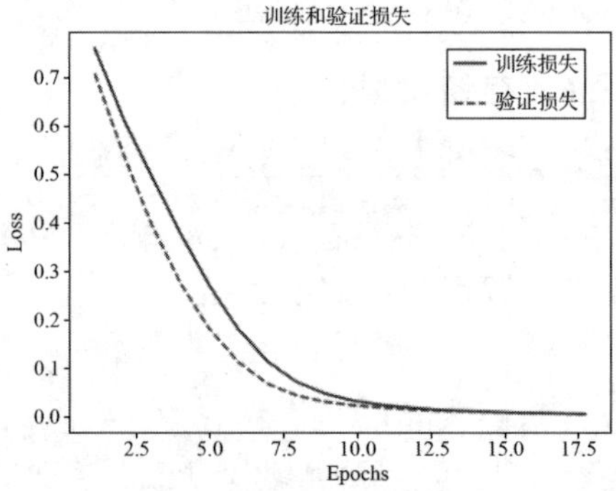

图 10-18　模型损失

10.6 本章小结

本章介绍了线性回归、k-近邻算法、k 均值算法。这些算法都属于机器学习的基础内容，是常见的机器学习算法，它们包含在 sklearn 库中，易于调用。本章还介绍了人工神经网络的基本原理，以及多层前馈神经网络，为今后学习深度学习方法做准备。

本章关键知识点：

(1)机器学习的任务可分为监督学习、无监督学习、强化学习；

(2)sklearn 工具包的简介及安装；

(3)线性回归、KNN 分类、k 均值聚类算法；

(4)对于复杂的数据集，可以用降维的方法，降低数据的复杂度；

(5)人工神经网络的基本原理以及全连接神经网络介绍。

10.7 本章习题

1. 用线性回归模型预测波士顿房价(应用波士顿房价数据集)。
2. 用 k-近邻算法对 MNIST 手写数字数据集分类。

参 考 文 献

[1]陈晓雷,王星星,申浩阳.智慧农业中时序数据组合预测模型[J].计算机与现代化,2021(9):121—126.

[2]杨绍钦,王翔,许澄,等.基于MODIS时间序列数据的竹林地上生物量估算[J].浙江农林大学学报,2022,39(4):734—741.

[3]马小菁.基于时间序列分析的山东大葱价格预测研究[D].烟台:烟台大学,2021.

[4]敖希琴,张怡文,陈家丽,等.基于季节性时间序列模型的合肥地区空气质量分析及预测[J].合肥学院学报:综合版,2018,35(5):33—39.

[5]张梓.基于ARIMA模型的贵州省GDP分析与预测[J].国土与自然资源研究,2022(5):39—41.

[6]张雨晴,李逸波,肖阔.基于ARIMA模型的我国生鲜乳价格预测研究[J].中国奶牛,2022(7):30—34.

[7]杨艳,雷咪咪.农村三产融合背景下基于ARIMA模型对陕西省农村就业人数的分析与预测[J].山西农经,2022(8):9—12.

[8]张太红.Python语言案例教程[M].北京:北京邮电大学出版社,2019.

[9]张太红.Python二维游戏编程[M].北京:中国农业出版社,2015.

[10]魏伟一,李晓红,高志玲.Python数据分析与可视化[M].2版.北京:清华大学出版社,2021.